Transistor
Gijutsu
Special
for Freshers

トランジスタ技術
SPECIAL
for フレッシャーズ
No.101

徹底図解

電子回路に組み込む頭脳を解体

マイコンのしくみと動かし方

- 電子部品&デバイス
- ノイズ対策
- マイコン
- アナログ回路
- ロジック回路

トランジスタ技術SPECIAL forフレッシャーズは，企業の即戦力となるためにマスタするべき基礎知識と設計技術をわかりやすく解説します．

forフレッシャーズの世界

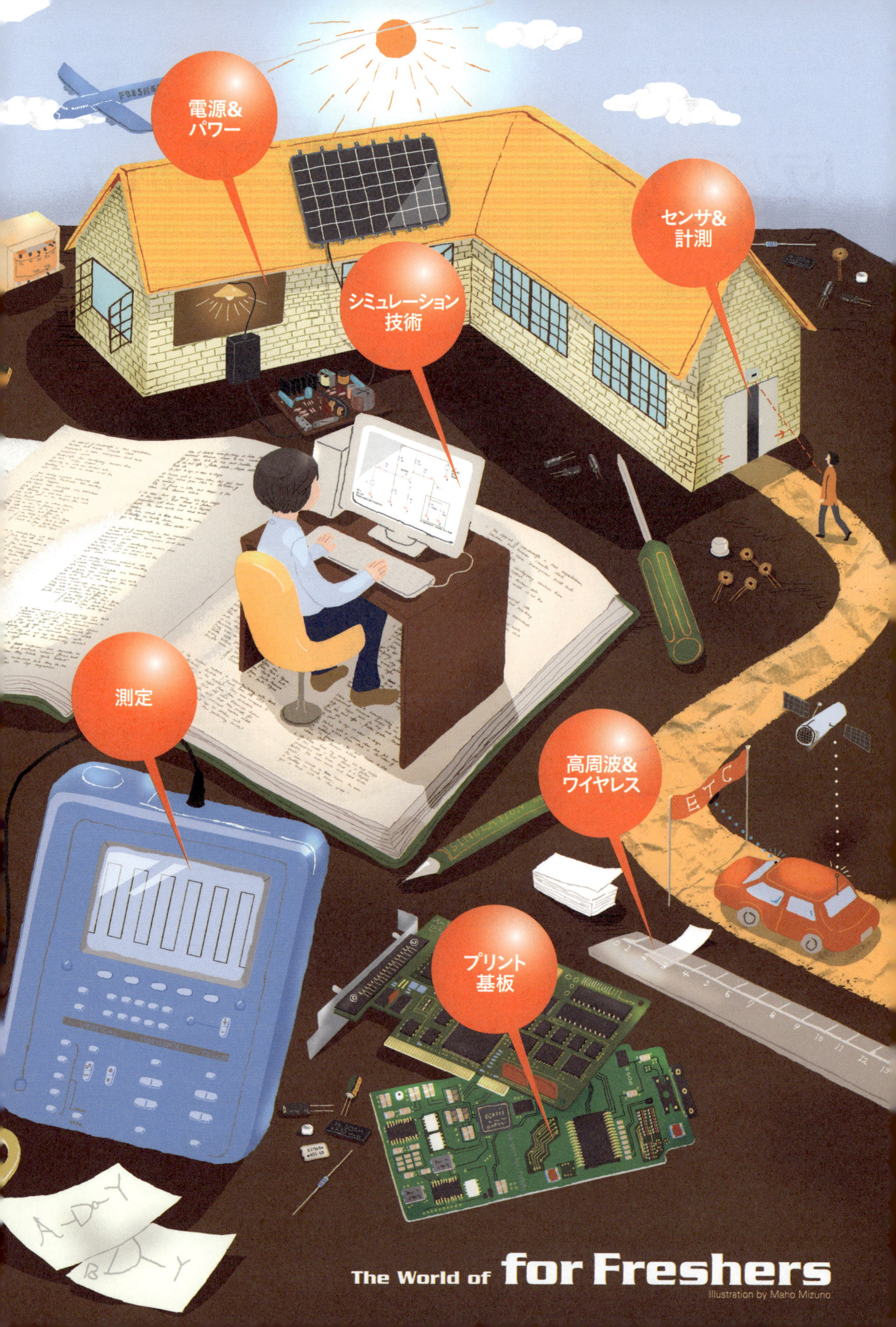
電源&
パワー
シミュレーション
技術
センサ&
計測
測定
高周波&
ワイヤレス
プリント
基板
ETC

The World of for Freshers

Illustration by Maho Mizuno

Transistor
Gijutsu
Special
for Freshers

トランジスタ技術 SPECIAL for フレッシャーズ
No.101

はじめに

　マイコンは，今やありとあらゆる電気製品に組み込まれています．それもそのはずです．調べてみると，なんと缶コーヒー1本分の値段で，マイコンチップを買うことができます．普通の電子部品1個では高度なことを行えませんが，プログラムを作ることでさまざまな用途に利用できます．

　しかも，ほとんどのマイコンは考え方が似ているので，一つを理解できれば他も容易に使えるようになります．ただし，マイコンはプログラムがなければ，何の役にも立ちません．

　本書では，まず理解しやすいように単純化した仮想的なマイコンで動作を説明します．その後，実在するマイコンを使って，もう少し具体的な解説をします．抽象的な例での説明があっても理解するのは難しいので，給湯ポットという身近な電気製品を例にしています．

　一人でも多くの人がマイコンを使えるようになることを願っています．

山本秀樹

CONTENTS

徹底図解
電子回路に組み込む頭脳を解体
マイコンのしくみと動かし方

第1章	電子回路に欠かせない存在になっている半導体デバイス **マイコンとはどのようなものか**	8
1-1	ブラックボックスを解き明かそう！ **しくみを理解しよう**	8
1-2	パソコン上でプログラムを書いてあらかじめ動作を指示しておく **電子機器を機能させる**	9
1-3	縁の下の力持ち **身近にあるマイコン**	10
1-4	どのマイコンも基本的な機能はほぼ同じ **機能や目的に応じて使い分ける**	12
1-5	機器の中での使い方 **他の回路との接続**	13
第2章	給湯ポットを例にして… **電子機器の中心的な 役割を果たすマイコン**	15
2-1	沸騰/保温/給湯/給湯ロックという四つの基本機能が必要 **電動給湯ポットの動作を考えてみよう**	15
2-2	身近な機器を例にマイコンの働きを考える **給湯ポットの機能を実現するには**	16
2-3	温度を測ってヒータをON/OFFしたりディジタル表示する **沸騰/保温の制御と温度の表示**	17
2-4	ロック状態とロック解除状態で動作を変える **給湯ロックの解除と再ロック**	18
2-5	マイコン内部の設定状態を自動で変更する **一定時間が経過すると自動で給湯ロックする**	19
2-6	レバーの操作量を読み取り，ポンプを動かす **レバー操作でお湯を出す**	20
2-7	目標温度付近で起こる制御のばたつきを抑える **実際の保温動作にはもう一工夫ある**	21
第3章	マイコンのハードウェアとプログラムの関係 **マイコンはプログラムの 指示に従って動く**	22
3-1	CPUは'1'と'0'が組み合わされた単純な命令を順番に処理する **プログラムとはCPUに送るデータ列**	22

3-2	CPUと周辺装置の関係 **CPU/メモリ/周辺装置の連携プレー**	23
3-3	データは8ビットごとに別のアドレスに記録される **CPUがメモリのデータを読み書きするしくみ**	24
3-4	レジスタを介して行われる **CPUが外部装置を制御するしくみ**	25

第4章 LEDの点灯/消灯などを制御するしくみ
外部の機器を
ON/OFF制御する出力ポート　26

4-1	LEDを点灯/消灯するためには **マイコン内部の切り替えスイッチを ON/OFFする**	26
4-2	電源電圧とGNDのどちらかの電圧を出力する **出力ポートはCPUでON/OFF制御する**	27
4-3	レジスタに書き込んだ1/0が出力レベルのH/Lに対応する **ポートの制御はレジスタを利用して 間接的に行う**	28
4-4	データを一時的に保持する **レジスタとは**	29
4-5	どうやって外付けのトランジスタをON/OFFしているか **出力ポートとレジスタの関係**	30
4-6	出力ポートをON/OFFするプログラムの例 **電動給湯ポットのロック解除 LEDを点灯する**	31
4-7	複数の端子を同時に制御する例 **7セグメントLEDとの接続**	32
4-8	多数桁を表示する場合の7セグメントLEDの使い方 **使用する端子の数を減らす工夫** **1** 回路側の工夫 **2** 対応するプログラム	34
4-9	プログラムと回路を組み合わせて必要な制御を実現する **7セグメントLEDに給湯ポットの 温度を表示する**	36

第5章 スイッチなどからの入力によって動作を変えるしくみ
外部からの信号を
受け付ける入力ポート　37

5-1	スイッチなどによる電圧の変化を読み取る **外部からの信号をCPUで扱える形にする**	37
5-2	入力がHなら'1',入力がLなら'0'の信号が読み取れる **入力ポート・レジスタを利用する**	38
5-3	入力ポートはほとんど電流が流れない **入力ポートの電気的特性**	39

5-4	スイッチの動作を読み取るマイコンの動作 **給湯ロック解除スイッチを読み取る** **1** 外部との接続と使用するレジスタ **2** どんなプログラムが動くか	40
5-5	プログラムで設定する **入出力を兼ねる入出力ポートの使い方**	43
5-6	液晶表示器とデータをやり取り **入出力を切り替えながら使う例**	44
5-7	入力と出力が競合しない理由 **入出力ポートを入力ポートとして使う**	45
5-8	入力ポートのとき切り離している出力ポートを接続するだけ **入出力ポートを出力ポートとして使う**	46
5-9	入出力ポートのハードウェア **入出力ポートの出力回路… 3ステート・バッファ**	47
5-10	入力か出力かをレジスタに書き込む **入出力ポートの制御方法**	48
5-11	もっと知りたい人へ **実際の入出力ポートのハードウェア**	49
5-12	実例で見てみる **給湯ポットで入出力ポートを利用する例**	50

第6章 時間の経過によって動作を切り替えるためのしくみ
動作の途中に一定の
待ち時間を作れるタイマ　51

6-1	キッチン・タイマのよう… **時間を計るためのいくつかの方法**	51
6-2	タイマを使う **マイコンで一定の待ち時間を作る方法**	52
6-3	タイマが時間を計るようす **一定時間ごとにレジスタの値を増やす/減らす**	53
6-4	レジスタに適切な値を書き込む **タイマの使い方** **1** タイマ機能の使い方 **2** タイマの動作	55
6-5	CPUの邪魔にならないように… **タイマからCPUへの通知…割り込み**	57
6-6	タイマとその割り込みを実際に使う例 **給湯ポットの自動ロック機能を実現する**	59

第7章 アナログ信号をCPUで扱えるようにしてくれる
アナログ信号をマイコンに
取り込むA-D変換　61

| 7-1 | アナログ信号を'1'と'0'の信号に変換
A-D変換の役割 | 61 |

トランジスタ技術 SPECIAL for フレッシャーズ No.101

Transistor Gijutsu Special for Freshers

表紙・扉・目次デザイン＝千村勝紀
表紙・目次イラストレーション＝水野真帆
本文イラストレーション＝神崎真理子
表紙撮影＝矢野 渉

7-2	多くのマイコンが内蔵する逐次比較型の動作 **A-D変換のしくみ**	65
7-3	A-D変換に関係するレジスタの動き **プログラムから見たA-D変換**	68
7-4	A-D変換機能を使った水温の測定例 **センサ信号をA-D変換するまで**	70

第8章 アクチュエータをアナログ的に制御する
1と0の中間を出力するPWM出力　71

8-1	H/L出力の時間幅を変化させればアナログ出力を得られる **PWM出力とは**	71
8-2	時間幅の管理をタイマにまかせる **タイマ機能でPWM出力を得る**	72
8-3	四つのレジスタに値を設定する **PWM出力の使い方**	73
8-4	PWMを使うときの設定手順 **電動給湯ポットの給湯量の制御**	74

第9章 給湯ポットの機能を実現してみよう
電動給湯ポットのプログラム例　75

9-1	USB接続が可能なマイコン・ボードで実験 **使用したマイコン**	75
9-2	温度測定とLED表示とヒータの制御 **Part1: 沸騰/保温/温度表示機能** 1 構成要素と回路 2 プログラムの概要 3 製作と実験結果	76
9-3	給湯レバーの読み取り/ポンプ制御/タイマ **Part2: 給湯機能** 1 構成要素と回路 2 プログラムの概要 3 製作と実験結果	81

第10章 マイコンを理解するには動かしてみるのがベスト
実際にマイコンを動かしてみよう　85

10-1	パソコンとつなぐだけで使えるマイコン・ボードが手に入る **使用するハードウェア**	85
10-2	困ったときには何を見ればよいか把握しておこう **マイコンの技術資料**	86
10-3	パソコン上に開発用ソフトウェアを準備する **R8C/15マイコンの内部構成と実験環境の準備**	87
10-4	プログラムは一つのテキスト・ファイルだけではない **動作確認プログラムを用意する** 1 インクルード・ファイルを用意する 2 ワークスペースの作成とプロジェクトの作成 3 プログラムを作成する	88

10-5	プログラムをマイコンが使えるデータとしてメモリへ転送
	ビルドとダウンロード 92
	1 パソコンとの接続とビルド
	2 プログラムのダウンロード

10-6	プログラムのステップ実行とマイコン単体での動作
	統合開発環境HEWを用いて
	プログラムを実行する 94

第11章 入出力ポートのプログラムによる設定
マイコンでHigh/Lowの信号を入出力してみよう！ 96

11-1	マイコンの内部ハードウェアの動作をプログラムする
	プログラミング言語のいろいろ 96

11-2	マイコンに"L"や"H"を出力させる
	LED点灯プログラムの処理内容 97
	1 第10章で作成したLED点灯プログラムの処理の流れ
	2 個々の命令の処理内容

11-3	プログラムで操作したものは？
	プログラムとマイコンのふるまいの関係 102
	1 マイコンはCPU/メモリ/周辺装置から構成される
	2 読み出し，書き込みの空間を指定
	3 指定アドレスやデータのやり取りは共有回路を使う

11-4	外部からの信号でマイコンの制御内容を変更
	スイッチのON/OFF状態で
	LEDを点滅させる 108
	1 スイッチON期間中にLEDを点灯する
	2 使う命令によってプログラムを簡略化できる
	3 SW_1とSW_2の両方がONの間だけLEDを点灯させる

第12章 時間待ちループの作りかたと実行時間の計算方法
二つのLEDを交互に点滅させてみよう！ 113

12-1	まずはプログラムをマイコンへ入力
	プログラムの作成 113
	1 マイコンに書き込むプログラム
	2 無限ループにするのが基本
	3 時間待ちループの作りかた

12-2	CPU用レジスタの値を見てループの動作を理解しよう
	デバッガを使って点滅プログラムを確認 115

12-3	命令実行にかかる時間の求め方
	時間待ちループの実行時間の計算方法 116

12-4	デバッガを使わずに点滅プログラムを実行するには
	クロックを切り替える方法 117

第13章 スタックのふるまいとレジスタの退避・復旧のしくみ
サブルーチンの呼び出しと復帰 119

13-1	何回も使うプログラムをひとかたまりで呼び出す
	サブルーチンとスタック 119

13-2	メモリの一部をスタックとして利用するしくみ
	スタック・ポインタ 121

13-3	サブルーチンへの分岐と復帰を行う命令とスタックの中身
	サブルーチンを使ったプログラムの実際 122

13-4	スタックを使う命令とその動作を理解しよう
	スタックを使ったレジスタの退避と復旧 124

第14章 マイコンに効率良く仕事をさせるしくみ
割り込み処理の基本をマスタしよう 126

14-1	処理に優先順位をつけたい…
	割り込みとは何か 126

14-2	どんな問題が起きるのか
	割り込みを使わないと損 127

14-3	優先順位をつけたスマートな制御
	割り込みを使って動作を改良した例 128

14-4	可変ベクタ・テーブルの設定と割り込み設定の初期化
	割り込みを利用するための初期設定 130
	1 割り込み処理の動作
	2 ジャンプ先を指定するベクタ・テーブル
	3 キー入力割り込みと割り込み許可フラグ

14-5	サブルーチンとの違いをよく認識しておこう
	割り込みの処理手順 134
	1 割り込みによる呼び出しと復帰
	2 時系列で見る割り込み動作

14-6	サブルーチンと同様な処理が必要になる
	レジスタの退避 136

14-7	割り込み許可フラグを操作して割り込みをマスクする
	割り込みを受け付けたくないときは 137

14-8	割り込み処理の行われる順番を把握しよう
	複数の割り込みが必要な場合 138
	1 複数の割り込みを設定する方法
	2 割り込みに割り込むと…

索引 142

徹底図解★マイコンのしくみと動かし方

第1章
電子回路に欠かせない存在になっている半導体デバイス

マイコンとはどのようなものか

1-1　ブラックボックスを解き明かそう！
しくみを理解しよう

図1　電子機器の中心に据えるマイコンの中身を見ていこう

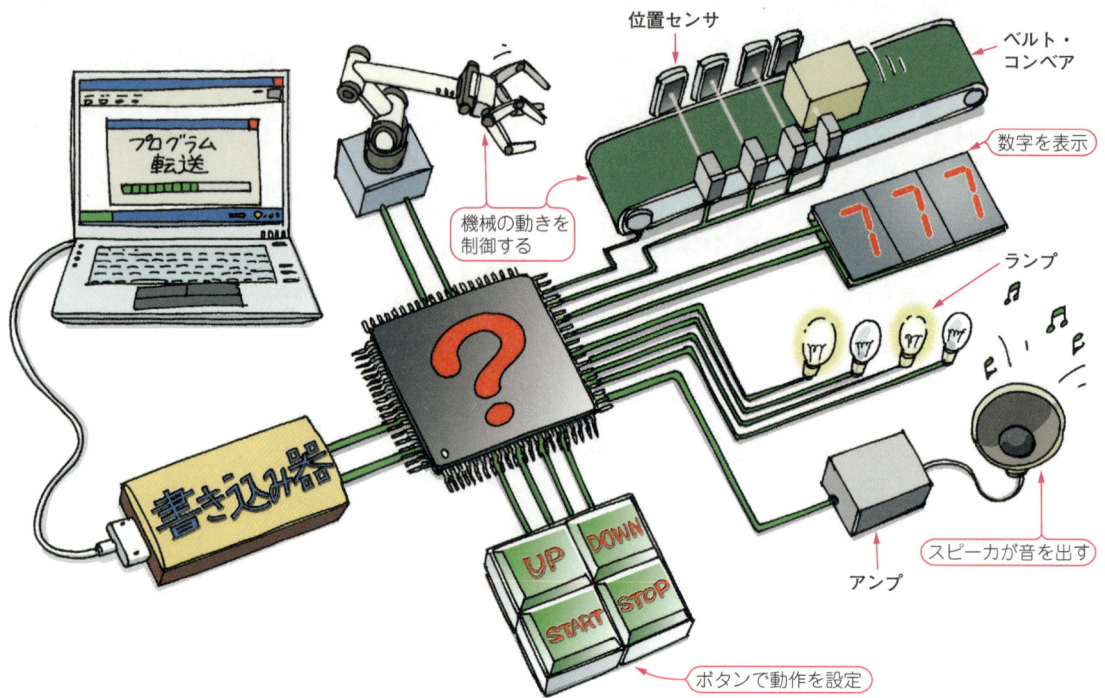

「マイコン」という言葉をどこかで聞いたことがあると思います．なかには，使ったことがある人もいるでしょう．

● 電子機器の頭脳

マイコンは，半導体デバイスの一種です．電子機器の中で中心的な役割を果たしています．人間でいえば，頭脳にあたるといってもよいでしょう．

私たちの身の回りの電子機器では，使っていないほうが少ないのではないか，と思えるほどマイコンが使われています．全自動洗濯機などのように，自動で何かをしてくれる機器を作ろうとすれば，マイコンは欠かせません．最近では，電子回路を作るといえばマイコンを使えることが前提になっている雰囲気もあります．

● しくみに注目して理解を深めよう

本書は，重要なデバイスであるマイコンのしくみと動かし方について解説します．一般的な入門書とは異なり，マイコンがどのように動いているのか，思ったように動かすには何をしなければいけないのかをていねいに説明していきます．

これから学ぶ人には理解の助けに，すでに学んでいる人にはより使いこなすための役に立つでしょう．

1-2 電子機器を機能させる

パソコン上でプログラムを書いてあらかじめ動作を指示しておく

図2 マイコンを使うと回路がシンプルになる
機能追加や変更などもしやすくなる

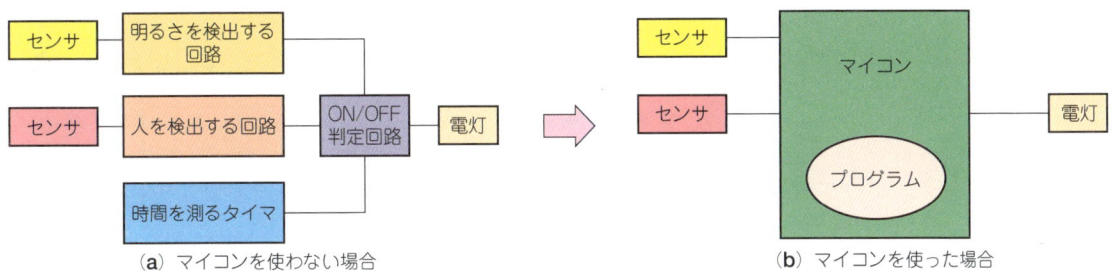

(a) マイコンを使わない場合　　　(b) マイコンを使った場合

● 回路がシンプルになる

マイコンは，なぜこれほどまでに普及したのでしょうか．

身近な例として電灯を考えてみましょう．電灯をON/OFFするだけならスイッチがあればよく，電子回路はいりません．人の存在を検出するセンサを使って，人が近づいたら自動でONするという電灯を考えてみます．これだと，センサを使ったON/OFF回路を加える必要がありそうです．

さらに高機能化し，まわりが明るいうちは電灯をつけない，人がいなくなってもすぐには消えないなどの動作を実現していこうとすると，回路がだんだん複雑になってきます．こんなとき，マイコンを使うと**図2**のように回路が簡単になる可能性があります．

● 回路を作る代わりにプログラムを作ればよい

マイコンは内部に書き込むプログラム（program）で動作を変えることができます．回路の働きをプログラムできるのです．複雑な動作でも，プログラムという，人にとってわかりやすい形で実現することができま

図3 マイコンを動かすまでに必要な手順
マイコンを動かすために必要なソフトウェアや機器を含めて開発環境という

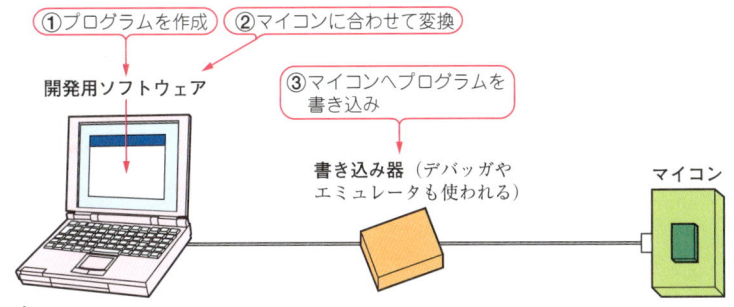

す．

● 動かすための三つの手順

その代わり，プログラムをマイコンに書き込む必要があります．そのためには**図3**に示したような作業が必要です．

① プログラムの作成

マイコンへの指示となるプログラムは，パソコン上でテキスト・データを打ち込んで作れます．

② プログラムの変換

人が書いたプログラムはそのままではマイコンに使えません．詳しくは第3章や第11章で説明しますが，マイコンで使えるようにするためにパソコン上のソフトウェアを使ってプログラムを変換します．

③ プログラムの書き込み

マイコンで読めるようになったプログラムをマイコンへ書き込みます．パソコンとマイコンの間に一般的には書き込み器が必要です．

これらの作業に必要なソフトウェアや書き込み器などは，マイコンの開発環境と呼ばれます．

● 機能の改良や追加に必要な手間が減らせる利点もある

デバッガやエミュレータという機器を使えば，基板に実装されたマイコンへ書き込む（書き込み直す）こともできます．

多少の機能追加なら，パソコン上でプログラムを作り直すだけで，回路に手を加えなくて済むこともあります．

1-3 身近にあるマイコン
縁の下の力持ち

図4(1) 冷蔵庫を動かすマイコンたち
それぞれのマイコンが役割分担する

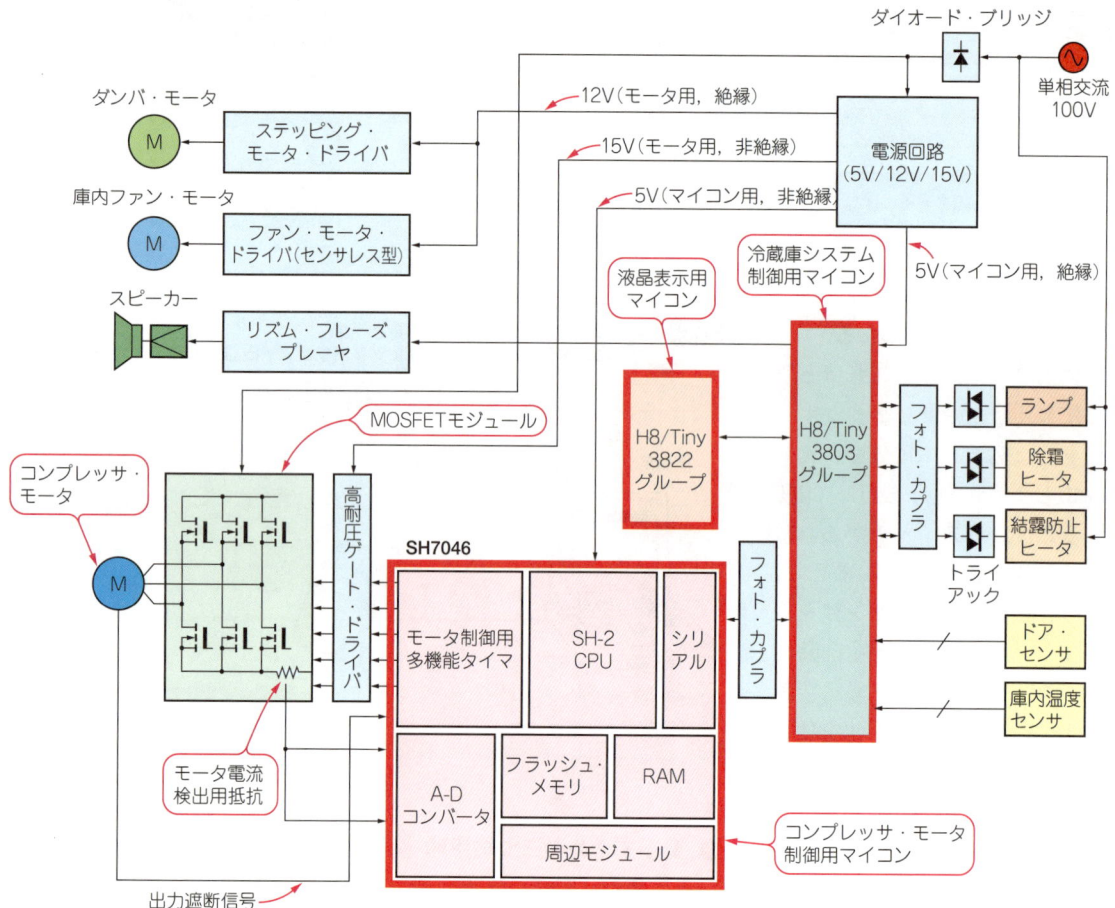

● ほとんどの家電製品が内蔵している

マイコンは，今やほとんどの電子機器に組み込まれるようになりました．身の回りを見渡すと，マイコン炊飯器のようにマイコンが組み込まれていることを明示している製品が多数あります．明示していなくても，扇風機，アイロン，コーヒ・メーカなどにも組み込まれた製品があるようです．赤外線リモコンなど電池動作の小型機器にもマイコンは組み込まれています．

● 一つの装置に何十個と組み込まれている例も

一つの電子機器に複数のマイコンが組み込まれることもよくあります．

▶冷蔵庫の例

図4はルネサス テクノロジという日本の半導体メーカのホームページで公開されている図を引用したものです．

これは冷蔵庫の例ですが，一つの冷蔵庫に，モータ制御，冷蔵庫システム制御，液晶表示制御用と3個のマイコンが使われています．

▶自動車の例

図5は自動車の例です．この図で印が付いているところには何らかの制御装置があり，その大半にマイコンが使われています．高級車では，1台の車に100個ほどのマイコンが使われているという話もあります．

● 電子回路の動作を制御する高度な電子デバイス

このように，さまざまなところで使われているマイコンですが，そもそもマイコンとは何で

図5(2) **自動車にはたくさんのマイコンが使われている**
たくさんの機能がそれぞれマイコンによって制御されている

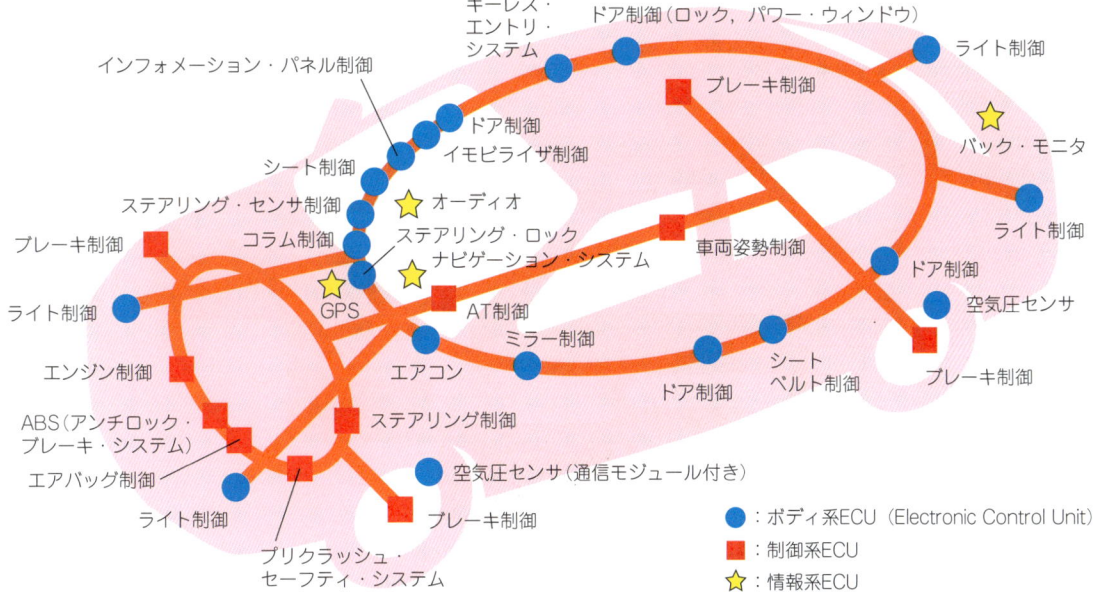

 マイコンは，もともと超小型コンピュータであるマイクロコンピュータ（micro computer）を意味していたようですが，最近では主に，マイクロ・コントローラ（micro controller）を意味するようです．コントローラという名前からわかるように，何かをコントロール（制御）するのが主な役目です．

 マイコンが登場した当初は，複数のチップを組み合わせてようやくコンピュータとして機能するようなものでした．

 今では，コンピュータとしての基本的な機能に加えて，入出力ポート，タイマ，A-D変換など制御に欠かせない機能が追加され，さらに品種によっては応用分野に特有の機能などが1チップに集積されています．

 このような1チップに集積化されたマイコンを，マイクロコンピュータと区別して1チップ・マイコンと呼びます．本書で解説するマイコンは，この1チップ・マイコンのことになります．

● **プログラムを変えることで自由に動作を変えられる**

 マイコンはコンピュータの一種なので，プログラムに基づいて動作します．したがって，プログラムの内容を変えることで，同じマイコンを使っていてもその動作を変えることができます．

 マイコンを使ったシステムでは，ハードウェア（物理的な電子回路）は同じでも，プログラムを変更することにより，機能追加や性能向上を行うことができます．

 何らかの機能をハードウェアだけで実現しようとすると複雑になる場合でも，プログラムで機能の一部を肩代わりすることにより，ハードウェアを単純化することもできます．

製品によっては，出荷後でもプログラムを書き換えて改良できる場合があります．

● **安価にさまざまな動作を実現できるデバイス**

 マイコンは1チップでさまざまな機能を実現できます．安価なマイコンは，電子部品屋さんで1個だけ買う場合でも数百円以下です．もちろん，もっと高価なマイコンもありますが，安価なマイコンでもいろいろな用途に使えます．同じマイコンを工場で大量に使用する場合なら，さらに低価格になるでしょう．

 また，いくつもの部品で実現している機能をマイコンに置き換えることで，部品代を下げられることもあるでしょう．

 このように，マイコンを使えばさまざまな機能を柔軟に，少ない部品数で比較的安価に実現できます．

1-3 身近にあるマイコン

1-4 機能や目的に応じて使い分ける

どのマイコンも基本的な機能はほぼ同じ

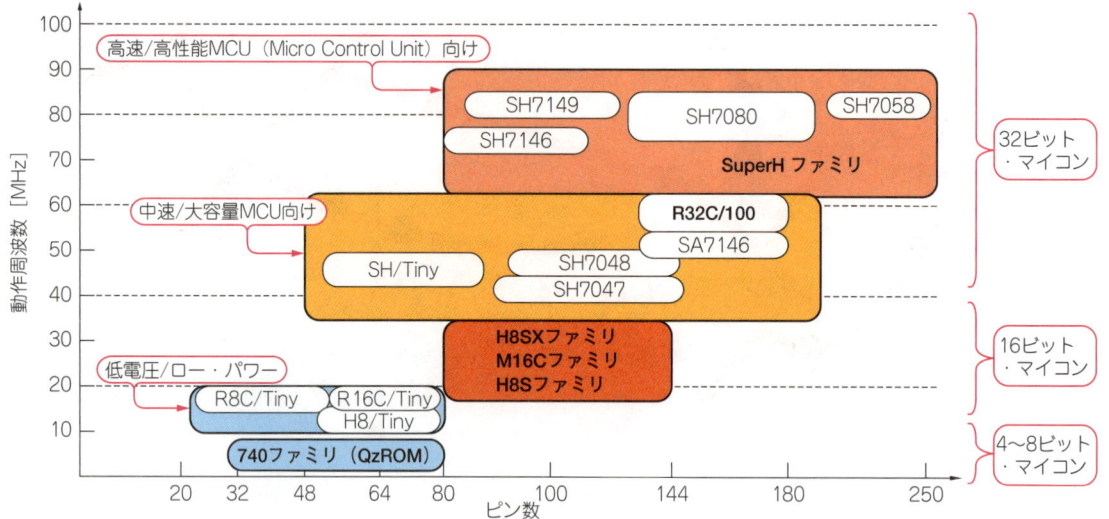

図6(3) 用途に応じたさまざまなマイコン
必要な機能を絞り込み，使い分ける

　マイコンの応用分野が広がるにつれ，個々の分野に適したマイコンが開発されています．ルネサス テクノロジ社のラインナップ例を**図6**に示します．

● **複雑さ/高速さ/制御対象によって使い分けられている**

▶扱うデータによる違い

　マイコンで行う処理の複雑さに応じて，4ビット，8ビット，16ビット，32ビットなど，扱える情報量が異なるマイコンがあります．

▶高速さによる違いや消費電力による違い

　マイコンの動作速度も，低速のものから高速のものまでさまざまです．高速動作のものほど消費電力が増えます．

　消費電力より性能が重視される応用分野に向くマイコンがあれば，電池で長時間動作することが重要な応用分野に向くマイコンもあります．

▶制御対象が多いとピン数が多くなる

　マイコンに接続する機器との配線の数に応じて，数ピンのマイコンから数百ピンのマイコンまで，端子数が異なるマイコンが用意されています．

▶用途限定の特殊品もある

　応用分野によっては，その分野固有の機能を加えたマイコンもあります．逆に，必要最小限の機能まで絞り込んだ安価なマイコンもあります．

　ほかに，使用できる温度範囲やチップの形などによっても，マイコンの種類は異なります．

● **大は小を兼ねないのがマイコンの世界**

　これほど多数のマイコンが用意されるのは，応用する製品に最適なマイコンが求められているからでしょう．製品に組み込まれるマイコンは使用目的が決まっているので，それ以上の性能や機能があっても無駄になります．また，端子数が多すぎると基板面積も無駄になりそうです．マイコンでは，大が小を兼ねる，ということはないのです．

● **種類は違っても扱うための基本となる知識は似ている**

　膨大な種類のマイコンがありますが，その基本機能に限って言えば，大半のマイコンは似通っています．基本機能をもとに，応用分野に応じた機能追加が行われているからです．

　したがって，マイコンをどれか一つでもしっかり理解すれば，他のマイコンもそれほど大きな苦労をしなくても理解できるようになると思います．

　本書では，マイコンの基本機能を極端に簡略化して説明しています．まずこれを理解することで，実際のマイコンがわかりやすくなると考えています．

1-5 機器の中での使い方
他の回路との接続

● どのように制御が行われるか

お湯の温度を一定に保つ例を用いて，マイコンによる制御がどのように行われるかを解説します．

人間が行う場合は，図7 に示すように，温度計を見てバーナの火力を調節することで，温度を一定に保つと思います．

マイコンでも同様に，図8 に示すように，センサ(温度計)により制御の対象(お湯)の状態(温度)を把握して，マイコンはどのような制御を行うかを決め，アクチュエータ(バーナ)によって対象に働きかけます．これを繰り返すことで温度を一定に保ちます．

本書では，物理的に動くもの以外にライトやヒータなど制御対象を物理的に変化させるもの全般を呼ぶ言葉としてアクチュエータ(actuator)という用語を用いています．

図7 お湯の温度を一定に保つには？
温度計を見て，バーナのツマミをまわす

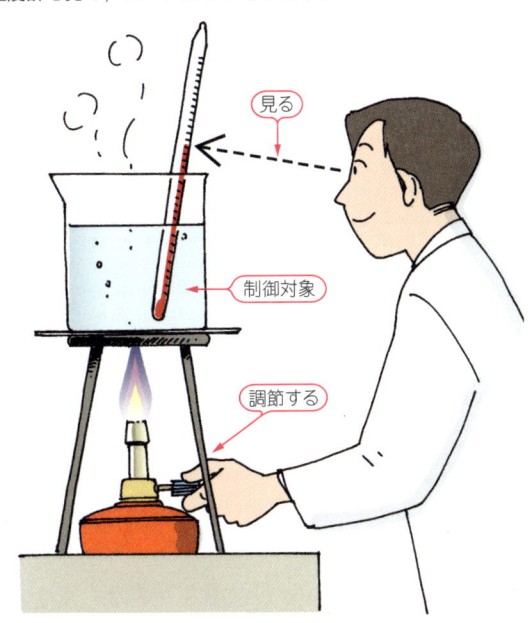

▶マイコンはセンサやアクチュエータと組み合わせて使う

センサやアクチュエータに何を使うかは，制御の対象や制御の内容で異なります．圧力の調節を行いたい場合や，明るさの調節を行いたい場合などを考えればそれぞれ違うデバイスを必要とすることがわかると思います．

ある制御を行うために，複数の状態を検出する場合は，複数のセンサが必要になります．複数の操作を行うために複数のアクチュエータが必要になるかもしれません．

ただし，制御対象が異なっても，マイコンに求められることはそれほど変わりません．同じマイコンを使って，温度を制御する装置や，圧力を制御する装置を作ることも可能です．これは，センサによって対象の状態が抽象的な値に変換されてマイコンに入力され，マイコンから出力した抽象的な値をアクチュエータが具体的な操作に変換するからです．つまり，マイコンは抽象的な値の演算だけを行っ

図8 マイコンでお湯の温度をどのようにして一定に保たせるか
温度センサがお湯の温度を測定しマイコンに伝える．マイコンはヒータを調節する．ヒータはお湯を温める

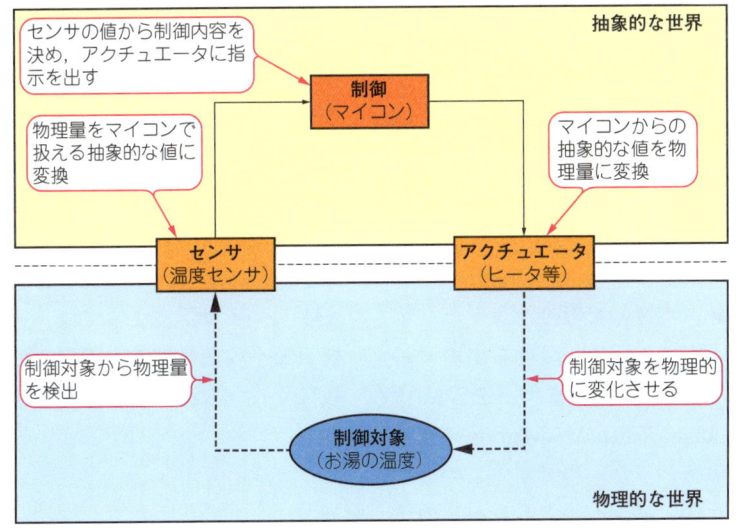

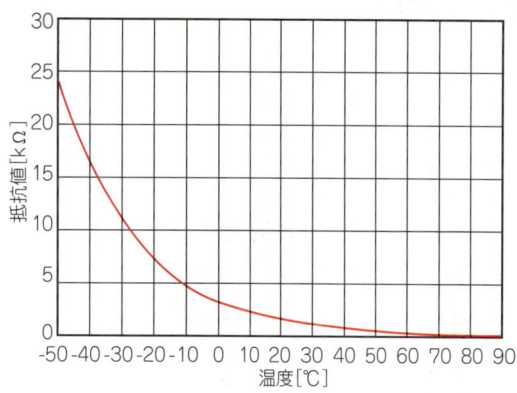

図9 温度に応じて抵抗値が変化するセンサ
温度と抵抗値は比例しないので換算表が必要

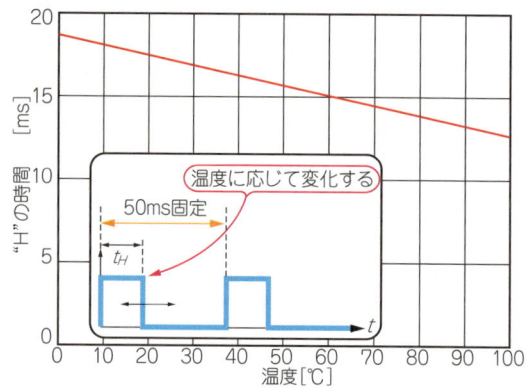

図10 温度に応じてマイコンへ送る信号のパルス幅が変化するセンサ

ており，具体的な制御対象から切り離されているからです．

● **各種センサなどとの接続**

例えば，温度センサとマイコンとの接続方法（インターフェース）一つとってみても，さまざまな種類があります．

製品に要求される性能やコスト，制御対象の特徴に加え，マイコンとどのように接続するか考えながら，多数のセンサやアクチュエータなどのなかから使用するデバイスを選択することになります．

温度センサを例にいくつか実際の例を挙げてみます．

▶ 温度がしきい値より高いか低いかを出力するセンサ

あらかじめ温度を設定しておいて，その温度より高い場合はHレベル，低い場合はLレベルの電圧をディジタル出力する温度センサがあります．

マイコンは，センサからの出力がHレベルかLレベルかによって温度を判定します．しかしこのセンサでは，ある特定の温度しか判定できません．

▶ 温度に応じた抵抗値を出力するセンサ

温度によって抵抗値が変化するセンサもあります．このようなセンサを使うには，マイコンでその抵抗値を読み取る必要があります．

センサに少し電流を流して，電圧がどうなるか測ることで抵抗値を読み取ります．

この種のセンサでは，図9に示すように温度と抵抗値が比例しないことが多いので，温度を知るためには抵抗値から温度を求める換算表を使う，といった手法が必要になります．

▶ 温度に比例した電圧値を出力するセンサ

センサによっては，温度に比例した電圧を出力するものもあります．例えば10 mV/℃のような出力になっていて，10℃では100 mV，100℃では1 Vが出力されます．

抵抗値で出力するセンサと違って，マイコンはその電圧を読み取るだけで温度がすぐにわかります．

▶ パルス幅で温度を表すセンサ

PWM信号で温度を出力するセンサもあります．PWMはPulse Width Modulationの頭文字をとった表現です．このセンサは，Hレベルと Lレベルのディジタル信号で温度を出力します．図10で，センサはHレベルとLレベルが交互に繰り返される信号を出力しています．Hレベルを出力する時間と，Lレベルを出力する時間の比が温度によって変化します．例えば，1周期の時間に対してHレベルが出力される時間の比が20％であれば20℃というようなイメージです．

マイコンは，この時間を読み取って温度を知ります．

▶ 温度を数値データの形式で出力するセンサ

データで温度を出力するセンサもあります．例えば，ある瞬間の温度が20.0℃のとき，このセンサは，「20.0」というデータを出力します．

マイコンはこの出力を読み取るだけなので簡単に見えますが，センサとマイコンの間の通信手順が決まっており，その手順を守るのが面倒な場合もあります．マイコンによっては，通信手順を内蔵してその面倒を取り除いてくれるものもあります．

徹底図解★マイコンのしくみと動かし方

第2章
給湯ポットを例にして…

電子機器の中心的な役割を果たすマイコン

2-1 沸騰/保温/給湯/給湯ロックという四つの基本機能が必要
電動給湯ポットの動作を考えてみよう

図1 電動給湯ポットの機能
五つの機能を考える

図2 給湯に必要な操作
やけどの危険を避けるため容易に給湯できないしかけになっている

① 給湯ロック解除ボタンを押す

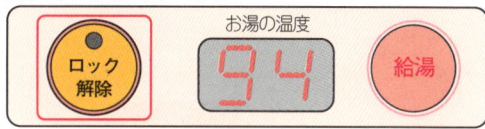

② ロックが解除されてランプが点灯

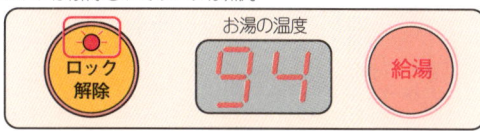

③ ランプ点灯中に給湯ボタンを押すとお湯が出る

　いまやマイコンは電子機器の機能を実現するために欠かせない存在となっています．

　そのことを具体的に考えていくために，電動給湯ポットを例にして，その中でマイコンがどのように働いているかを考えてみます．

　第4章～第8章ではマイコンが外部機器を制御する機能について解説します．各章の最後に具体例を示しますが，このときの題材としても，電動給湯ポットの機能を考えていくことにします．

● 電動給湯ポットの機能

　一般的な電動給湯ポットがもつ機能として，**図1**のような動作があるでしょう．

（1）水からお湯を作る
（2）お湯を保温する
（3）お湯の温度を表示する
（4）ボタン操作でお湯が出る
（5）ロック機能をもつ

● ロック機能とは

　給湯ボタンを押すだけでお湯が出るようになっていると，意図せず給湯ボタンを押してしまったときに，やけどをする危険があります．

給湯ボタンを押すだけではお湯が出ないようにするのがロック機能です．

　一般的な電動給湯ポットの給湯手順を**図2**に示します．

　操作パネルには，給湯ボタンとロック解除ボタンがあります．

ロック解除ボタンを押してロックを解除してから給湯ボタンを押さないとお湯が出ないようになっています．

　ロックを解除した状態で一定時間操作がない場合は，自動的にロックがかかります．

2-2 給湯ポットの機能を実現するには

身近な機器を例にマイコンの働きを考える

図3 マイコンを中心に考えた電動給湯ポットの構成
マイコンのほか温度センサ，ヒータ，ポンプ，温度表示器，給湯レバーなどで構成される

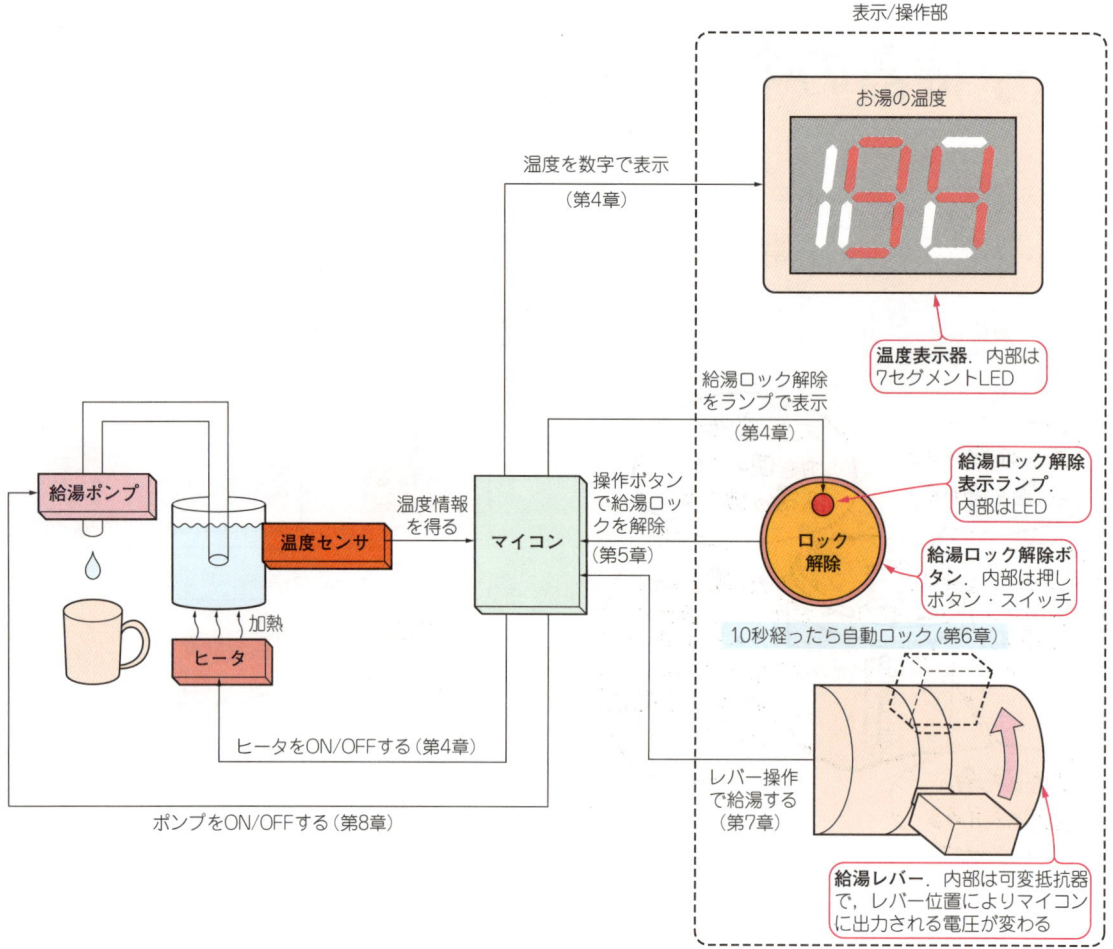

　給湯ポットの機能を実現するためには，図3のような構成が必要になると考えられます．マイコンの動作を説明しやすくするため，実際の電動給湯ポットとは機能を変えてあります．

● 沸騰と保温の機能

　ポットは水が入った状態で電源をONされると，ヒータで水を沸騰させお湯を作ります．

　温度センサからの情報を使って，一定以下の温度にならないように保ちます（保温する）．

　お湯の温度は表示/操作パネルにあるディジタル表示で確認できるようになっています．

● 給湯の機能

　一般的な電動給湯ポットは，給湯ボタンを押している間だけお湯が出ますが，ここでは説明のために，レバーの操作量に応じてお湯が出るポットを想定します．このポットはレバーを少し動かすと少量の給湯を，大きく動かすと大量の給湯を行います．この動作には，レバーの操作量を電気信号に変換する必要があります．

● 給湯ロックの機能

　給湯ロック状態を解除するためのボタンと，ロックの状態を示すランプをもちます．

　給湯ロックが解除された状態で給湯レバーやロック解除ボタンが10秒間操作されなければ，給湯ロック状態に戻り，ランプを消灯します．

　どの機能にも必ずマイコンが関わります．

2-3 沸騰/保温の制御と温度の表示

温度を測ってヒータをON/OFFしたりデジタル表示する

図4 お湯の温度をこのように制御する
一度沸騰させたあと90℃を保つ

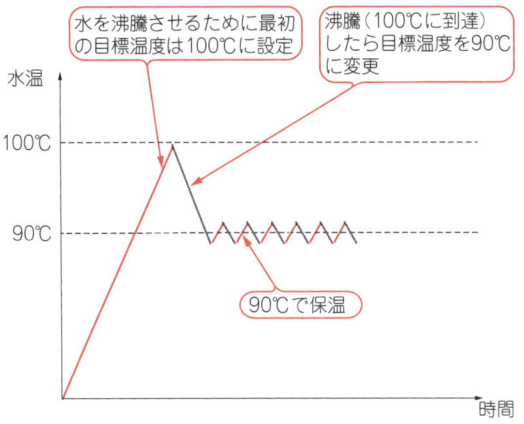

水を沸騰させるために最初の目標温度は100℃に設定

沸騰（100℃に到達）したら目標温度を90℃に変更

90℃で保温

図6 沸騰/保温に関する動作
フローチャート（流れ図）による表現．これを元にプログラムを作る

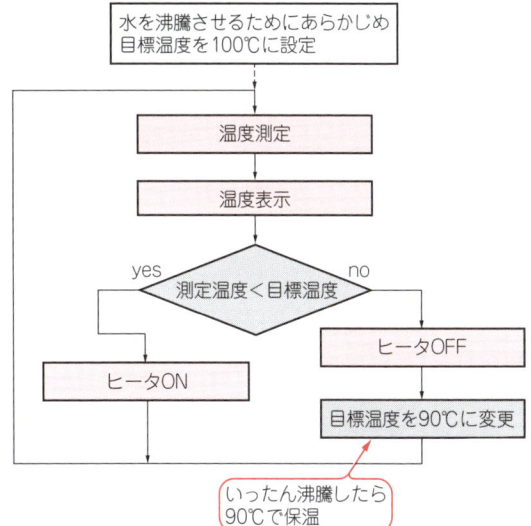

いったん沸騰したら90℃で保温

● 水を沸騰させて90℃で保温する

例にするポットでは，**図4**のように電源を入れるとまず水を沸騰させ，その後，90℃で保温します．このとき，温度の表示もします．

これを実現するために，マイコンは**図5**のように温度センサ，ヒータ，温度表示装置を動作させます．

● 測定温度が100℃になるまでヒータをONして沸騰させる

マイコンには，水温をどこまで上げるかを示す目標温度をもたせます．電源投入直後の目標温度は100℃に設定しておきます．

マイコンは温度センサにより水の温度を測定し，その温度をデジタル表示します．

測定温度が目標温度より低い場合，ヒータをONにして水温を上げます．

● 測定温度を90℃と比較してヒータをON/OFFし保温

水が目標温度の100℃に到達すると，マイコンはヒータをOFFにするとともに目標温度を90℃に下げます．

目標温度を90℃に下げたことで，しばらくの間，測定温度は目標温度より高い状態が続き，ヒータはOFFになったままになります．

ヒータをOFFにしているので水の温度は下がり続け，しばらくすると測定温度は90℃を下回ります．するとマイコンはヒータをONにして，目標温度に向けて水温を上げていきます．

お湯の温度が目標温度（90℃）になると，マイコンはヒータをOFFにします．次の動作からも目標温度は90℃のままです．

以上の動作をフローチャートで表すと，**図6**のような形になります．

図5 沸騰と保温に関係する部分
マイコンのほか温度センサ，温度表示器，ヒータが関係する

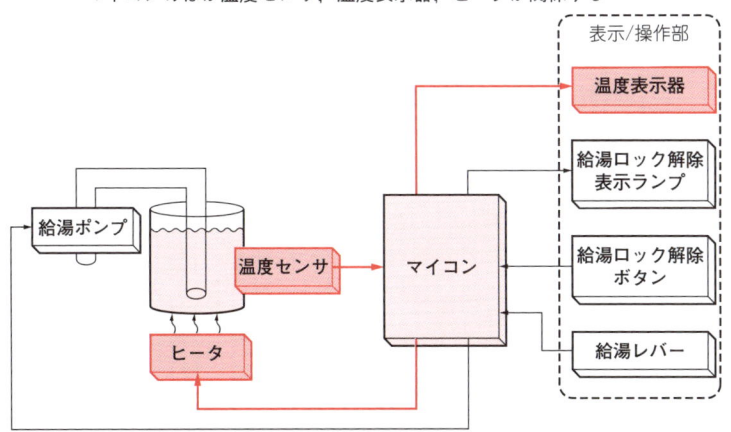

2-4 給湯ロックの解除と再ロック

ロック状態とロック解除状態で動作を変える

● 給湯に関する動作

給湯レバーの操作については，後ほど解説するとして，ここでは，給湯ロックの動作について考えてみます．関係するのは **図7** の部分です．

● ロックの解除と再ロック

マイコンに，ロック状態またはロック解除状態を維持させます．

電源投入直後は，マイコンは給湯ロック状態になるように動作を設定しておきます．

給湯ロックの状態では，マイコンは給湯ロック解除ボタンが押されるのを待っています．給湯ロック解除ボタンが押されると，**図8** に示すように，ロック状態を解除します．

ロック解除状態の場合はロック解除表示LEDを点灯し，ロック状態の場合は消灯します．

● ロックが解除されたら時間を計るタイマを動かす

ロックが解除されると一定時間を計るタイマの操作も行います．次の2-5節で説明する自動ロックを働かせるためです．

給湯ロック解除ボタンが再度押されて給湯ロックされた場合，このタイマは不要になるので停止します．

これらの動作をフローチャートで表現すると **図9** になります．

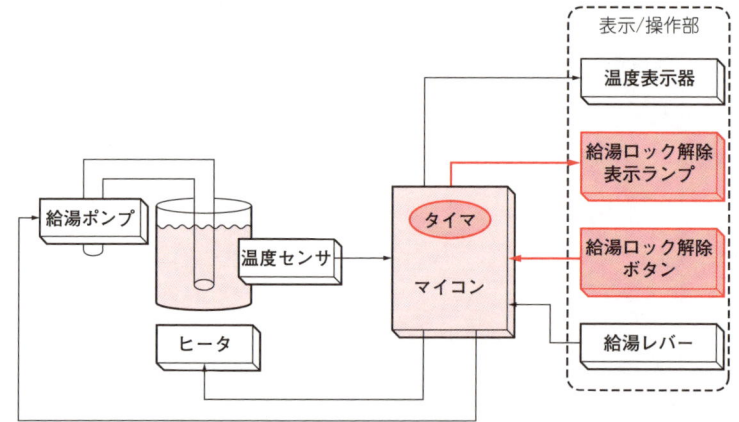

図7 給湯ロックの解除/再ロックにかかわる部分
マイコンのほかはロック解除ボタン，ロック解除表示ランプがかかわる

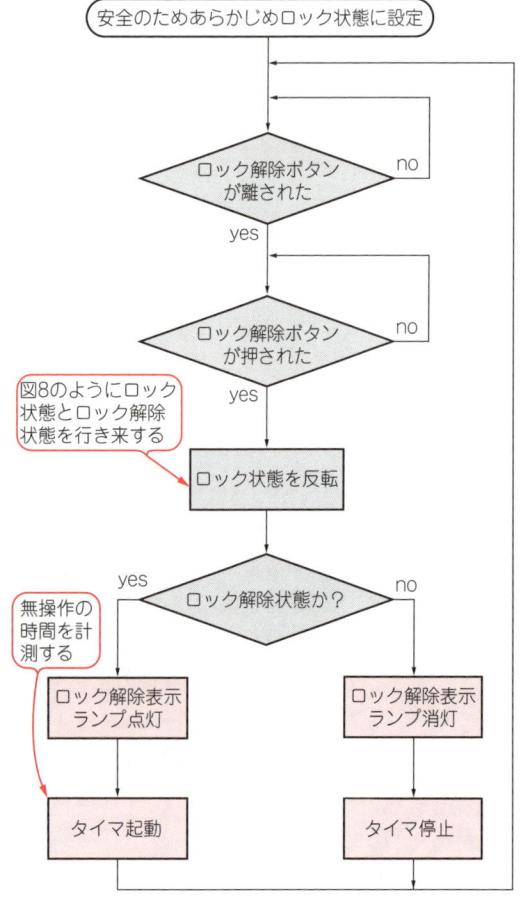

図9 ロックの解除/再ロックに関するマイコンの動作
一定時間操作がない場合の再ロックはまだ考えていない．次節で説明する

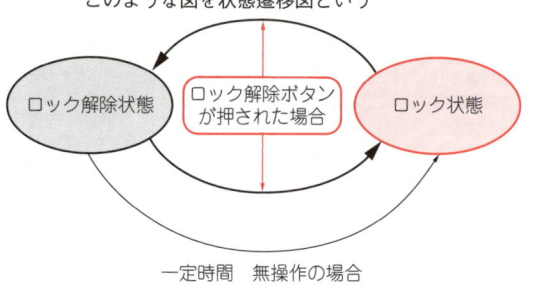

図8 ボタンが押されるごとにロック状態とロック解除状態を行き来する
このような図を状態遷移図という

2-5 一定時間が経過すると自動で給湯ロックする

マイコン内部の設定状態を自動で変更する

● 給湯ロック解除のまま放置されないようにする

給湯ロック解除ボタンを押すことで，給湯ロック状態，給湯ロック解除状態を往復できることを先に説明しました．

ロック状態の変化はそれだけではありません．給湯ロックを解除したことを忘れて放置される場合などに対応するため，給湯ロック解除状態で一定時間（例えば10秒間）操作されなかった場合，図10のように強制的にロック状態にします．

この動作を実現するため，ロック解除操作が行われた時点から10秒を測定する必要があります．一般的なマイコンの中にはタイマという時間を計ることができる機能があるので，図11のようにそのタイマ機能を使います．

マイコンは，自分自身を動作させるために周波数が一定の信号（クロックという）を使っています．

マイコンの外に時間を計るための専用回路を加えなくても，

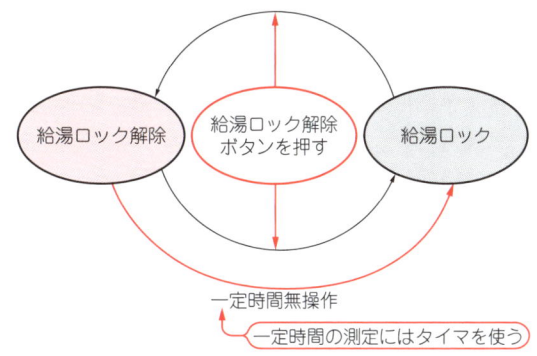

図10 給湯ロック解除状態から自動で給湯ロックをかけたい
給湯ロック解除状態で一定時間操作がなければロックする

内蔵のタイマを使うことで，比較的正確に時間を計ることができます．

10秒経過した後の処理をフローチャートで表すと図12のようになります．

● 二つの状態を行き来する条件

2-4節で解説した機能と合わせてまとめると，次のようになります．

電源投入直後は給湯ロック状態になっています．この状態で給湯ロック解除操作を行うと，10秒間を計るためのタイマを起動して給湯ロック解除状態になります．

ロック状態で給湯操作を行っても何も起こりません．

ロック解除状態でロック操作を行うと，10秒間を計るためのタイマを停止してロック状態になります．

ロック解除状態で給湯操作を行うと，給湯を行うとともにタイマを停止，再起動して，10秒間の測定をやりなおします．

ロック解除状態で10秒間何も操作を行わないと，自動でロック状態に切り替わります．

図11 自動の給湯ロックはマイコン内部の機能を使う
タイマと呼ばれる機能を使えば時間を計ることができる

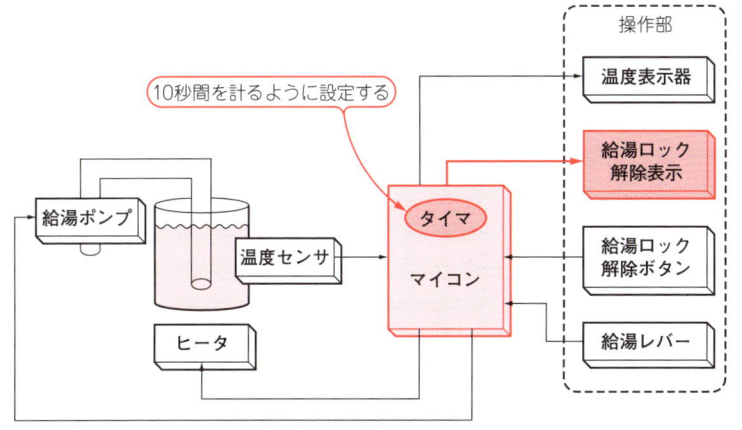

図12 一定時間経った後の給湯ロック動作
マイコン内部をロック状態にして給湯ロック解除ランプを消灯

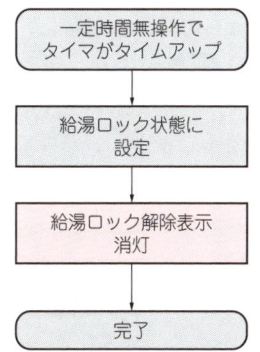

2-6 レバー操作でお湯を出す
レバーの操作量を読み取り，ポンプを動かす

給湯するには，まず給湯ロックが解除された状態である必要があります．

図13のように給湯ロックが解除された状態で給湯レバーを操作すると，操作量に応じて給湯量が決まります．給湯操作を行うと，ロック解除状態で放置したわけではないとわかります．

自動ロックのための10秒間を測るタイマを再起動して，測定を再開します．動作を細かく見ていきましょう．

● 給湯レバーの操作量を読み取り給湯量を計算

ロック解除状態のとき，マイコンは給湯レバーがどれだけ操作されているかを読み取ります．操作されていなければ給湯量は0です．レバーが操作されていれば，操作量から給湯量を計算します．

● 操作があったらタイマを再起動

レバー操作があったときは10秒間タイマを再起動します．給湯操作前のタイマの残り時間によらず，再度10秒の測定を開始します．

● 給湯量に応じて給湯ポンプを動かす

これらの動作の最後に，マイコンは図14のように計算した給湯量に応じて，給湯用のポンプを動かします．レバー操作をやめて給湯量が0になるとポンプを停止します．

この一連の操作におけるマイコン内部の処理を図15に示します．

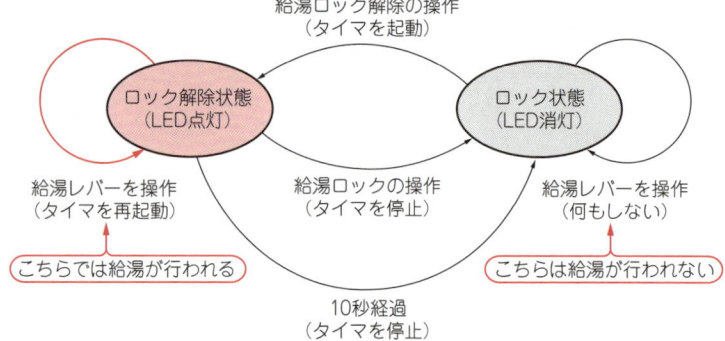

図13 給湯ロック解除状態のとき給湯レバーが操作されれば給湯する
給湯レバーの操作も含めた給湯機能全体の状態遷移図

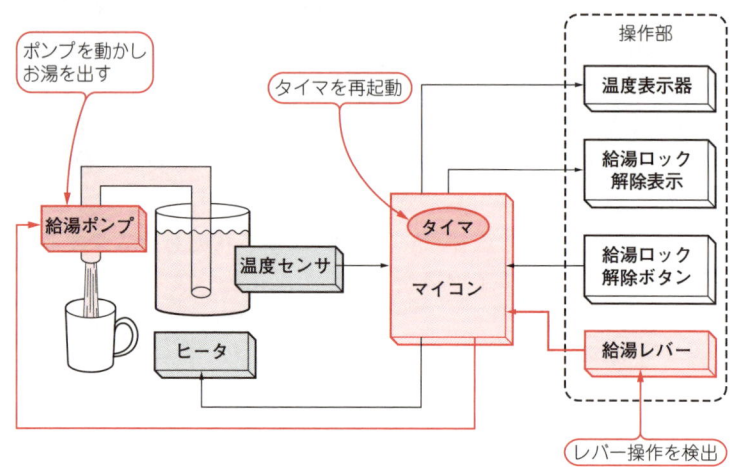

図14 給湯動作にかかわる部分
マイコンは給湯レバーの操作を読み取り，それに合わせポンプを動かす

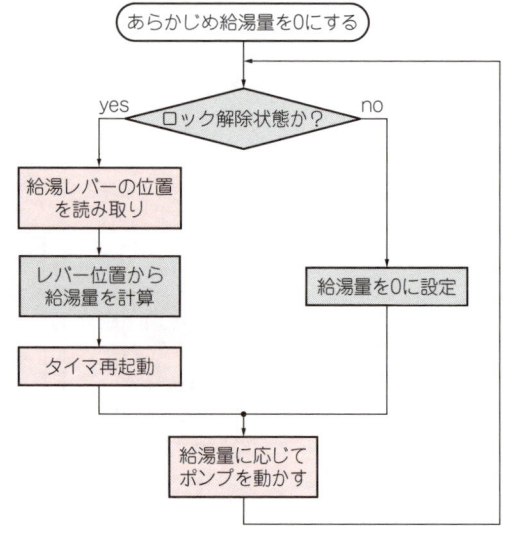

図15 レバー操作に応じた給湯を行うためのマイコンの動作
最初にロック解除状態かどうかを判定している

2-7 実際の保温動作にはもう一工夫ある

目標温度付近で起こる制御のばたつきを抑える

図16 実際の温度制御には工夫が必要
わざと設定温度に幅を設けて高速なON/OFFを避ける．ヒステリシス制御という

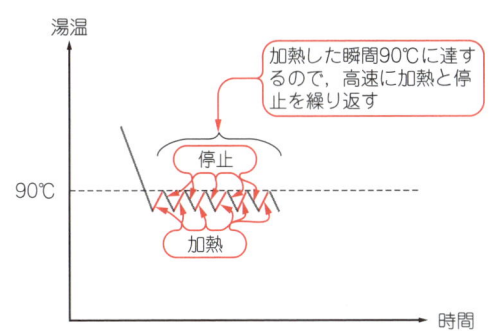
(a) 単純に設定温度でヒータをON/OFFすると問題が起きやすい

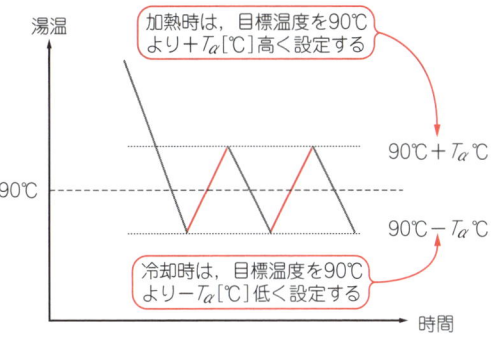
(b) 温度が上がるときと下がるときで別の設定温度を使う

2-3節で解説した動作の流れ（図6に図示）では，測定温度が目標温度である90℃になるとヒータはOFFになり，90℃を下回るとヒータがONになります．

● 目標値に近づいたときON/OFFを繰り返す危険性がある

ポット内の水が少ないときのように，ヒータのON/OFFに対して敏感に温度が変化するような場合，図16(a)のようにヒータはONとOFFを短時間で繰り返すことになります．例えばヒータを機械式のリレー（電気で動かすスイッチ）で制御していた場合，リレーの接点が高速にON/OFFを繰り返して，音が出たり接点の寿命が短くなったりという問題が起きるかもしれません．

● 二つの目標値をもたせると解決できる

このような問題は，図16(b)のように目標値の判定にヒステリシス特性をもたせることで解決できます．

今回の例では，ヒータがON

図17 ヒステリシスをもたせた場合のフローチャート
ヒータのON/OFFと同時に目標温度の変更も行う

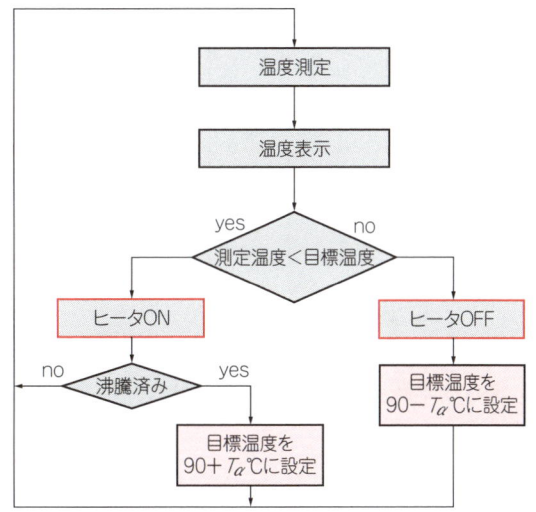

の状態で測定温度が90℃を越えてもすぐにはヒータをOFFにせず，90度＋T_a℃になったときヒータをOFFにします．

逆に，ヒータがOFFで温度が下がる場合も同様に，90℃を下回ってもすぐにはヒータをONにせず，90－T_a℃になったときヒータをONにします．

設定温度の正確さは少し失われますが，ヒータが高速にON/OFFすることを避けられます．

このように，ある目標の値を一つ設定するのではなく，値が増加してその目標値に達した場合と，値が減少して目標値に達した場合の動作を変えることをヒステリシス特性があるといいます．

ヒステリシス特性をもたせた場合の処理のフローチャートを図17に示します．

徹底図解★マイコンのしくみと動かし方

第**3**章
マイコンのハードウェアとプログラムの関係

マイコンはプログラムの指示に従って動く

3-1　プログラムとはCPUに送るデータ列
CPUは '1' と '0' が組み合わされた単純な命令を順番に処理する

図1 プログラムの実体は1/0が並んだ電気信号
電子回路で扱えるように単純化しなければいけない

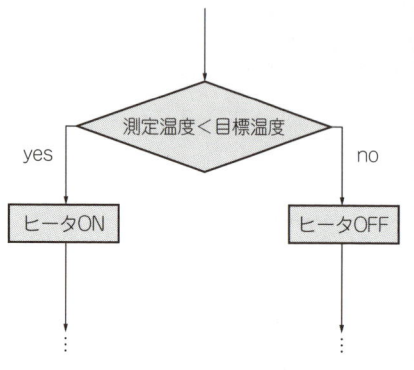

（a）フローチャートでの表現

（b）C言語での表現

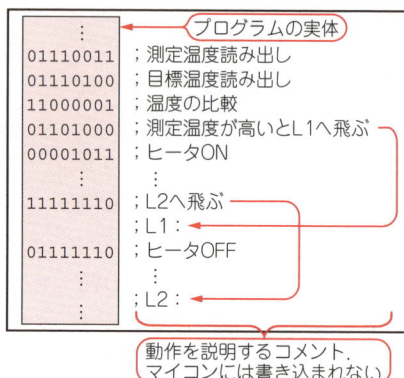

（c）マイコンが実行できる表現

● プログラムは単純な動作指令を並べたもの

　第1章で紹介したように、マイコンとはプログラムを変えることでさまざまな動作をさせることができるICです．では，そのプログラムとは何でしょうか？

　プログラミング言語として，C言語やBASICなどを知っている人もいるでしょう．それらはプログラムの記述に使える言語ですが，実際には，マイコンがそれらのプログラムで直接動くわけではありません．

　実際のマイコンのプログラムは，例えばメモリから値を読み出すとか，二つの値を比べるなどといった，ごく単純な命令の集まりです．**図1**に示すようにそれらの命令をたくさん並べていったものがプログラムとなります．

　マイコンの種類が違えば，原則として使える命令は異なってしまいます．とはいえ，よく使う基本的な命令のほとんどは，細かな違いはあるものの，どのマイコンでも共通して使えます．

● プログラムは '1' と '0' の情報で記録されている

　一つ一つの命令は '1' と '0' を並べた情報として表現されます．電子回路による情報の表現は，ONとOFF（'1'と'0'）で表現するのが最も扱いやすいからです．例えば，読み出し命令は"01110011"で，比較命令は"11000001"などです．

　命令と '1' と '0' を並べたデータとの対応は，マイコンの種類によって異なります．A社のマイコンでは比較命令は"11000001"でも，B社のマイコンでは"00001111"かもしれません．同じA社のマイコンでも，8ビット・マイコンと16ビット・マイコンでは，ほとんどの場合は異なります．

　パソコンでは実行するプログラムをハード・ディスクに記録しますが，マイコンで機器を制御する場合は，あらかじめマイコン内部のメモリに，プログラムを記録しておく必要があります．

3-2 CPUと周辺装置の関係
CPU/メモリ/周辺装置の連携プレー

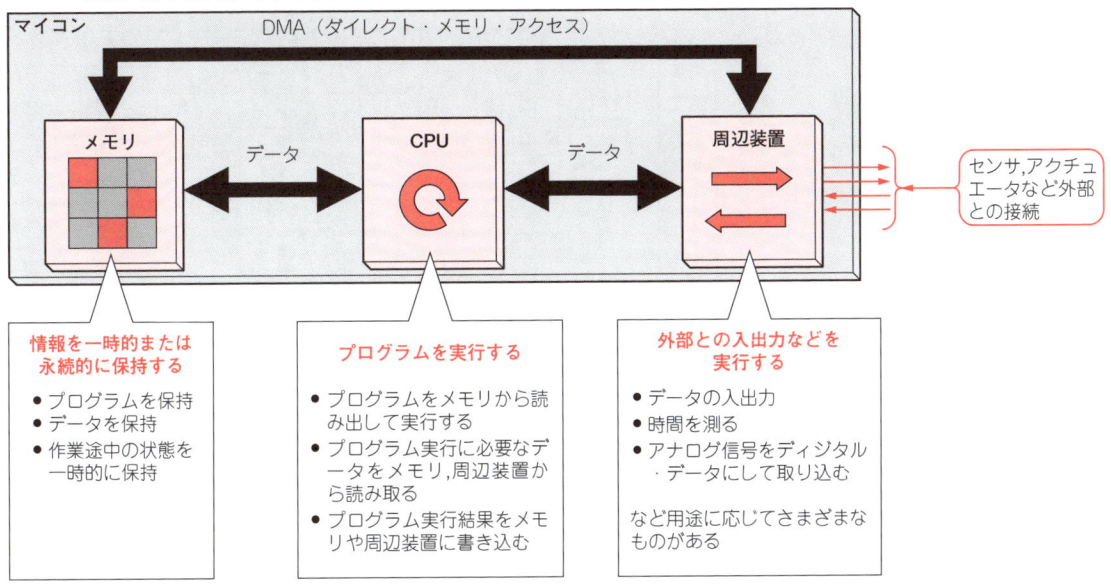

図2 マイコンの重要な構成要素は三つ
用途に応じて多数の周辺装置をもったマイコンが一般的

情報を一時的または永続的に保持する
- プログラムを保持
- データを保持
- 作業途中の状態を一時的に保持

プログラムを実行する
- プログラムをメモリから読み出して実行する
- プログラム実行に必要なデータをメモリ，周辺装置から読み取る
- プログラム実行結果をメモリや周辺装置に書き込む

外部との入出力などを実行する
- データの入出力
- 時間を測る
- アナログ信号をディジタル・データにして取り込む

など用途に応じてさまざまなものがある

図2に示すように，マイコン内部は大きく分けてCPU（Central Processing Unit），メモリ（memory），周辺装置の3種類からなります．CPUはMPU（Micro Processing Unit）と呼ばれることもあります．周辺装置は入出力装置，I/O（アイオー），周辺モジュールなどと呼ばれることもあります．

● プログラムを実行するCPU

CPUはプログラムを実行する機能をもちます．プログラムはメモリに格納されている命令を壊すデータ，CPUはメモリから命令を順番に読み出して実行します．CPUはプログラムの実行に必要なデータをメモリや周辺装置から読み取ります．そしてプログラムの実行結果をメモリや周辺装置に書き込みます．

● プログラムやデータを保持するメモリ

メモリはプログラムやデータを一時的または永続的に保持する機能をもちます．CPUはメモリからプログラムを読み出して実行します．

メモリはプログラムの実行に必要なデータも保持しており，CPUはそのデータも読み出します．CPUは，プログラム実行中の作業状態をメモリに一時的に保管する場合もあります．

メモリは大きく分けて，プログラムのように一度書くとほとんど書き換えないデータを格納するROMと，ひんぱんに書き換えられるデータを保持するRAMとがあります．ただし，その境界はだんだんあいまいになってきています．

● 用途に応じた機能が搭載される周辺装置

周辺装置は，マイコンが外部とデータをやり取りしたり，時間を測るなどさまざまな機能をもっています．これは，マイコンの応用分野ごとに大きく異なっています．

マイコン内でのデータのやり取りは主にCPUとメモリ間およびCPUと周辺装置間で行われますが，周辺装置とメモリ間で直接データをやり取りすることもあります．CPUを介さずに直接メモリをアクセスするので，DMA（Direct Memory Access）と呼ばれます．

● パソコンとマイコンの違い

パソコンもマイコンもプログラムに従って動きます．ただし，パソコンはさまざまな処理をさせることが目的なのに対して，マイコンは周辺装置を通じて外部機器を制御することが目的であるところが異なります．マイコンは少ない部品で必要な動作ができるように構成されています．

3-3 CPUがメモリのデータを読み書きするしくみ
データは8ビットごとに別のアドレスに記録される

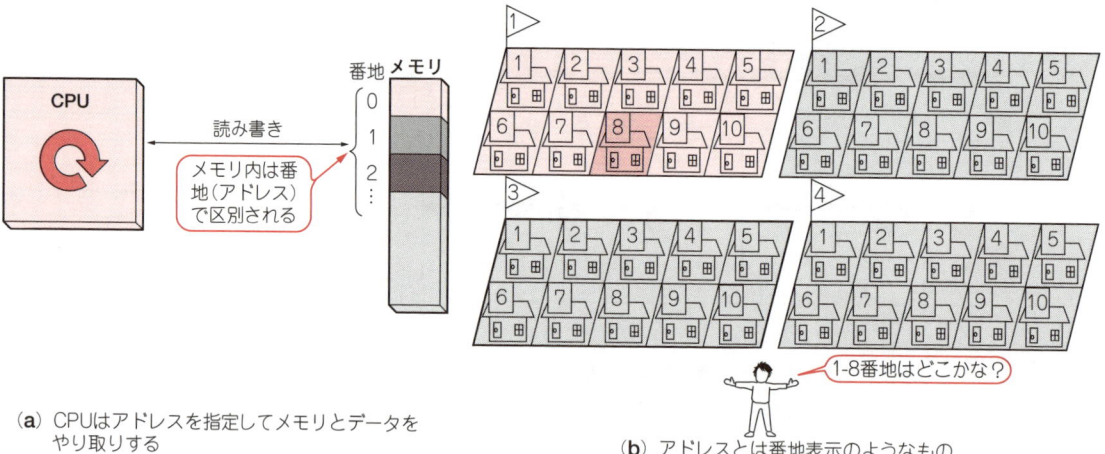

図3 メモリの中はアドレス（住所）が割り振られている

(a) CPUはアドレスを指定してメモリとデータをやり取りする

(b) アドレスとは番地表示のようなもの

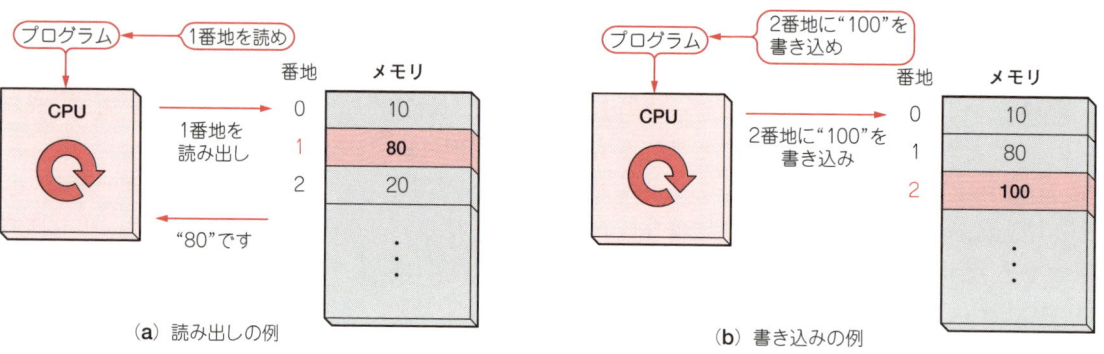

図4 メモリとデータをやり取りする例

(a) 読み出しの例

(b) 書き込みの例

　マイコンが実行するプログラムはメモリに格納されており，CPUはメモリからプログラムを読み出して実行します．

● メモリには住所がある

　メモリにはさまざまな情報を格納できるので，CPUはメモリに格納された情報を間違いなく読み出す方法が必要です．それには 図3 のように番地（アドレス；address）が用いられます．

　マイコンで番地を用いてメモリ内の情報を特定することは，人が住所で家を特定することに似ています．例えば，東京都豊島区巣鴨1-14-2といえば，ある建物を特定できます．メモリでも同様に，番地で情報が格納された場所を特定できます．

● 一つのアドレスにある情報は8ビットのことが多い

　情報を表すON/OFFを'1'と'0'で表現したものはビット（bit）と呼ばれます．1ビットは2進数の1桁に相当します．8ビットは1バイト（byte）と呼ばれます．多くのマイコンでは，メモリは1バイトごとに番地が割り当てられています．

● アドレスを指定して読み出し/書き込みを行う

　図4 のように，CPUはメモリの1番地を読み出すとか，2番地に書き込むというように，番地を指定することで，情報の格納場所を間違いなく指定できます．

　このように番地を指定してCPUから読み書きできる範囲はアドレス空間と呼ばれます．

● プログラムの実行

　プログラムの実体は，メモリ上に順番に並んで格納されているデータです．

　CPUはとくに指示がなければ，自動でアドレスを1番地ずつずらしてデータを読み込み，そのデータに対応する命令を順番に実行するように作られています．

3-4 CPUが外部装置を制御するしくみ
レジスタを介して行われる

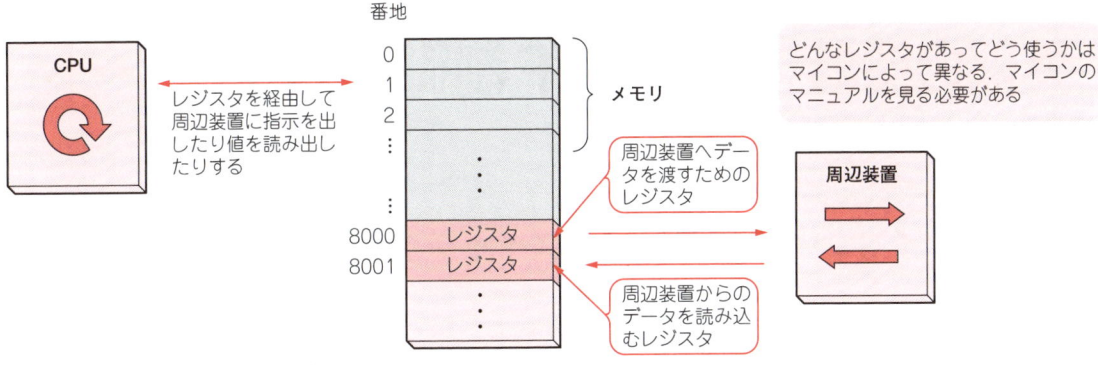

図5 周辺装置の制御にはレジスタという特殊なメモリを使う
アドレスを指定してデータをやり取りする

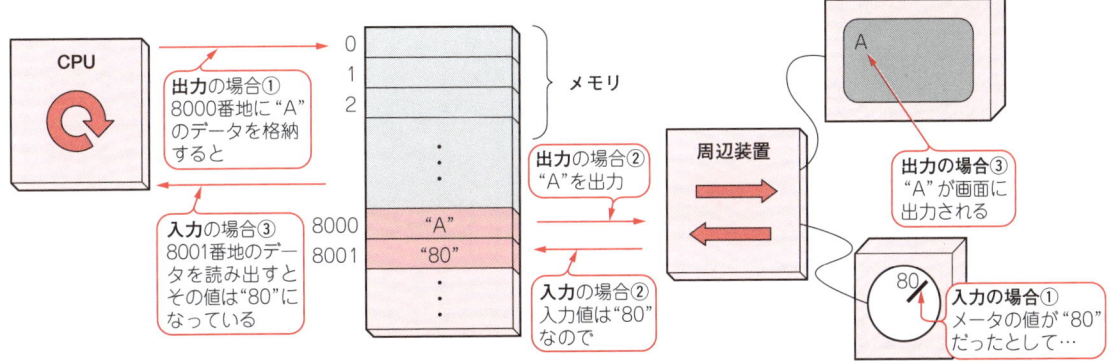

図6 実際に周辺装置とデータをやり取りする例
CPUから周辺装置は直接見えない

　周辺装置を動かすにはどうすればよいのでしょうか．**図5**に示すように，CPUは周辺装置に直接アクセスせず，専用のレジスタというデータ保持回路を経由します．

　この専用レジスタはCPUから見ると，メモリと同じように見えます．「特別な機能をもったメモリ」というイメージです．もう少し具体的に解説しましょう．

● 外部にデータを出力する

　図6では，8000番地と8001番地に周辺装置のレジスタが割り当てられています．CPUが8000番地に"A"という文字を格納すると，メモリと同様に確かに8000番地に"A"が格納されます．CPUから見えるのはそこまでです．

　しかしその裏で，8000番地の内容は周辺装置に送られ，そこに繋がったディスプレイに表示されます．CPUは8000番地のメモリに格納したつもりですが，結果的にディスプレイに"A"が表示されます．

● 外部からデータを取り込む

　8001番地もCPUから見るとメモリですが，そこに格納された値は周辺装置を経由して外部から取り込まれたものです．外部での測定値が"80"のとき，その値は周辺装置を経由して8001番地のレジスタに格納されます．CPUが8001番地を読み取るとその値は"80"です．このレジスタがほかのメモリと異なるのは，CPUが内容を書き換えなくても，外部での測定値が変化すると，このレジスタの値もそれに応じて変化する点です．

　このように，CPUはレジスタを経由することで周辺装置もメモリと同様に扱うことができます．このレジスタはSFR（Special Function Register；特殊機能レジスタ）と呼ばれます．

徹底図解★マイコンのしくみと動かし方

第**4**章
LEDの点灯/消灯などを制御するしくみ

外部の機器をON/OFF制御する出力ポート

4-1 マイコン内部の切り替えスイッチをON/OFFする
LEDを点灯/消灯するためには

　LEDを点灯/消灯する例で，マイコンがほかの電子回路をON/OFF制御するしくみを説明します．

● 表示ランプや温度表示器を制御する

　給湯ポットの例では，ロック解除LEDと，温度表示用に使われる7セグメントLEDという部品の制御がON/OFFで行われています．

　この制御には，マイコンがもつ周辺機能のうち「入出力ポート」が用いられます．

　マイコンからLEDなどを制御する場合は，入出力ポートから信号を出力させます．入出力ポートは入力と出力の両方が可能で，マイコンにつながった回路が出力する信号を読み取ることもできます．それは第5章で説明するので，本章では出力についてだけ説明します．

● HレベルとLレベルの二つ電圧が必要

　LEDを点灯する基本的な回路を **図1(a)** に示します．LEDのアノードからカソードに向けて電流を流すことで，LEDは点灯します．電流制限抵抗は，LEDに電流が流れすぎないよ

図1 LEDを点灯するには抵抗を介して電源をつなぐ
アノードからカソードに電流を流すと点灯する

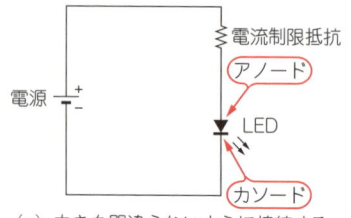 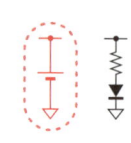

（**a**）向きを間違えないように接続する必要がある　（**b**）電源はわかりにくく書かれていることも多い

図2 マイコンの出力ポートとLEDをこのように接続する
出力ポートは電源につながる（Hレベル）かGNDにつながる（Lレベル）

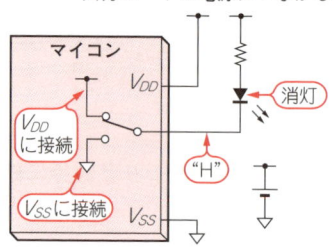 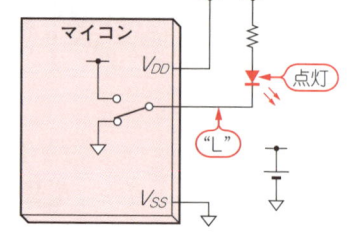

（**a**）マイコンがHレベルの電圧を出力するとLEDはOFF　（**b**）マイコンがLレベルの電圧を出力するとLEDはON

うに入れています．

　LEDの点灯，消灯をマイコンで制御するには，LEDに電流を流すかどうかを制御すればよいことになります．

　図2 に示すようにマイコンとLEDのカソード側を接続すると，マイコン内部の操作によってLEDの点灯/消灯を制御できます．

　LEDのアノード側は抵抗を通して電源に接続されており，**図2(a)** のようにマイコン

がHレベルの電圧を出力すると，アノード，カソードの両方の電位が同じになるので電流が流れず，LEDは消灯します．**図2(b)** のようにLレベルの電圧を出力すると，LEDのアノードとカソード間に十分な電圧が印加され，電流が流れてLEDは点灯します．

　このように，出力する電圧を切り替えるだけでLEDの点灯/消灯が可能になります．

4-2 出力ポートはCPUでON/OFF制御する
電源電圧とGNDのどちらかの電圧を出力する

● CPUと外部の機器の間をとりもつ「ポート」

マイコンがLEDを制御するには，マイコンからLEDに対して出力を行います．それを受けてLEDは点灯/消灯します．

これを行うためのマイコン側の周辺装置は「出力ポート」と呼ばれます．

ポート（Port：港の意味）は，マイコン内部と外部との窓口です．

外部からの情報をマイコン内に取り入れる周辺装置は入力ポートと呼ばれます．

● 出力ポートはCPUが制御する

出力ポートはディジタル出力

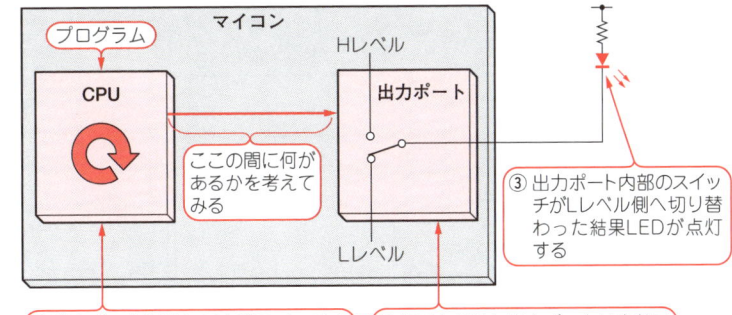

図3 プログラムに従いCPUが出力端子につながっている内部スイッチを切り替える
プログラムの指示とCPUの関係をもっと詳しく見てみよう

① 出力ポートに対して内部スイッチをLレベル側に切り替える指示を出す
② 指示を受けた出力ポートは内部スイッチをLレベル側に切り替える
③ 出力ポート内部のスイッチがLレベル側へ切り替わった結果LEDが点灯する

です．'1' または '0' に対応するHレベル（電源電圧）またはLレベル（GND）の電圧を出力します．

Hレベルを出力すればLEDは消灯し，Lレベルを出力すればLEDは点灯します．

図3に示すように，CPUはメモリに格納されたプログラムを読み出して実行します．CPUからはどうやってポートの出力を指定するのでしょうか．

LEDの特性   column

LEDの特性例を図A，図Bに示します．どのLEDも似たような特性です．

図Aからわかるように，LEDに電圧を加えていくと，ある電圧を越えると急激に電流が流れます．そして図Bからわかるように，流れる電流に応じてLEDの光度は高くなっていきます．

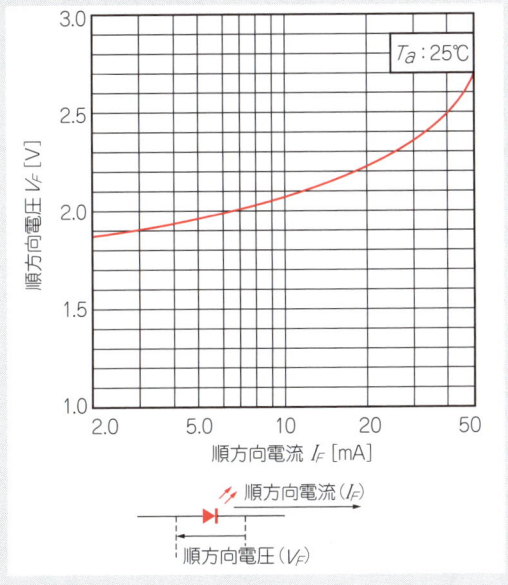

図A[4] LEDはある程度の電圧を越えると急激に電流が流れ出す

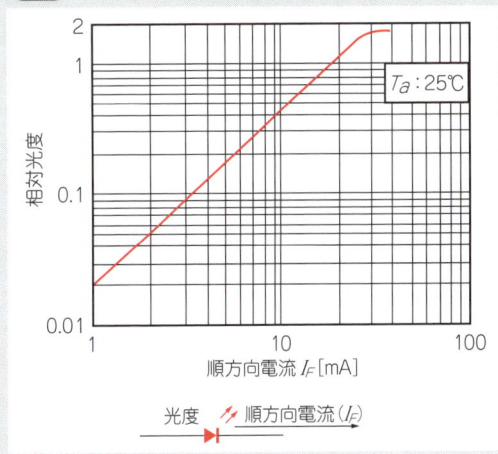

図B[4] LEDに流す電流を増やすと明るく光る

4-3 ポートの制御はレジスタを利用して間接的に行う

レジスタに書き込んだ1/0が出力レベルのH/Lに対応する

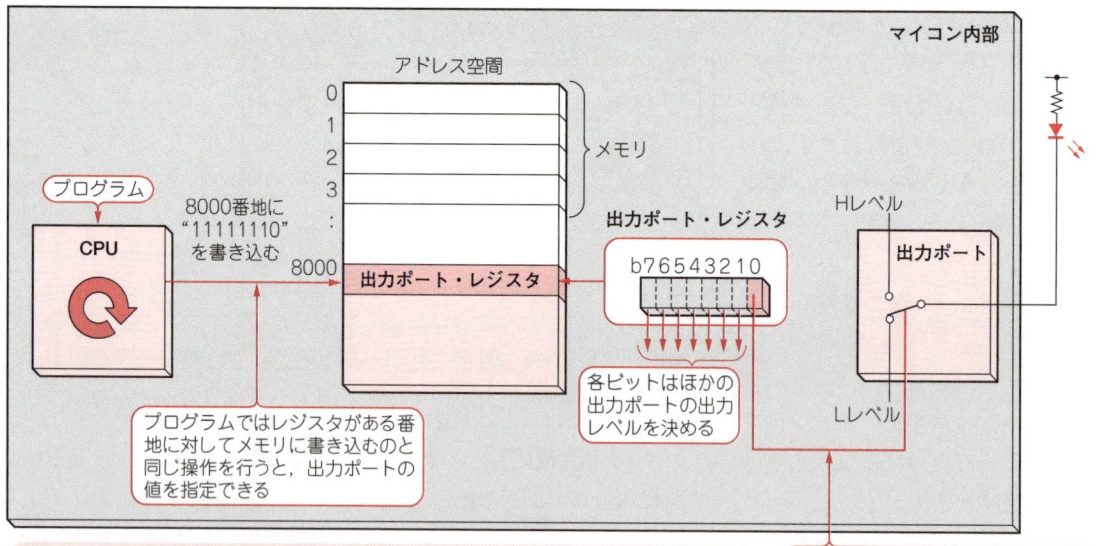

図4 特定のレジスタに値を書き込むことで出力ポートを制御できる
どのレジスタに値を書き込めばよいかはマイコンのマニュアルに記述されている

この例ではアドレスの8000番地に書かれた値の最下位ビットで出力ポートのHレベル出力，Lレベル出力が決まる．LEDを点灯するにはLレベル出力が必要なので，8000番地の最下位ビットを'0'にすればLEDが点灯する

出力ポート・レジスタのビットの値で出力が決まる．'0'を書くとLレベル出力，'1'を書くとHレベル出力になる

● **周辺装置の制御には特殊機能レジスタを使う**

出力ポートも周辺装置の一種です．CPUから周辺装置へのアクセスは，第3章で解説した特殊機能レジスタ(SFR)を経由して行われます．

図4のように，出力ポートから出力する信号(電圧)を指定する「出力ポート・レジスタ」が8000番地に用意されていたとします．出力ポート・レジスタの最下位ビットで，制御したいLEDがつながった出力ポートを操作できるとします．

● **CPUは出力ポートレジスタに値を書き込むだけ**

CPUから8000番地に値を書き込むと，その最下位ビットの値に応じて，出力ポートがHレベルを出力するか，Lレベルを出力するかが決まります．

出力ポート・レジスタの各ビットに'1'を書くと，そのビットに対応する出力ポートにHレベルが出力され，'0'を書くとLレベルが出力されるものとします．

● **書き込んだ値が保持されるのでLEDは点灯/消灯を続ける**

CPUから8000番地に値を書くと，その最下位ビットの値に応じて，LEDが点灯するか消灯するかが決まります．Lレベル出力で点灯するので，最下位ビットが'0'の場合は点灯し，'1'の場合は消灯することになります．

出力ポート・レジスタの値は，一度書き込むと次に書き換えるまで保持されるので，LEDは点灯または消灯を続けます．

このように，LEDを点灯させたいか，消灯させたいかにより，プログラムは8000番地にどのような値を書き込むかを決めます．

ここでは出力ポート・レジスタに8個あるビットのうち，ビット0の場合だけ説明しました．それ以外の7個のビットも同様に別の出力ポートにつながっていて，それぞれの出力ポートが出力するレベルを制御しています．

メモリとレジスタは区別されますが，CPUから番地指定で読み書きできることは共通しているので，この図では同じアドレス空間に配置しています．

4-4 レジスタとは

データを一時的に保持する

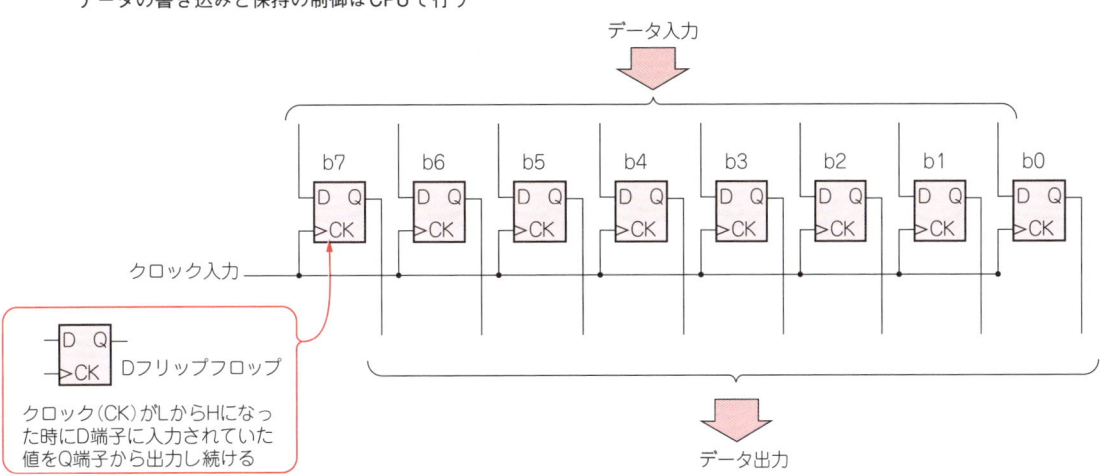

図5 1バイト(8ビット)のレジスタとはフリップフロップを8個並べたもの
データの書き込みと保持の制御はCPUで行う

Dフリップフロップ
クロック(CK)がLからHになった時にD端子に入力されていた値をQ端子から出力し続ける

レジスタの構成例を**図5**に示します．値を保持するため，フリップフロップを用いています．この図ではDフリップフロップを使っています．

Dフリップフロップは，クロック信号の立ち上がり(信号が"L"から"H"になる瞬間)に，フリップフロップのD端子に入力されている信号を記憶し，それをQ端子から出力します．

フリップフロップが値をいったん記憶すると，D端子に入力されている値が変化してもQ端子の出力は変化せず，クロック信号が再度LからHになるまで，記憶した値を出力し続けます．

例えばCPUが8000番地に書き込んだときだけクロック信号がLからHに変化するように作っておけば，CPUから8000番地に書き込まれたデータをレジスタは保持します．

フリップフロップの仕組み   column

フリップフロップは，信号の値を保持するために用いられます．フリップフロップの例として，RSフリップフロップを**図C**に示します．

この回路はS(セット)を"H"にすると，出力Qがそれまでどのような値を出力していても，"H"を出力します．

R(リセット)を"H"にすると，出力Qはそれまでの値にかかわらず"L"になります．

SもRも"L"を入力すると，Qの値は変化しません．

この回路を用いることで1ビットの値を保持できます．

RSフリップフロップを用いることで値を保持できるのですが，応用するには不便な点があり，何種類かのフリップフロップが開発されました．**図5**のDフリップフロップもその一つです．

Dフリップフロップの詳細やその他のフリップフロップについては，論理回路の専門書を見てください．

図C 簡単なフリップフロップの例…RSフリップフロップ
RとSのどちらかを"H"にしてQの値を変えるとその状態を保持し続ける

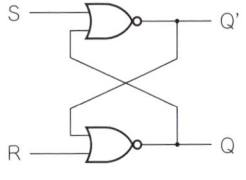

S	R	Q	Q'	
L	L	L→L	H→H	直前の値を保持する
		H→H	L→L	
L	H	L	H	
H	L	H	L	
H	H	禁止(値が決まらない)		

4-5 出力ポートとレジスタの関係
どうやって外付けのトランジスタをON/OFFしているか

● 出力ポートの内部回路

今度はLED側から出力ポートを見てみます．ポートの出力端子を駆動している回路は，図6のようなイメージになっています．

ポートの出力端子に対して，上下にそれぞれトランジスタが配置され，各トランジスタがONになるかOFFになるかによって，出力がHレベルになるか，Lレベルになるかが決まります．

このスイッチ回路の入力電圧をHレベルにすると，上のトランジスタはONになり，下のトランジスタはOFFになります．その結果，出力ポートはHレベルになります．

一方，入力電圧をLレベルにすると，上のトランジスタはOFFになり，下のトランジスタはONになります．その結果，出力ポートはLレベルになります．

● LEDをつないだときは…

LEDのアノード側は電源と接続されており，Hレベルを出力するとLEDのアノードとカソードは同電位になって電流が流れず，消灯します．

Lレベルを出力すると，LEDのアノードからカソードに電流が流れ，LEDは点灯します．LEDを流れた電流は，出力ポート内に入り込み，ONになっている下側のトランジスタに流れます．

図7に示すように，電流は外部(LED)からマイコン内に向かって流れ込みます．

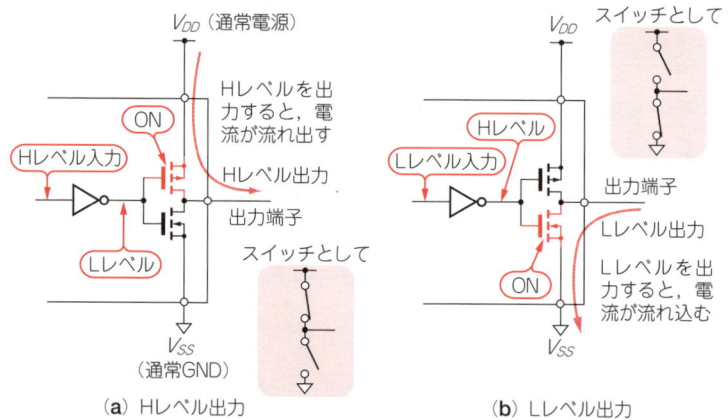

図6 出力ポートに内蔵されたスイッチ回路の例
2個のMOSトランジスタを必要に応じてON/OFFしている
(a) Hレベル出力　(b) Lレベル出力

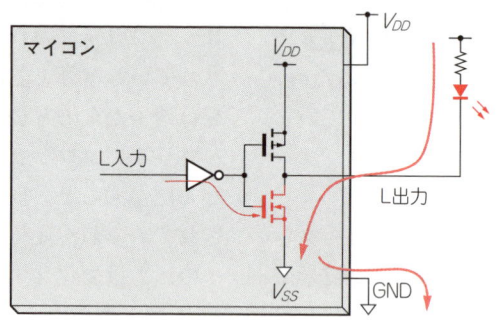

図7 Lレベル出力でLEDが点灯しポートへ電流が流れ込む
ポートに流れ込んだ電流はマイコンのGND端子から電源へ流れていく

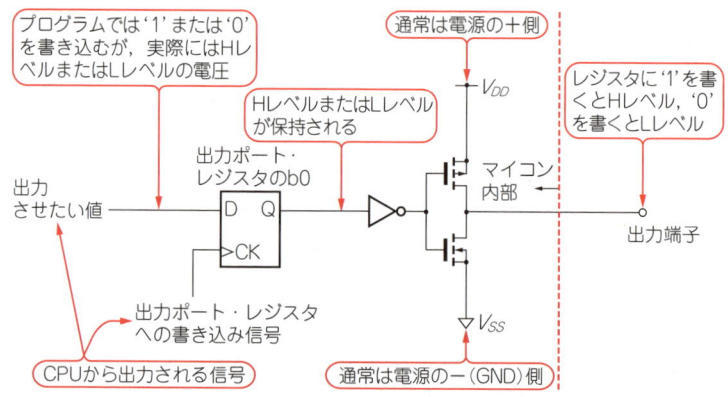

図8 レジスタまで含めるとこのような回路が存在する
次に'1'か'0'を書き込むまでずっと現在のH/Lを出力し続ける

出力ポート・レジスタ(の一部)も合わせると，出力ポートの回路イメージは図8のようになります．出力ポート・レジスタが保持している値を，出力段のトランジスタで端子に出力しています．

30　第4章　外部の機器をON/OFF制御する出力ポート

4-6 電動給湯ポットのロック解除LEDを点灯する

出力ポートをON/OFFするプログラムの例

図9 給湯ロック解除表示の実現
プログラムは8000番地のビット0に1か0を書き込むだけ

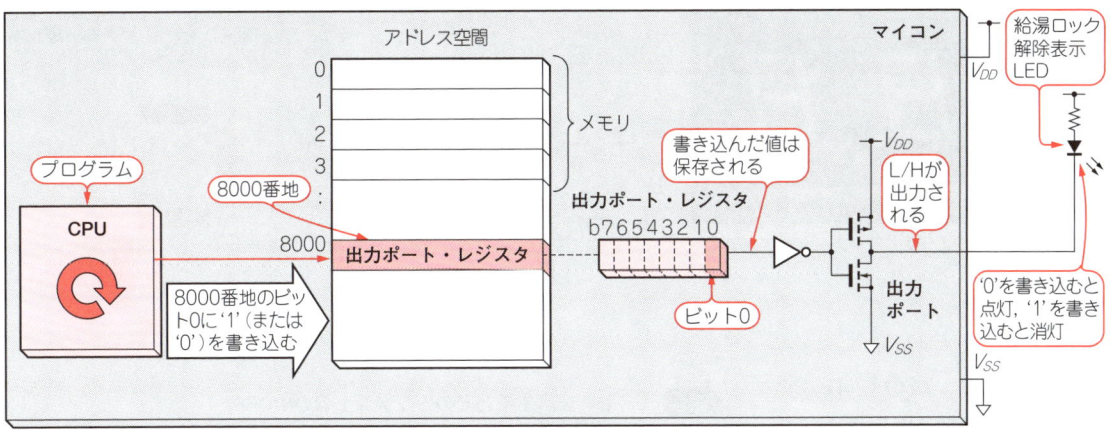

これまでの内容をまとめて，給湯ポットの給湯ロック解除表示の機能（アプリケーション）を実現してみましょう．

プログラムでは，8000番地のビット0に'0'を書くか，'1'を書くかによって点灯か消灯かが決まります．'0'を書けば点灯，'1'を書けば消灯です．

図9のように，8000番地の特殊機能レジスタは，出力ポートのトランジスタにつながっていて，書き込まれた値に応じてトランジスタがON/OFFし，LEDが点灯/消灯します．

図9の中央にあるアドレス空間を示した図をメモリ・マップといいます．以後，このメモリ・マップに使用するレジスタを追記していくことにします．

Hレベルを出力してLEDを点灯する場合は電流値に注意　　　column

本書ではLレベルを出力し，LEDからマイコン内に電流が流れ込むようにしてLEDを点灯する方法を例に挙げています．

それとは逆に，図DのようにHレベルを出力し，電流がマイコンからLEDに流れ出すようにしてLEDを点灯させる方法もあります．

この場合，出力ポート・レジスタに'1'を書くと（Hレベルが出力されるので）LEDが点灯します．'1'で点灯，'0'で消灯と直感的には1/0と点灯/消灯の対応がわかりやすいのですが，マイコンの種類によってはうまく動かない可能性があります．

マイコンがHレベルを出力したときにマイコンから外部へ流れ出す電流の許容値と，Lレベルを出力したときに外部からマイコン内へ流れ込む電流の許容値を比較すると，流れ出す電流の許容値が小さいマイコンがあります．

LED程度なら問題はないかもしれませんが，そのようなマイコンを使う場合はこの許容値のことを気にしたほうがよいでしょう．

もちろん，マイコンに流れ込む電流にも許容値があります．

図D Hレベルを出力したときにLEDを点灯させる方法もある
マイコンの種類によってはうまくないのでLレベルで点灯のほうが無難

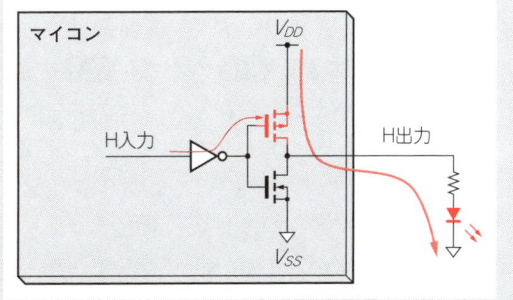

4-7 7セグメントLEDとの接続
複数の出力端子を同時に制御する例

図10 7セグメントLEDの構造

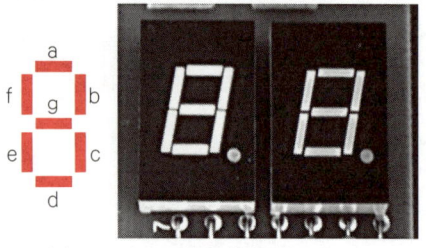

(a) a〜gまでの7個の部分に分かれている

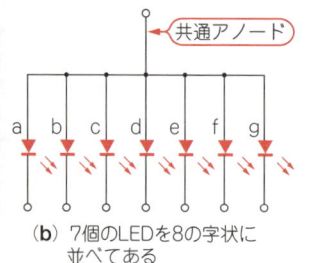

(b) 7個のLEDを8の字状に並べてある

図11 7セグメントLEDで5を表示したところ
a,c,d,f,gの5個のセグメントのLEDを点灯させる必要がある

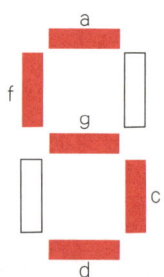

ここまでで一つのLEDの点灯，消灯を制御できるようになったので，次に温度表示に使っている7セグメントLEDの制御について説明します。

● 数字を表せるLED表示器

7セグメントLEDは，**図10**のように7個(小数点を入れて8個)の部分(セグメント)から構成されます．それぞれの部分は一つのLEDで，制御は7個(8個)のLEDを並べたものと同じです．

どのLEDを点灯するかによって表示する文字が変わります．例えば5を表示するには**図11**のようにa, c, d, f, gのLEDを点灯します．0〜9の場合を**表1**にまとめました．

7セグメントLEDはアノードかカソードのいずれかが一つにまとめられています．それぞれ，アノード・コモン，カソード・コモンと呼ばれます．**図10**の例ではアノードがまとめられているので，アノード・コモンです．

小数点があるかどうかは製品によって違いますが，ここではないものとして考えていきます．

表1 0〜9を表示するときのセグメントのON/OFF
数字以外を表示させることもあるがここでは省略する

表示したい数字	a	b	c	d	e	f	g
0	ON	ON	ON	ON	ON	ON	OFF
1	OFF	ON	ON	OFF	OFF	OFF	OFF
2	ON	ON	OFF	ON	ON	OFF	ON
3	ON	ON	ON	ON	OFF	OFF	ON
4	OFF	ON	ON	OFF	OFF	ON	ON
5	ON	OFF	ON	ON	OFF	ON	ON
6	ON	OFF	ON	ON	ON	ON	ON
7	ON	ON	ON	OFF	OFF	OFF	OFF
8	ON	ON	ON	ON	ON	ON	ON
9	ON	ON	ON	ON	OFF	ON	ON

● 出力ポートを7個使う必要がある

7セグメントLEDをマイコンと接続するには，1個のLEDを接続したのと同様に，セグメントをそれぞれ異なるマイコンの出力ポートに接続します．ここでは小数点以外の7個のLEDを接続するので，出力ポートも**図12**のように7個必要になります．

7セグメントLEDに表示する数字を決めるには，a〜gの各セグメントにつながった出力ポートを表に従って制御する必要があります．

例えば7セグメントLEDのaを出力ポートのb0につなぎ，以下b1, b2,…とつなぐと，**図13**のように一つの出力ポート・レジスタで制御できるポートに接続できます．

あとはマイコンからこの出力ポート・レジスタに書き込む値をうまく決めれば，7セグメントLEDに数字を表示できます．

カソード・コモンの場合は，**図14**に示すように接続することになります．LEDの接続が変わるだけで，制御の内容は大差ありません．

図13 一つの7セグメントLEDに一つの出力ポート・レジスタを割り当てられるよう接続する
このように選んでおくとプログラムが作りやすくなる

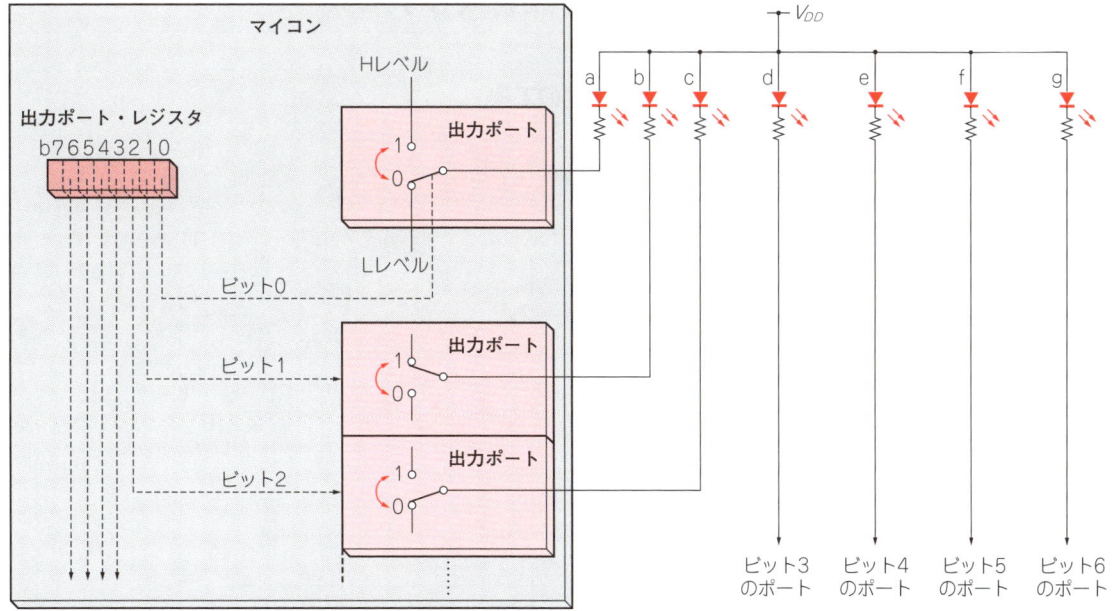

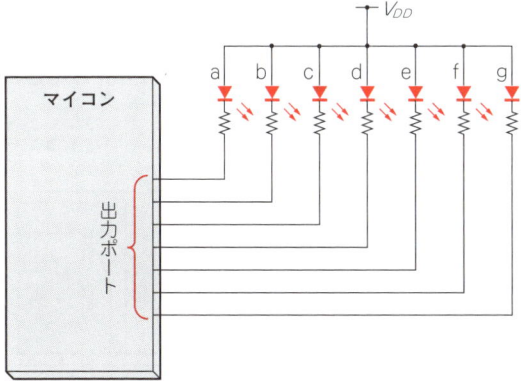

図12 7セグメントLEDの制御には出力ポートを7個使う
7個のLEDを制御するのと同じだと考えればよい

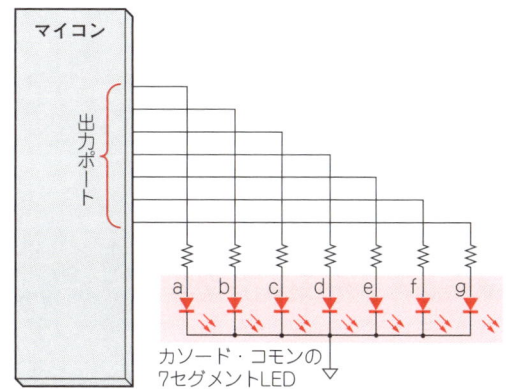

図14 カソード・コモンの場合
V_{DD}とGNDが入れ替わりL/Hが逆になるが本質的には同じ

7セグメントLEDの電流制限抵抗の入れ方　　　　　　　　　　　　　column

　アノード・コモンの場合もカソード・コモンの場合も，電流制限抵抗をLED一つずつに入れています．

　一見するとこれは無駄で，**図E**のように共通になっている端子側（アノード・コモンならアノード側，カソード・コモンならカソード側）に入れれば電流制限抵抗が一つですむように思えるかもしれません．しかし，これはよくありません．点灯するLEDのセグメント数によって，LEDの明るさが変わってしまいます．

　具体的には，光るセグメントの数が増えると，光度が下がり暗くなります．光るセグメントが減ると，その逆に明るくなります．

　これを避けるには，共通でない端子側に一つずつ，電流制限抵抗を入れる必要があります．

図E 電流制限抵抗の間違った入れ方

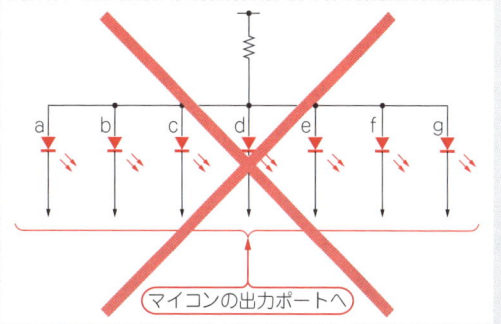

4-7 7セグメントLEDとの接続　　33

4-8 多数桁を表示する場合の7セグメントLEDの使い方
使用する端子の数を減らす工夫

1 回路側の工夫

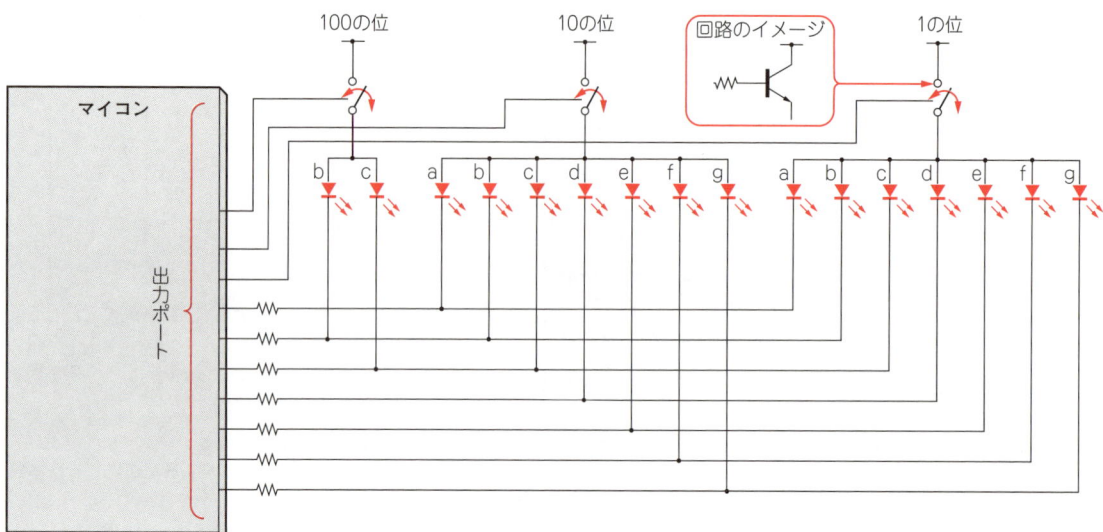

図16 複数の7セグメントLEDを使うときはこのような接続がよく使われる
必要な端子と配線の数を減らすことができる

7セグメントLEDの使い方がわかったので，温度表示器になるようマイコンに接続してみます．

● 表示に使うLEDが増えても使うポートの数は増やしたくない

お湯の温度を表示するためには，図15のように二つの7セグメントLEDと，一つの2セグメントLED（最上位に1を表示するため）の組み合わせが必要です．

これを単純にマイコンに接続すると，出力ポートが7×2＋2＝16個必要になります．このような場合，使用する出力ポートの端子数を減らす方法があります．

● 同じセグメントで配線やポートを共通化できる

図16のように，桁ごとに一つにまとめられたアノードにスイッチを入れます．

カソード側は7セグメントLEDで対応するピンをマイコンの同じ出力ポートに接続します．つまり，7セグメントLEDのaのセグメントどうし，bのセグメントどうし，といったように接続します．

こうすることにより，必要な出力ポートは，7セグメントLED用に7個の端子，スイッチ用に3個の端子の合計7＋3＝10個の端子で制御が実現できます．

7セグメントLEDの桁数が増えれば増えるほど，この差は大きくなっていきます．

アノードに入れたスイッチは後で説明するように高速でON/OFFする必要があります．実際にはトランジスタなどによ

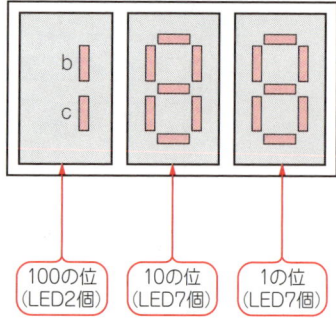

図15 温度表示には合計で16個のLEDが必要になる
そのままポートにつなぐと端子数の非常に多いマイコンが必要になる

って実現されます．

複数のLEDが同じ出力ポートに接続されているので，単純に接続したときと同じプログラムでは温度表示はうまくいきません．プログラム側でスイッチも制御し1桁ずつ点灯する必要があります．このような方法はダイナミック点灯と呼ばれています．

2 対応するプログラム

図17 1桁ずつ順番に点灯させるプログラム
1桁ずつ表示していくためにはこのような制御が必要になる

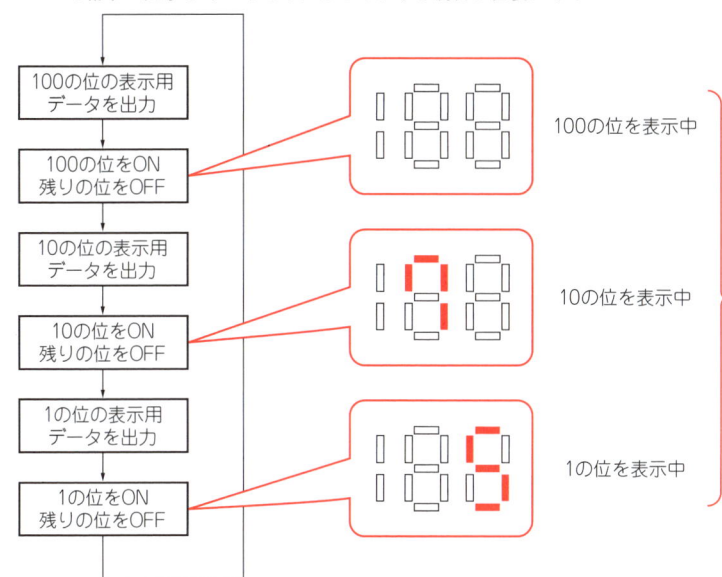

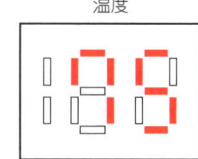

温度

高速で表示を切り替えることにより，
人間の目には全部が合成されて見える

　出力ポートの端子数を節約するため，それぞれの7セグメントLEDをまとめて出力ポートに接続しているので，LEDの制御の仕方をくふうする必要があります．

● 1桁ずつ順番に表示するには

　この例では，桁ごとにアノード側にスイッチを入れて，そのうち一つのスイッチだけをONにすることで，どの桁が点灯するかを決めています．

　図17のように，まず最上位の桁の7セグメントLEDに表示するパターンを出力ポートに出力しておき，最上位の桁のスイッチだけをONにします．これで最上位の7セグメントLEDが点灯します．

　この例で使ったデータでは，最上位の桁はすべてのLEDが消灯しています．

　次に中間の桁の7セグメントLEDに表示するパターンを出力ポートに出力し，中間の桁のスイッチだけをONにします．

これで中間の桁（この例では7）の7セグメントLEDが点灯します．

　最後に最下位の桁の7セグメントLEDに表示するパターンを出力ポートに出力し，最下位の桁のスイッチだけをONにすることで，最下位の桁（この例では5）の7セグメントLEDが点灯します．

　これを高速で繰り返すことにより，人間の目には合成されて3桁の表示に見えます．

制御対象をマイコンに直接つなげられるとは限らない　column

　LEDは電流が少ないので，マイコンの出力ポートに直接つないで制御することができました．

　しかしこれはどちらかというと例外的で，多くの制御対象は出力ポートに直接つなげても，マイコンの出力可能な電流が小さすぎるので，正常に制御することはできません．

　例えば，モータを制御したいのであれば，モータとマイコンの間にトランジスタのスイッチ回路を挿入したり，あるいはモータ制御用のICを使ったりする必要があります．

　給湯ポットのヒータのように，電流は大きくてもON/OFFの頻度は低い場合，機械式リレーを使うこともあるでしょう．機械式リレーはON/OFFを繰り返すうちに劣化して，うまくON/OFFができなくなっていきますが，半導体よりも高電圧や大電流を扱いやすい特徴があります．

4-9 7セグメントLEDに給湯ポットの温度を表示する

プログラムと回路を組み合わせて必要な制御を実現する

図18 給湯ポット温度表示を実現

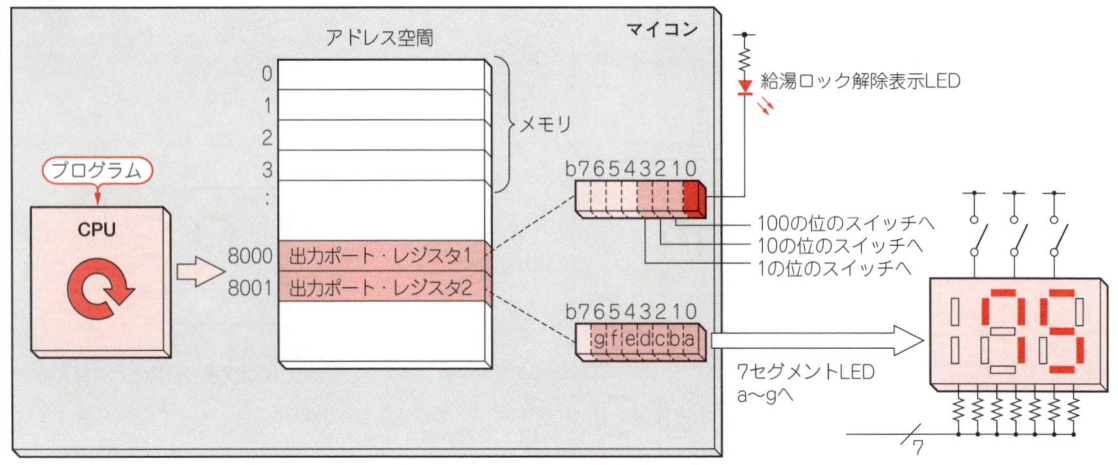

(a) 二つのレジスタを使って多数のLEDを制御する

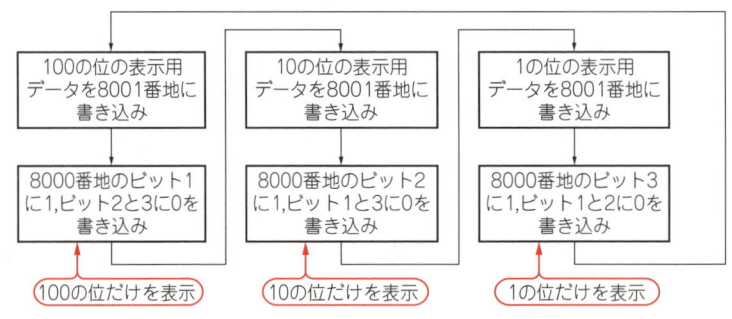

(b) このようなプログラムを動かす必要がある

給湯ポットの温度表示機能を実現してみましょう．

ここでは，温度センサで読み取った値がすでにマイコンの中にあるものとして，表示部分だけを考えています．

● 7セグメントLEDとマイコンの接続

温度表示用の7セグメントLEDとの接続は図18のようにしました．多くのマイコンでは，出力ポートは8ビット単位での制御になっています（出力ポート・レジスタが8ビット）．ここでもそのようにしています．

ロック解除表示LEDを接続した出力ポートを出力ポート1として，その出力ポート・レジスタ1のビット1～3に表示する7セグメントLEDを選択するスイッチをつなぎます．各ビットに'1'を書くと，その桁が選択されるものとします．

7セグメントLEDに表示する内容自体は，新設した出力ポート2で指定するものとします．出力ポート2に対応する出力ポート・レジスタ2のビット0～6で表示データを指定します．

ビット0がセグメントaで，ビット6がセグメントgに対応します．

処理内容は繰り返しになりますが，100の位に表示するデータを8001番地にある出力ポートレジスタ2に書き込んだ後，8000番地のビット1に'1'，ビット2と3に'0'を書き込んで，100の位のスイッチだけをONにします．

10の位，1の位も同様にします．この処理を高速に繰り返します．

＊

これで出力ポートについての説明は終わりです．

次の章では入力ポートと入出力ポートについて説明します．

徹底図解★マイコンのしくみと動かし方

第5章
スイッチなどからの入力によって動作を変えるしくみ

外部からの信号を受け付ける入力ポート

5-1　外部からの信号をCPUで扱える形にする
スイッチなどによる電圧の変化を読み取る

図1 Hレベル/Lレベルが切り替わる信号を取り込むのが入力ポート
　　　CPUが扱える1/0の信号に変換してマイコン内部に取り込む

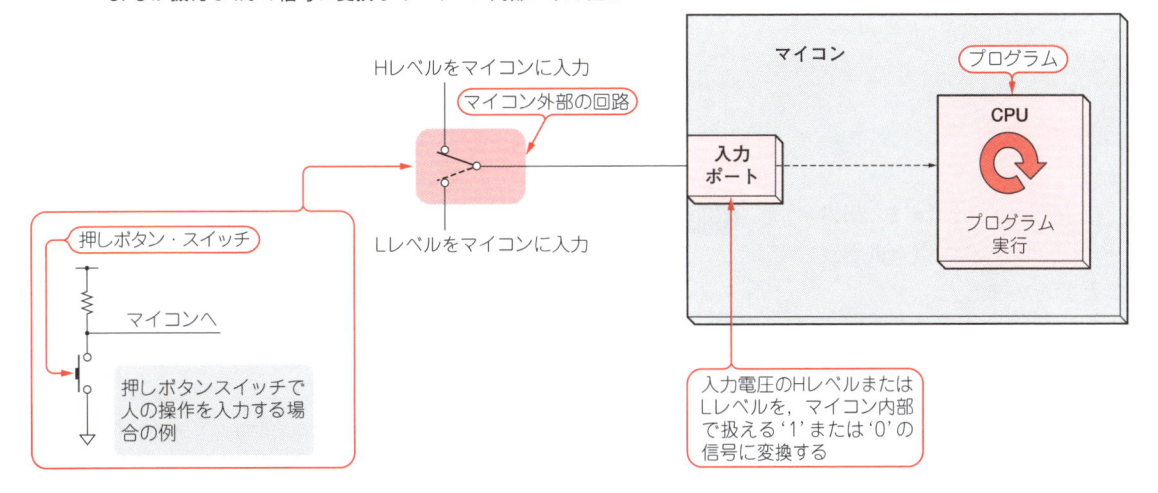

- Hレベルをマイコンに入力
- マイコン外部の回路
- Lレベルをマイコンに入力
- 押しボタン・スイッチ
- マイコンへ
- 押しボタンスイッチで人の操作を入力する場合の例
- マイコン
- プログラム
- CPU
- 入力ポート
- プログラム実行
- 入力電圧のHレベルまたはLレベルを，マイコン内部で扱える'1'または'0'の信号に変換する

　スイッチが押されたかどうかをマイコンにより読み取る場合を例にして，入力ポートの使い方を説明します．

● **外部の電圧をディジタル信号として取り込む**

　入力ポートは，マイコン外部のディジタル情報をマイコン内部に取り込む周辺装置です．
　入力電圧のHレベル/Lレベルを読み込んで，それぞれをCPUが扱う1/0信号に置き換えます．

● **入力ポートが受け付ける信号はディジタルだけ**

　内部で1/0に変換されるので，入力される信号には電圧がHレベル/Lレベルのどちらかになるものを対象としています．

　図1のようなスイッチ回路が典型的な接続対象です．スイッチをどちらに切り替えるかによって，Hレベル/Lレベルが入力されるようになっています．

　このようにHレベルかLレベルかを選択するスイッチではなく，抵抗とON/OFFスイッチを使って，OFFのときはHレベル，ONのときはLレベルということも実現できます．

　HレベルでもLレベルでもない，あいまいな（アナログの）情報を取り込むには，第8章で紹介するA-D変換器という周辺装置が必要になります．

● **スイッチ以外からの入力**

　ここではスイッチ入力だけを取り上げていますが，それ以外にもディジタル信号なら何でも入力できます．

　ディジタル信号の入力例としては，1-5節で取り上げたディジタル出力する温度センサなどのセンサ類，マイコンに入れられない外部のディジタル回路，あるいは1-3節の冷蔵庫の例のように，ほかのマイコンなども考えられます．

5-1　外部からの信号をCPUで扱える形にする　37

5-2 入力ポート・レジスタを利用する

入力がHなら'1',入力がLなら'0'の信号が読み取れる

図2 入力ポートが受け取った信号は入力ポート・レジスタから読み取れる
入力ポート・レジスタのアドレスを指定してデータを読み出すプログラムを動かす

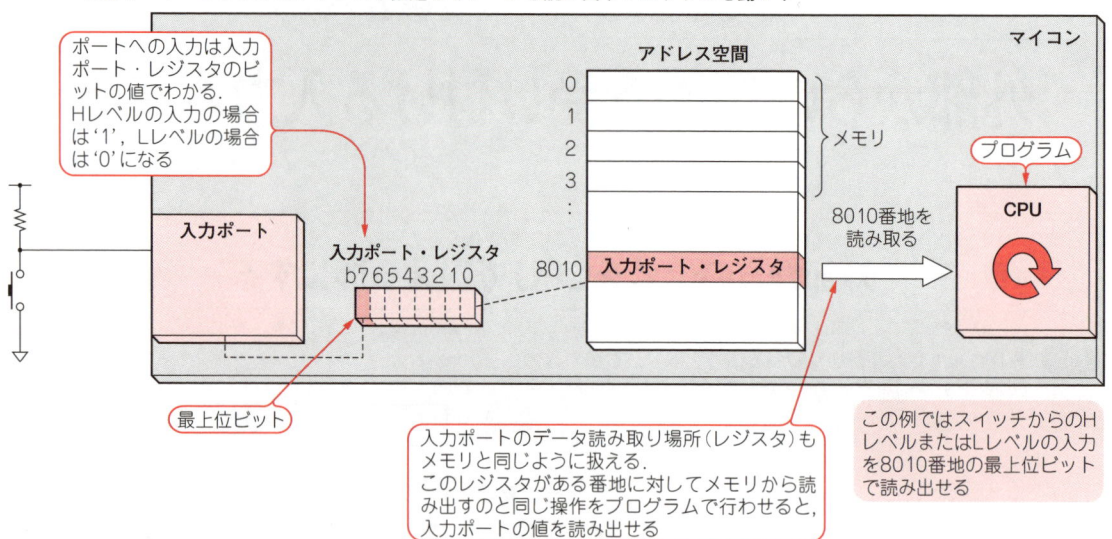

> ポートへの入力は入力ポート・レジスタのビットの値でわかる.Hレベルの入力の場合は'1',Lレベルの場合は'0'になる

> 入力ポートのデータ読み取り場所(レジスタ)もメモリと同じように扱える.このレジスタがある番地に対してメモリから読み出すのと同じ操作をプログラムで行わせると,入力ポートの値を読み出せる

> この例ではスイッチからのHレベルまたはLレベルの入力を8010番地の最上位ビットで読み出せる

出力ポートの操作は,出力ポート・レジスタへ値を書き込むことで行いました.

これと同様に,入力ポート端子への入力もレジスタを読むことで判定できます.

● レジスタに外部信号のデータがある

入力ポートをCPUから見ると,アドレス空間内にある入力ポート・レジスタに見えます.

図2の例では,8010番地に入力ポート・レジスタを割り付けてあります.

このレジスタからデータを読み込むと,端子にHレベルが印加されている場合はその入力ポートに対応するビットが'1'になり,Lレベルの場合は'0'になります.

図3 押しボタン・スイッチと入力ポートのつなぎかた
人の操作をマイコンに取り込むスイッチによく使われる

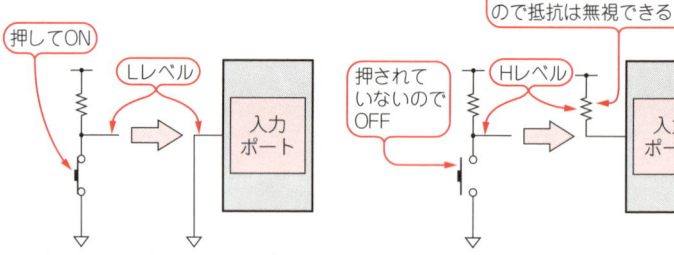

(a) スイッチが押されているとき
(b) スイッチが押されていないとき

> 入力ポートの電流は小さいので抵抗は無視できる

図2のようなスイッチを取り付けた場合は**図3**のように,スイッチが押されたときに'0',スイッチが押されていないときに'1'になります.

絶対最大定格は守らないといけない値 column

表1は電気的特性について書いてありますが,データシート[5]を見ると絶対最大定格があります.これは,その値を少しでも越えるとマイコンが壊れるかもしれない(無事とは保証できない)値です.

表AにR8C/15マイコンの絶対最大定格の抜粋を示します.電源電圧の最高は6.5Vであり,入力ポートには電源電圧+0.3Vを越える電圧を加えてはいけないことがわかります.

表A[5] R8C/15マイコンの絶対最大定格(抜粋)

記号	項目	定格値	単位
V_{CC}	電源電圧	$-0.3 \sim 6.5$	V
AV_{CC}	アナログ電源電圧	$-0.3 \sim 6.5$	V
V_I	入力電圧	$-0.3 \sim V_{CC}+0.3$	V
V_O	出力電圧	$-0.3 \sim V_{CC}+0.3$	V

5-3 入力ポートの電気的特性
入力ポートはほとんど電流が流れない

表1 (5) 入出力定義の例
ルネサステクノロジのR8Cマイコンの規格の例

記号	項目		測定条件	規格値 最小	規格値 標準	規格値 最大	単位
V_{OH}	"H"出力電圧	XOUT以外	$I_{OH}=-5\text{mA}$	$V_{CC}-2.0$	—	V_{CC}	V
			$I_{OH}=-200\mu\text{A}$	$V_{CC}-0.3$	—	V_{CC}	V
		XOUT	駆動能力HIGH $I_{OH}=-1\text{mA}$	$V_{CC}-2.0$	—	V_{CC}	V
			駆動能力LOW $I_{OH}=-500\mu\text{A}$	$V_{CC}-2.0$	—	V_{CC}	V
V_{OL}	"L"出力電圧	P1_0～P1_3, XOUT以外	$I_{OL}=5\text{mA}$	—	—	2.0	V
			$I_{OL}=200\mu\text{A}$	—	—	0.45	V
		P1_0～P1_3	駆動能力HIGH $I_{OL}=15\text{mA}$	—	—	2.0	V
			駆動能力LOW $I_{OL}=5\text{mA}$	—	—	2.0	V
			駆動能力LOW $I_{OL}=200\mu\text{A}$	—	—	0.45	V
		XOUT	駆動能力LOW $I_{OL}=1\text{mA}$	—	—	2.0	V
			駆動能力HIGH $I_{OL}=500\mu\text{A}$	—	—	2.0	V
$V_{T+}-V_{T-}$	ヒステリシス	INT0, INT1, INT3, KI0, KI1, KI2, KI3, CNTR0, CNTR1, TCIN, RxD0, SSO		0.2	—	1.0	V
		RESET		0.2	—	2.2	V
I_{IH}	"H"入力電流		$V_I=5\text{V}$	—	—	5.0	μA
I_{IL}	"L"入力電流		$V_I=0\text{V}$	—	—	-5.0	μA
R_{PULLUP}	プルアップ抵抗		$V_I=0\text{V}$	30	50	167	kΩ

(2-7節で説明したようなヒステリシス特性をもつ)

● **スイッチから見ると**

スイッチなどマイコンへ入力する信号源を考えるとき，マイコン側へ流れる電流のことを考える必要はあるのでしょうか？

● **入力ポートは電圧を判定するので電流はほとんど流れない**

入力ポートに接続したスイッチをON/OFFすると，入力ポートにかかる電圧がLレベルかHレベルのいずれかになります．

マイコンは入力ポートの電圧に応じて，Hレベルなら'1'，Lレベルなら'0'として扱います．

LEDをONにするには電流をある程度流す必要がありましたが，入力ポートをHレベルにするのに電流を流す必要はありません．

● **実際のマイコンでの具体例**

例として，**表1**にルネサステクノロジ社のR8C/15マイコンの入力ポートの特性を示します．この表はデータシートからの抜粋です．赤枠の部分を見ると，"H"入力電流，"L"入力電流となっています．どんな電流なのかを**図4**に示します．

"H"入力電流とは，入力ポートにHレベルの電圧がかかっているときの入力ポートに流れ込む電流値です．

同様に，"L"入力電圧とはLレベルの電圧がかかっているときの入力ポートから流れ込む電流値を表します．

いずれの値も最大で5μAであり，LEDを点灯するために流す電流の単位がmAオーダであることと比較すると，1千分の1程度の小さい電流しか流れないことがわかります．

図3で抵抗の存在を無視してよい理由はここにあります．

図4 入力電流の定義
Lレベルの場合，値にマイナスがついているので実際は流れ出す方向に微小電流が流れる

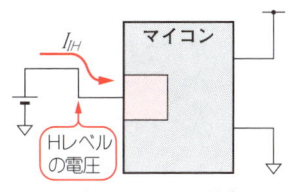

(a) Hレベルの場合

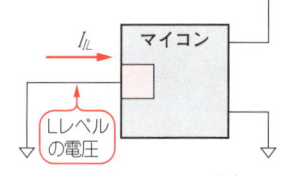

(b) Lレベルの場合

5-4 給湯ロック解除スイッチを読み取る
スイッチの動作を読み取るマイコンの動作

1 外部との接続と使用するレジスタ

図5 給湯ロック解除ボタンの読み取り回路を追記した接続図
出力ポートの解説のときになかった入力ポートやレジスタは、今回追加されたわけではなく、もともとマイコンの内部にある．マイコン内部の記述では、存在している回路でも必要なければ書かないことが多い

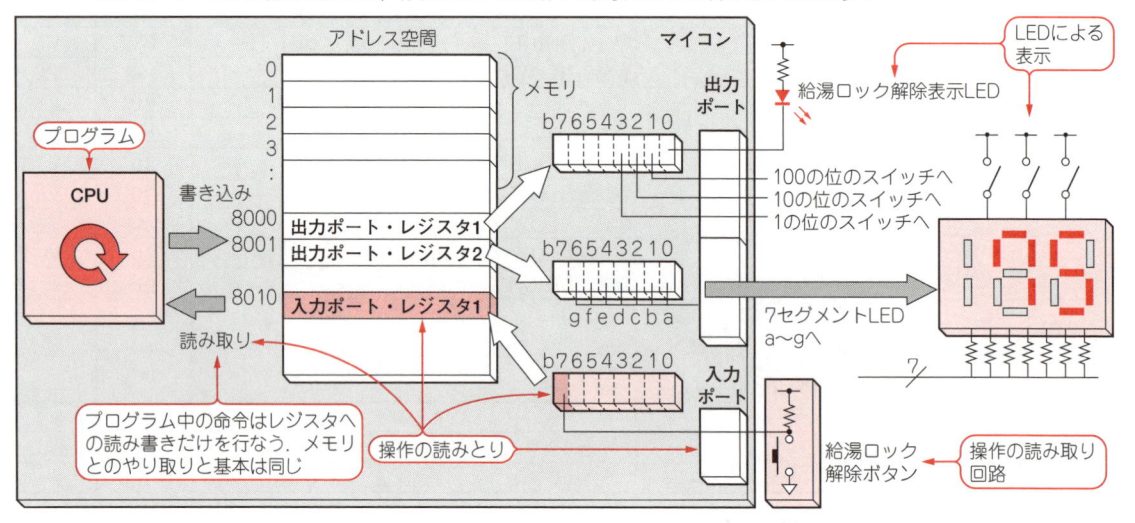

電動給湯ポットのアプリケーション例のうち、ロック解除ボタンの読み取りについて説明します．

マイコンと外部の接続状態およびマイコン内部のレジスタを **図5** に示します．

出力ポートの接続は、第4章で説明したときと同じです．

給湯ロック解除ボタンが入力ポートに接続されています．スイッチの状態は入力ポート・レジスタ1の最上位ビットで読み取れます．この入力ポート部分が、今回新しく説明する部分になります．

マイコン全体を把握するため、読み取り部分だけでなく、第4章で解説したランプ表示や数値表示もあわせて説明します．

スイッチのやっかいなふるまい…チャタリング

本誌では理想的なスイッチで話を進めていますが、現実の機械式スイッチは話が異なります．

スイッチをOFFからON、あるいはONからOFFに切り替えると、スイッチ内で電極がバウンドしてバタバタと短時間でON/OFFを繰り返し、しばらくしてから切り替えた先で落ち着く、という現象が起こります．これをチャタリングと呼びます．

写真A は、**図A** のような回路でHレベルを出力している状態からLレベルを出力するようにスイッチを一度だけ切り替えた場合の電圧を測ったものです．電圧がHレベルとLレベルの間をめまぐるしく変化していることがわかります．これは、電極がバウンドすることによって起こっています．

このような状態をマイコンから見ると、**図B** のように、一度のスイッチの操作が、スイッチを何回もON/OFFしているように見えてしまいます．給

図A このようなスイッチ回路で問題が起きることがある
一般的に使われているが、対策なしでは問題が起きる

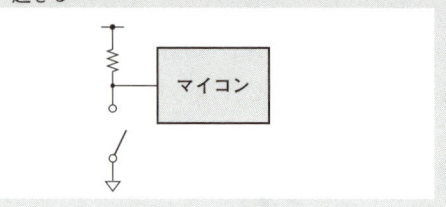

2 どんなプログラムが動くか

ロック解除ボタンの読み取りプログラムは **図6** のような流れでCPUを動作させます．

● ボタンが押され続けたときの対策が必要

まずロック解除ボタンが離された（押されていない）ことを判定します．これは，ボタンが押され続けたときでも異常動作をしないための処理です．

この判定は，そのボタンが接続された入力ポートを読み出し，ボタンに対応するビットを見ることで行います．

ロック解除ボタンが押されると，入力ポートにはLレベルが入力され，ボタンが離されるとHレベルが入力される回路になっています．

● 入力ポート・レジスタを介してボタンのON/OFF状態を読み取る

入力ポートの値は，入力ポート・レジスタの最上位ビットで読めるとしています．

入力ポート・レジスタがある8010番地を読むことで，入力ポートへの入力を読み取れます．その最上位ビットを見て，'0' ならLレベルが入力されている（＝ボタンが押されている）と判断できます．

図6 給湯ロック解除ボタンの読み取りプログラムの流れ
スイッチが離されている（押されていない）ことを読み取らないと，ボタンを押している間，ロックとロック解除を繰り返してしまう

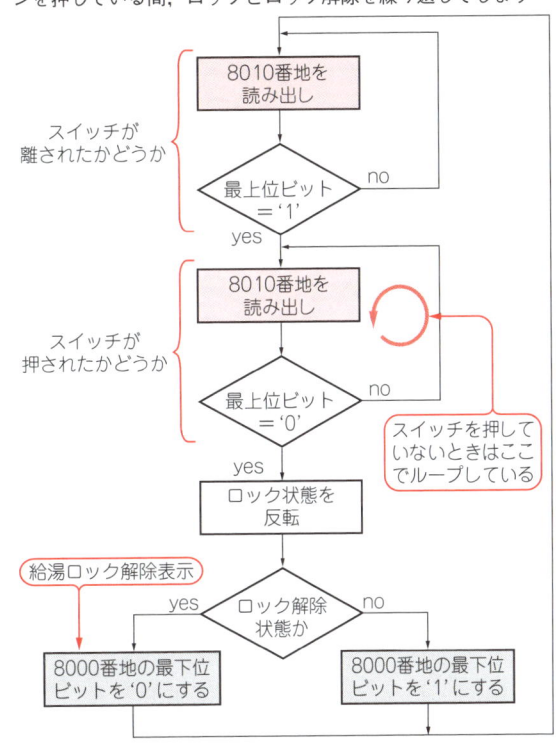

- 8010番地を読み出し
- スイッチが離されたかどうか：最上位ビット ='1' → no に戻る / yes ↓
- 8010番地を読み出し
- スイッチが押されたかどうか：最上位ビット ='0' → no（スイッチを押していないときはここでループしている）/ yes ↓
- ロック状態を反転
- 給湯ロック解除表示：ロック解除状態か → yes：8000番地の最下位ビットを '0' にする / no：8000番地の最下位ビットを '1' にする

● プログラムの流れ

まず，入力ポートの最上位ビットが '1' になるまで，入力ポートを繰り返して読み出します．

---

column

湯ロックの解除ボタンを一度押しただけで，マイコンからは何回もボタンが押されたように見えるということです．これではうまく操作できません．

図B チャタリングが問題になる理由
マイコンからは何回もON/OFFしたように見えてしまう

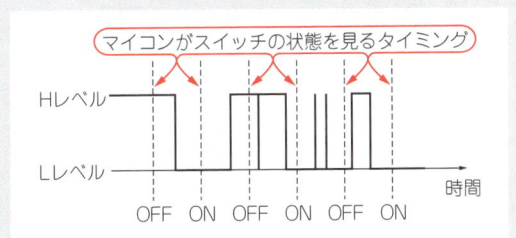

マイコンがスイッチの状態を見るタイミング
Hレベル／Lレベル／時間
OFF ON OFF ON OFF ON

写真A 実際のスイッチにはチャタリングがある
切り替わるとき，ひんぱんにHレベルとLレベルを往復する

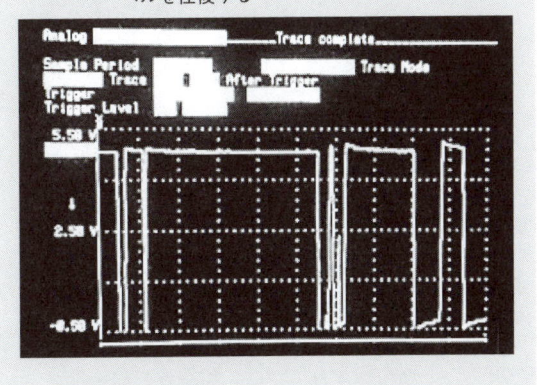

5-4 給湯ロック解除スイッチを読み取る

次に，このビットが'0'になれば，ボタンが押されたときの処理を行います．ロック状態は，ロックされているか，解除されているかのいずれかなので，ボタンが押されるたびにその状態を反転させます．この状態の保持には，レジスタまたはメモリを使います．

その後，ロックされているかどうかに応じて，ロック解除表示LEDの点灯/消灯を制御します．これは出力ポートのところですでに説明したとおりです．

この後，本来はタイマの操作がありますが，後の章で解説します．

● 基本はレジスタとのデータのやり取り

ここまで，給湯ロック解除ボタンが押されたときに，ロック状態を反転させ，その状態に応じてLEDの点灯/消灯を制御する処理を説明しました．

入出力装置の制御といいながら，結局はメモリの読み書きと同じ処理で実現できることが理解できたと思います．

チャタリングの対策いろいろ　column

チャタリングに対処する方法の例を図Cに示します．

図C(a)は，フィルタを入れて細かいON/OFFを遮断する方法です．写真で波形を見てわかるように，細かいON/OFFがなくなり，スイッチが1回押されたことを判断できます．NOTゲートを使っているので，出力のHレベルとLレベルが反転しています．

図C(b)は，回路は元のままプログラムの工夫で対処する方法です．プログラムでスイッチの状態を何度も読み取り，ある一定回数連続して同じ状態であれば，それがスイッチの状態とみなす方法です．この例では2回連続した絵になっていますが，3回以上にする場合が多いと思います．

図C(c)はRSフリップフロップを使う方法です．使えるスイッチの種類が限定されますが，スイッチの状態が変化した瞬間に，正しく状態を検出できます．

図C(d)はDフリップフロップを使う方法です．専用のLSIを作るような，フリップフロップをふんだんに使える場合によく用いられる方法です．

図C　チャタリング対策のいろいろ
部品点数が増えたり，プログラムが複雑になったり，一長一短あるので，用途に合わせて適切なものを選ぶと良い

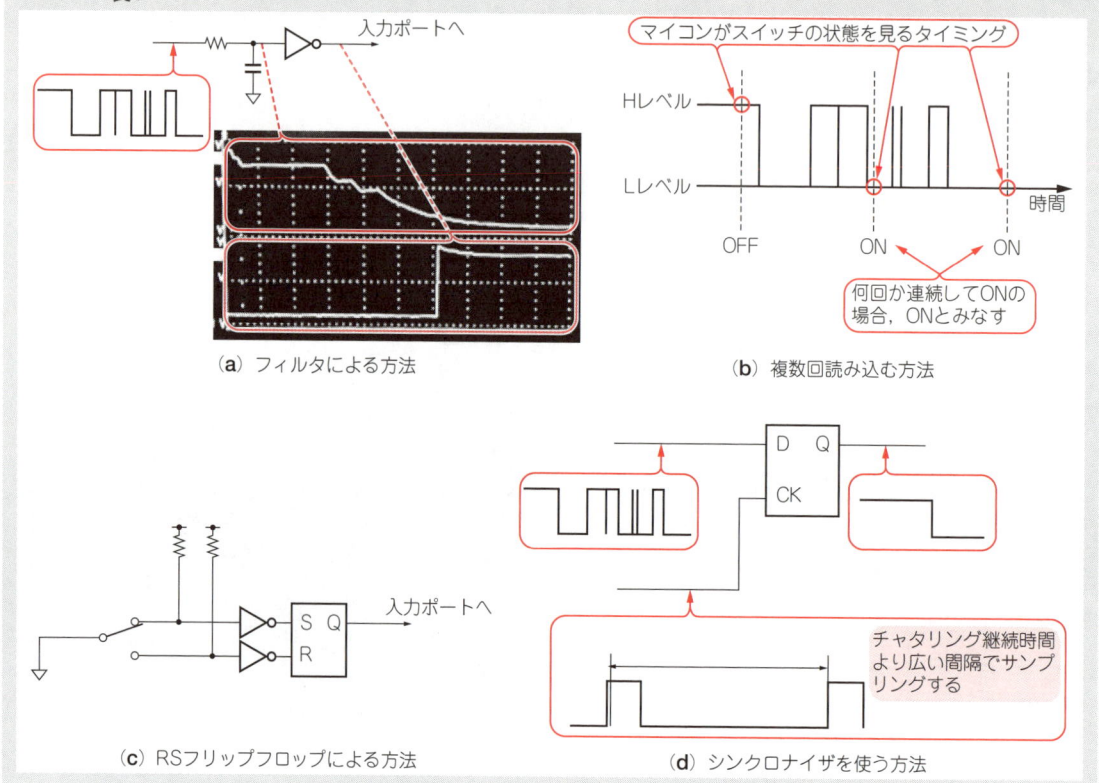

（a）フィルタによる方法

（b）複数回読み込む方法

（c）RSフリップフロップによる方法

（d）シンクロナイザを使う方法

5-5 入出力を兼ねる入出力ポートの使い方
プログラムで設定する

図7 マイコンの端子はプログラムで入力と出力を選べる「入出力ポート」になっている
入力の多い場合，出力の多い場合，あるいは入出力を切り替える場合までカバーできる

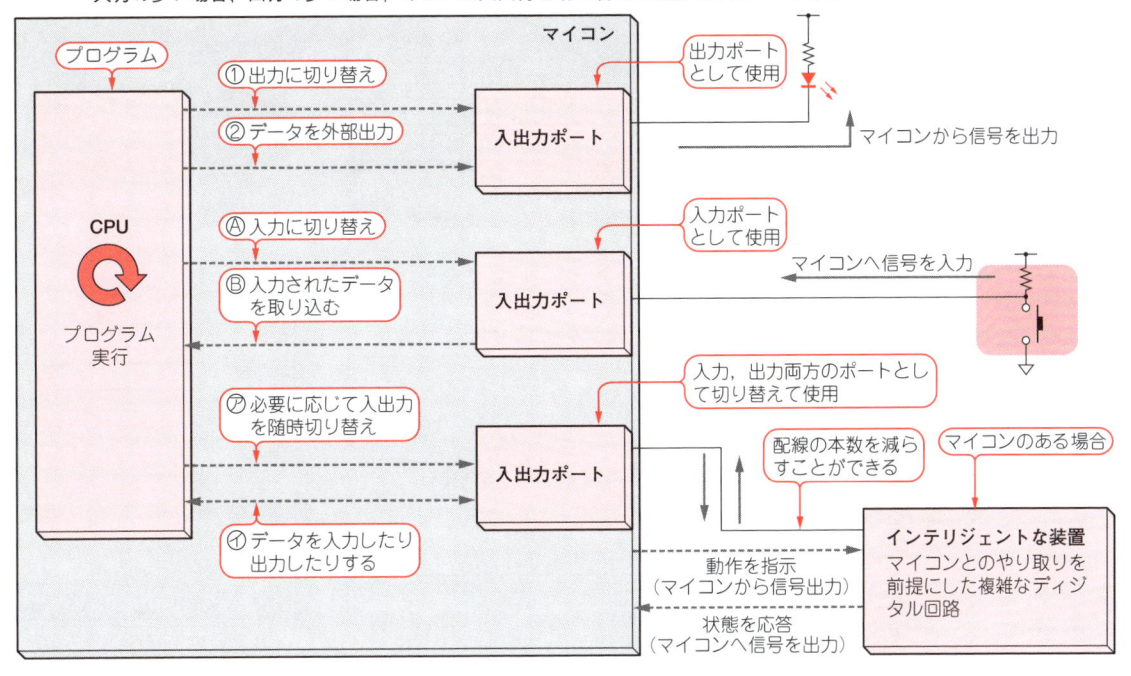

[図: マイコン内部のCPU（プログラム実行）から入出力ポートへの制御フロー
- ①出力に切り替え → ②データを外部出力 → 入出力ポート（出力ポートとして使用、LED接続）：マイコンから信号を出力
- Ⓐ入力に切り替え → Ⓑ入力されたデータを取り込む → 入出力ポート（入力ポートとして使用、スイッチ接続）：マイコンへ信号を入力
- ㋐必要に応じて入出力を随時切り替え → ㋑データを入力したり出力したりする → 入出力ポート（入力，出力両方のポートとして切り替えて使用）：配線の本数を減らすことができる／マイコンのある場合／インテリジェントな装置（マイコンとのやり取りを前提にした複雑なディジタル回路）：動作を指示（マイコンから信号出力），状態を応答（マイコンへ信号を出力）]

● **マイコンの端子は入力にも出力にもなる**

実際のマイコンでは，入力ポートや出力ポートというのは少なく，その両方の機能を兼ねている「入出力ポート」が用いられます．これはマイコンの限られた数の端子を有効に活用するためです．

ここから先は，入出力ポートについて紹介します．

● **接続するものを決めてから入力にするか出力にするかを選ぶことができる**

入出力ポートは入力ポートと出力ポートの両方の機能をもちます．この二つの機能を同時に使用するのではなく，**図7**に示すように，どちらのポートとして使うかを切り替えて使用します．

例えばLEDを接続する場合は出力ポート，スイッチを接続する場合は入力ポートとして用います．

入力にする予定の端子と出力にする予定の端子を間違えて配線してしまったとしても，設定で対応できる場合があります．

逆に言えば，正しく配線されていても設定が間違っていれば，マイコンを使った回路は正常に動作しません．

入出力の設定の間違いはマイコンを壊す可能性がある致命的な間違いです．そのうえ，間違えていることに気付きにくいので，十分な注意が必要です．

● **入力/出力を必要に応じて切り替えて使う場合もある**

マイコンに接続する外部の装置によっては，入力/出力の両方が必要な場合もあります．この場合は，入力/出力をそのつど切り替えながら使用します．

このような装置は，装置の内部にもマイコンを内蔵するような，インテリジェントな（高度な機能を備えている）装置に多いと思います．

例えばマイコン同士ならば，互いに端子を入力/出力に切り替えられるので，入力専用，出力専用に配線をしなくても，同じ配線を入力にも出力にも使えるわけです．

5-6 入出力を切り替えながら使う例
液晶表示器とデーターをやり取り

図8 同じ端子を入力/出力に切り替えて使う場合がある
インテリジェントな装置にはこのようなものが多い．入出力ポートをもつマイコンとの接続を前提に，配線の本数を減らせるよう設計されている

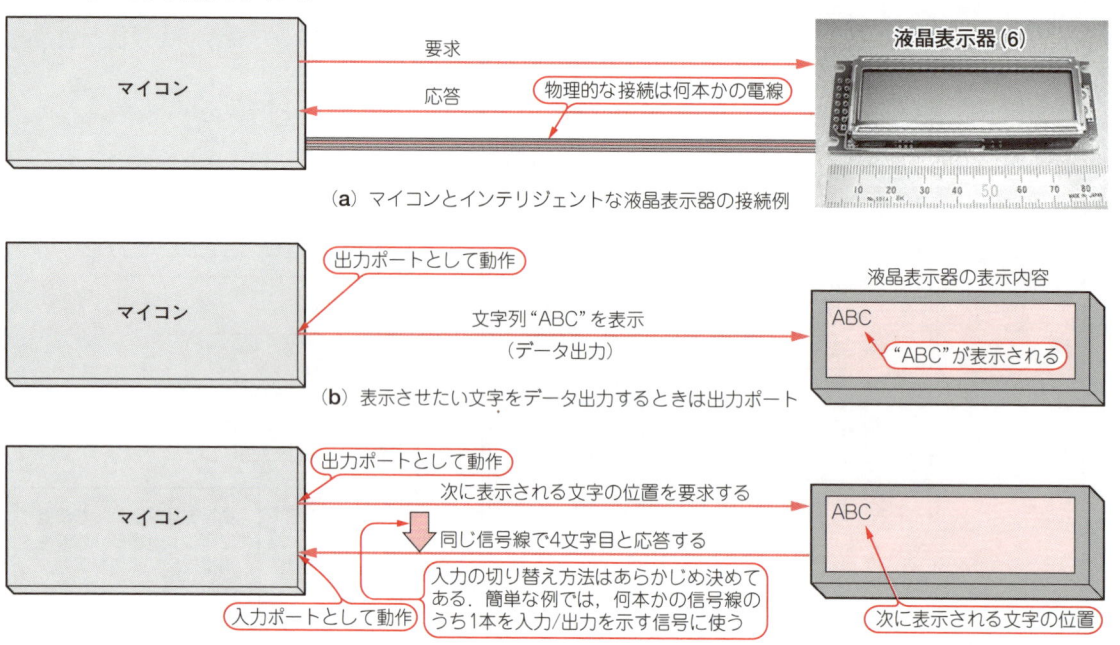

（a）マイコンとインテリジェントな液晶表示器の接続例
 - 要求／応答
 - 物理的な接続は何本かの電線
 - 液晶表示器(6)

（b）表示させたい文字をデータ出力するときは出力ポート
 - 出力ポートとして動作
 - 文字列"ABC"を表示（データ出力）
 - 液晶表示器の表示内容："ABC"が表示される

（c）データを要求し応答を受けるには出力と入力を切り替える必要がある
 - 出力ポートとして動作
 - 次に表示される文字の位置を要求する
 - 同じ信号線で4文字目と応答する
 - 入力の切り替え方法はあらかじめ決めてある．簡単な例では，何本かの信号線のうち1本を入力/出力を示す信号に使う
 - 入力ポートとして動作
 - 次に表示される文字の位置

● 液晶表示は本来多数の信号を制御する必要がある

液晶表示器を用いた電子製品はたくさんあります．

多様な液晶表示を行うには，7セグメントLEDのときのように，本来は多数の信号を制御する必要があります．

液晶表示器にも種類があり，液晶表示に必要な信号をすべてマイコンから出力する必要があるものから，液晶表示器自体が自律的に動作し，マイコンから文字列のデータを送信すれば受け取ったデータを自動で信号に変換して文字を液晶表示してくれるインテリジェントなものまで，さまざまです．

● データを送信するだけでよい高度な液晶表示器もある

図8に示すのは，インテリジェントな液晶表示器とマイコンの接続例です．マイコンと液晶表示器の間は，何本かの電線で接続しています．液晶表示に必要な本数からすると，非常に少ない数です．

この液晶表示器は，文字列の表示や画面消去などが可能であるとします．これらの機能はマイコンから見ると出力ポートとして利用する機能です．

● 同じ端子を入力にも出力にも使わなければ正常なデータのやり取りができない

マイコンから液晶表示器の状態を問い合わせることもできます．例えば，次に表示する文字は左から何文字目かを問い合わせられるものとします．

問い合わせはマイコンが出力するので，このとき，マイコンの端子は出力ポートとして動作しています．

その応答はマイコンに入力されるので，このとき，マイコンの端子は入力ポートとして動作しています．

このように，入力と出力を切り替えながらマイコンと液晶表示器の間で情報をやり取りする場合，マイコン側には入出力ポートが必要になります．

5-7 入出力ポートを入力ポートとして使う
入力と出力が競合しない理由

図9 出力ポートが接続されていると入力ポートとして使えない
出力ポートはH/Lどちらかの信号を出力しているので，外部の装置と衝突してしまう

- 出力ポートと外部の装置が違う電圧を出そうとしたら，実際の電圧はどうなるかわからない
- マイコンへデータを送る

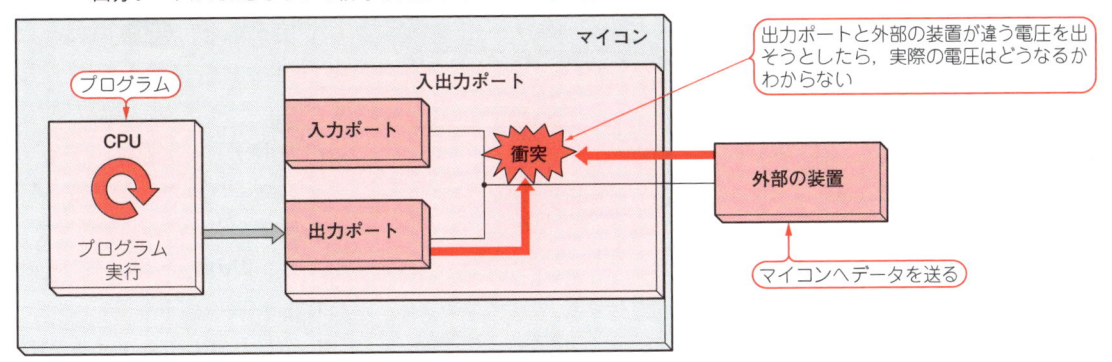

図10 入力ポートとして使うときは出力ポートを切り離すことが必要
入出力の方向を設定するためには，プログラムにそのための命令を組み込んでおく必要がある

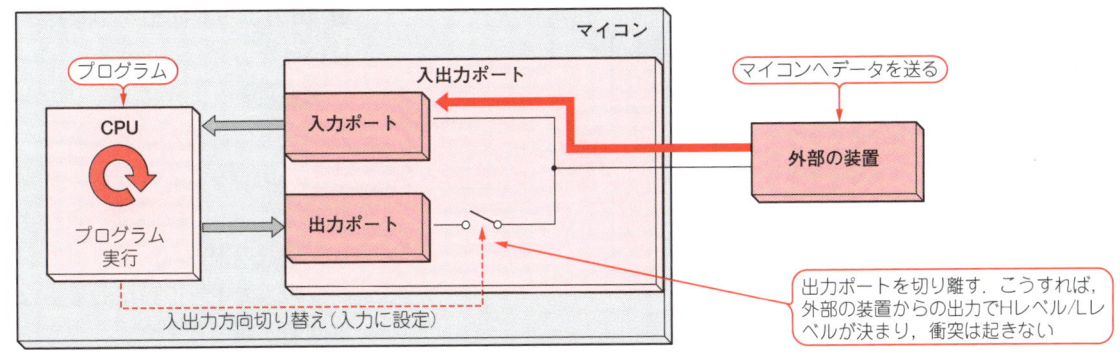

- マイコンへデータを送る
- 出力ポートを切り離す．こうすれば，外部の装置からの出力でHレベル/Lレベルが決まり，衝突は起きない
- 入出力方向切り替え（入力に設定）

　入出力ポートのしくみを見ていきましょう．

● **一つの端子に入力ポートと出力ポートをつなげたいが…**

　マイコン内の入出力ポートには入力ポートとしての機能と，出力ポートとしての機能があり，それらが一つの端子に接続されています．

● **出力ポートをそのままつなぐと外部の装置と衝突する**

　ただし，入力ポートと出力ポートを単純に接続すると困った問題が起こります．

　入力ポートとして使用する場合，データをマイコンへ出力する装置が外部にあり，その出力がマイコンに入ってきます．

　図9のように，もしマイコン内部の入力ポートに出力ポートの機能が接続されていたとすると，外部の装置と内部の出力ポート，両方の出力が衝突してしまいます．

　例えば，外部の装置はHレベルを出力し，マイコン内部の出力ポート機能がLレベルを出力した場合，入力ポートに入るレベルはどうなるでしょうか．

　このようなことがあっては，外部の装置から正しい信号を受け取ることができません．

　この動作はマイコンにとって非常に危険です（p.46のコラムを参照）．

● **入力ポートとして使う場合は出力ポートを切り離している**

　出力ポートの機能が必要でない場合には，**図10**のように切り離せるようになっています．入出力ポートを入力ポートとして用いる場合，出力ポートの機能を切り離して，衝突が起こらないようにします．

5-8 入出力ポートを出力ポートとして使う

入力ポートのとき切り離している出力ポートを接続するだけ

図11 切り離している出力ポートを接続すれば入出力ポートは出力ポートとして使える

入力ポートは出力ポートのデータを受けてしまう．出力ポートの動作には支障がない

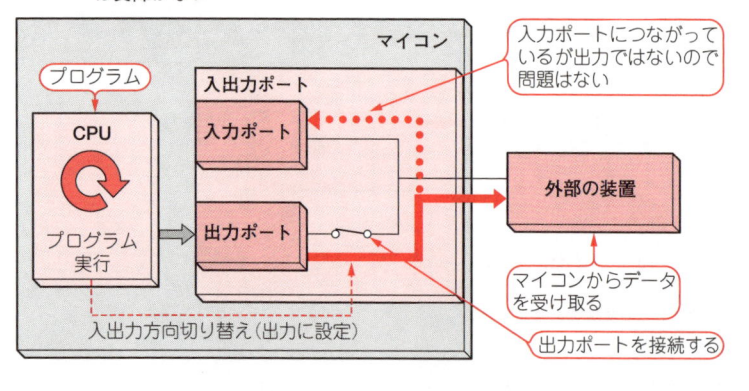

図12 ポート同士の接続

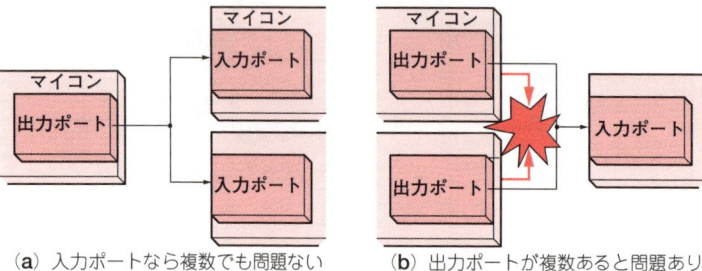

(a) 入力ポートなら複数でも問題ない
(b) 出力ポートが複数あると問題あり

● 出力ポートを内部で接続

入出力ポートを出力ポートとして使う場合，**図11**のように出力ポートの機能を接続します．

出力ポートの出力は，あるデータをマイコンから受け取る外部の装置に伝わるだけでなく，マイコン内の入力ポートにも伝わります．

しかし，出力ポートのときと違って同じ信号が伝わるだけなので，問題はありません．

● 出力ポート同士をつなげてはいけない

図12(a)のように，一つの出力ポートの出力が複数の入力ポートに伝わることは問題ありません．しかし**図12(b)**のように，複数の出力ポートの出力が一つの入力ポートに伝わる場合は問題が起こります．

複数の出力ポートがつながってしまうと危険　　column

複数の出力ポートをつなげてしまうと，H/Lが異なる出力を出そうとして衝突することがあります．このとき，内部まで考えると**図D**のようになります．

Hレベルを出力する出力ポート1はHレベル側（上側）のトランジスタがONになり，電流を流し出します．Lレベルを出力する出力ポート2はLレベル側（下側）のトランジスタがONになり，電流が流れ込みます．

結果として，出力ポート1の上側トランジスタから出力ポート2の下側トランジスタに電流が流れます．この間に抵抗はほとんどないので，非常に大きい電流が流れます．トランジスタが劣化したり破壊されたりするおそれがあります．

図D H出力とL出力が衝突すると大電流が流れる

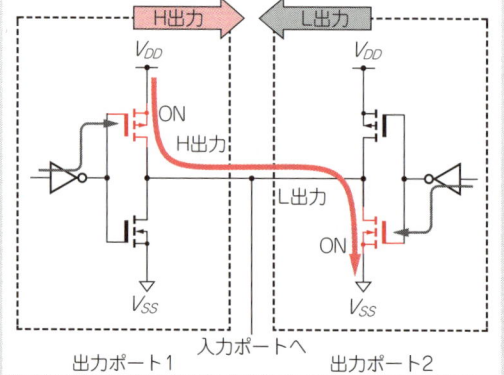

5-9 入出力ポートの出力回路…3ステート・バッファ
入出力ポートのハードウェア

図13 出力しない状態を選択できる出力回路が3ステート・バッファ
制御回路の中はANDやORなどの基本的な論理回路でできている

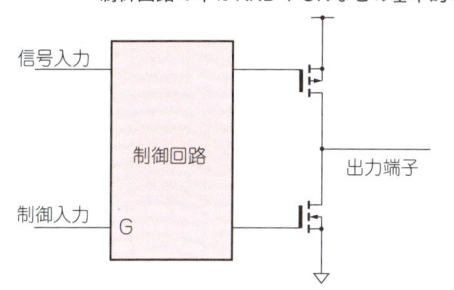

(a) トランジスタの制御に工夫がある

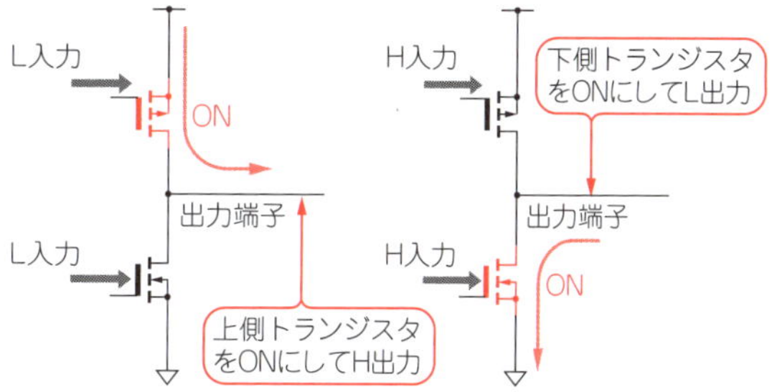

(b) Hレベル／Lレベルを出力できる

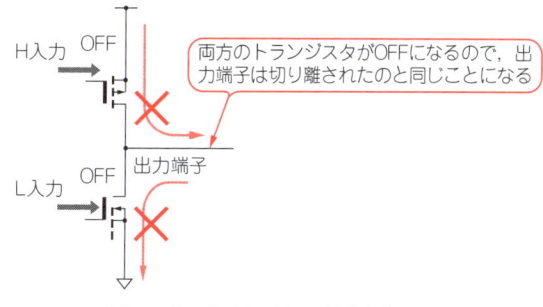

(c) ハイ・インピーダンス状態を作れる

● 出力ポートの切り離し回路

出力ポートを切り離す方法としてスイッチを描きましたが,実際には3ステート・バッファが用いられます.スリー・ステート,またはトライ・ステートと読みます.

3ステート・バッファはHレベル,Lレベルのほかに,Z(ハイ・インピーダンス)の状態を出力できる出力回路です.ハイ・インピーダンス状態とは,何も接続されていないのと同じ状態のことです.

図13に3ステート・バッファのおおまかな回路を示します.

出力端子につながる二つのトランジスタは以前の説明と同じですが,その左に制御回路があります.制御回路への入力として,Hレベル,Lレベルを指定する信号入力に加えて,Gという制御信号の入力があります.

図14 3ステート・バッファの記号

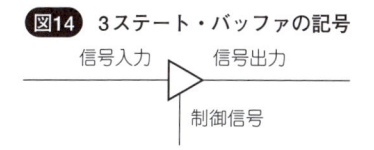

● 出力切り離しを指示するG入力をもつ

G入力がHレベルであれば,図13(b)のように普通の出力回路と同じ出力をします.

しかしG入力がLレベルになると,信号入力の値に関係なく,図13(c)のようにどちらのトランジスタもOFFになるように両方のトランジスタを制御します.

出力端子から見ると電流が流れないので,出力端子が切り離されたのと同じです.これがハイ・インピーダンス状態です.

二つの出力ポートをつないだ場合でも,一方の出力がハイ・インピーダンス状態であれば,信号の衝突は起こりません.

3ステート・バッファは図14のような記号で示されます.

● マイコン内部でたくさん使われている

第3章では詳しく説明していませんが,CPUとメモリ(とレジスタ)の間は「バス」と呼ばれる複数のメモリやレジスタで共用する幹線で接続されています.バスについては第11章で解説します.

バスにつながった要素(この場合はレジスタなど)のことを「ノード」と呼びます.バスを使ってデータをやりとりするには,同じバスにつながった多数のノードのうち,一つのノードだけが出力し,それ以外は入力またはハイ・インピーダンスになる必要があります.このハイ・インピーダンス状態を作るために,3ステート・バッファが多数使用されています.

5-10 入出力ポートの制御方法
入力か出力かをレジスタに書き込む

図15 入出力ポートの入力/出力の設定もやはり専用のレジスタに値を書き込むことで行う
この例では，方向レジスタのビットが1なら出力ポート，0なら入力ポートになる

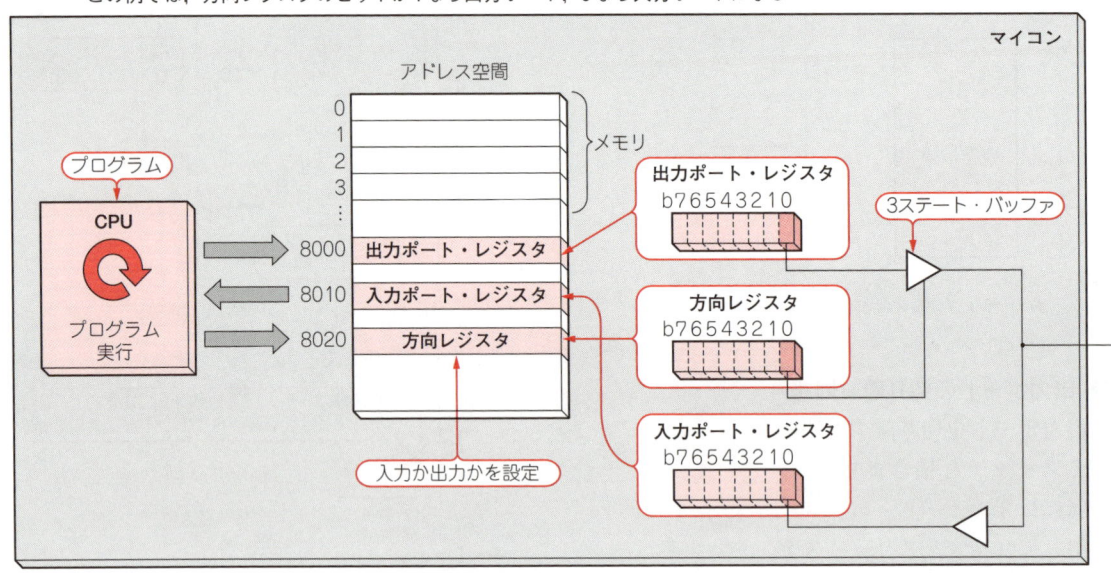

● 入力か出力かを指定するためのレジスタをもつ

入出力ポートは，入力ポート機能と出力ポート機能に加え，それらのどちらを使うかを指定する機能があります．

入力ポート機能，出力ポート機能のどちらを使うかは，ポートの「方向」と呼ばれます．

ポートの方向は，方向レジスタで指定します．方向レジスタの値を用いて，出力ポートの機能を切り離すかどうかを決めます．この値を用いて，出力ポート機能の3ステート・バッファがハイ・インピーダンス状態になるかどうかを決めます．

● 方向レジスタの1/0で出力ポートか入力ポートか決まる

マイコン内部は**図15**のようになります．

方向レジスタのビットのうち，目的のポートに対応するビットに'1'を書くと，3ステート・バッファのG入力がHレベルになります．すると，出力ポート・レジスタの'1'/'0'に対応してHレベル/Lレベルを出力するので，これは出力ポートになります．

同じビットに'0'を書くと，3ステート・バッファがハイ・インピーダンス状態になります．このときは外部から信号を入力しても衝突しないので，入力ポートとして使えます．

3ステート・バッファの使い方   column

3ステート・バッファを応用した例として，**図E**に示すトランシーバがあります．**表B**のように信号の伝達方向を端子Aから端子B，あるいはその逆方向に切り替えられるものです．

図E トランシーバの回路構成

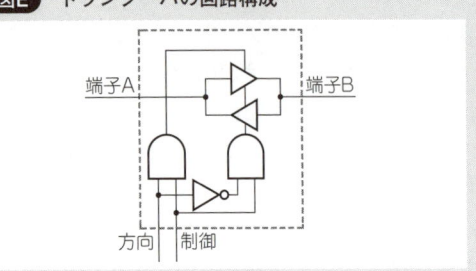

表B トランシーバの動作

方向	制御	動作
H	H	端子A→端子B
L	H	端子B→端子A
X	L	端子Aと端子Bは切断（ハイ・インピーダンス）

XはHでもLでも変わらないことを表す

5-11 実際の入出力ポートのハードウェア
もっと知りたい人へ

図16 実際のマイコンに内蔵されている入出力ポートの具体的な回路図

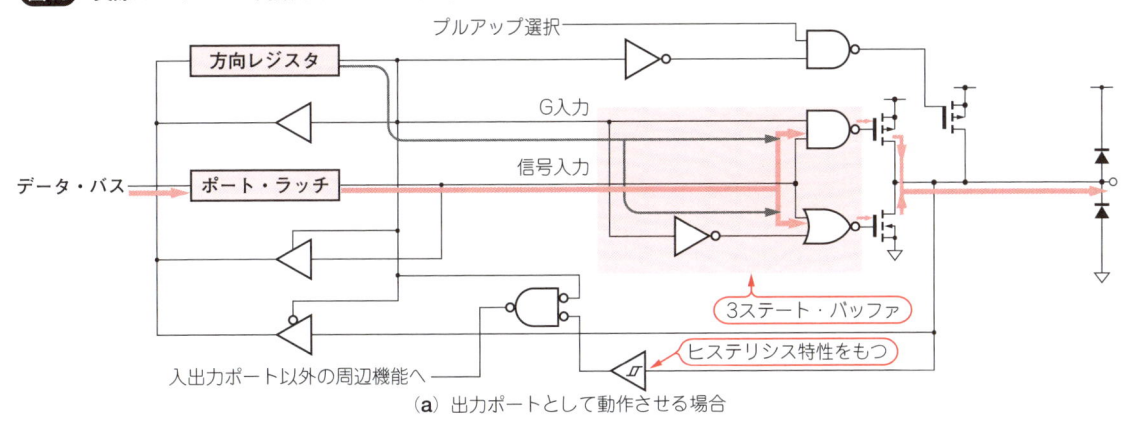

(a) 出力ポートとして動作させる場合

(b) 入力ポートとして動作させる場合

● 実際のマイコンの回路図

実際のマイコンで入出力ポートがどのようになっているのかを簡単に見てみます.

図16はルネサス テクノロジ社のR8C/15マイコンに内蔵された入出力ポートの回路図です.

いろいろな機能があるので少し見にくいのですが，出力ポートとして用いる場合から見ていきます.

▶出力ポートとして使う場合

これまで出力ポート・レジスタと呼んでいたものが，ポート・ラッチになっています. ラッチとは，出力する値を保持する回路です.

その出力はゲートを通って二つのトランジスタに伝わります. このゲートは，3ステート・バッファの制御回路です. トランジスタの出力は，出力端子につながっています.

▶入力ポートとして使う場合

入力ポートとして使う場合，まず出力ポート機能の出力をハイ・インピーダンス状態にする必要がありました. 二つのトランジスタの左にあるゲートには，方向レジスタの値も入っています. 方向レジスタが入力の方向を指示している場合，ゲートは二つのトランジスタをOFFにして，この経路の出力をハイ・インピーダンス状態にします.

端子から入力された値は，ゲートを通ってマイコン内に入っていきます.

このように，実際のマイコンの内部でも，入出力ポートはここまで説明してきたような構造になっていることがわかると思います.

5-12 実例で見てみる 給湯ポットで入出力ポートを利用する例

図17 給湯ポットのディジタル入力/出力を入出力ポートにまとめてみるとこうなる
同じレジスタを使っているポートの中に入力や出力が混じる

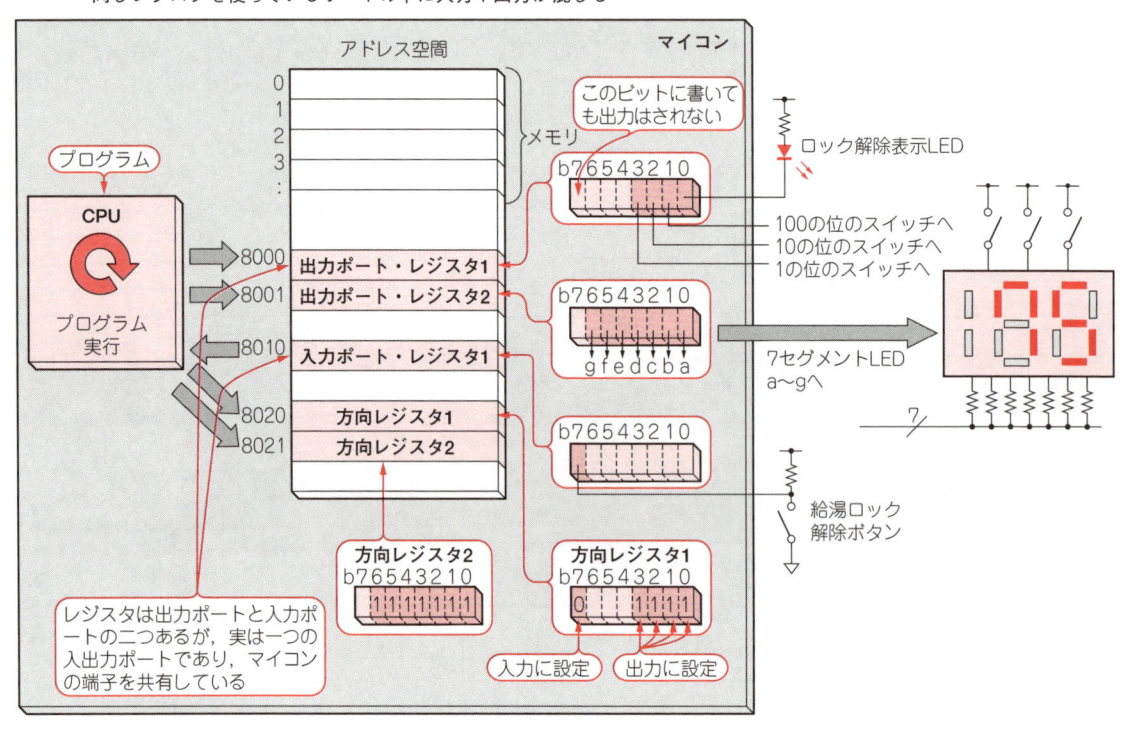

図18 図17はこのような端子割り当てになる

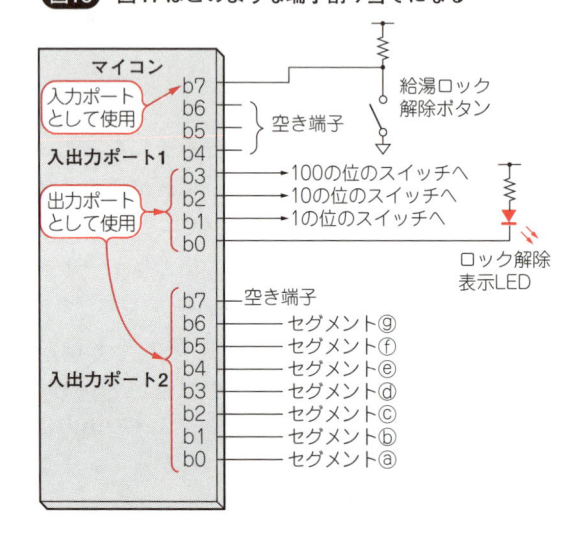

給湯ポットのアプリケーションに入出力ポートを対応させるとどうなるでしょうか.

例えば,出力ポート1と入力ポート1を一つの入出力ポートに割り当てることを考えてみると,入出力ポート1の最上位ビット(ビット7)にはロック解除ボタンがつながります.この端子は入力ポートとして使います.

最下位ビット(ビット0)にはロック解除表示LED,ビット3～ビット1は,温度表示用7セグメントLEDの位を切り替えるスイッチにつながっています.これらの端子は出力ポートとして使います.

方向レジスタ1はこれを踏まえて,b7は'0'に,b3～b0は'1'に設定する必要があります.

すると,図17のようになります.マイコンの端子との接続だけを整理して描くと,図18のようになります.

空き端子は一般には方向レジスタで出力に設定します.しかし,常にそうすれば良いわけではなく,状況に応じて変える必要があります.

徹底図解★マイコンのしくみと動かし方

第6章
時間の経過によって動作を切り替えるためのしくみ

動作の途中に一定の待ち時間を作れるタイマ

6-1 時間を計るためのいくつかの方法
キッチン・タイマのよう…

例に挙げている給湯ポットでは，給湯ロックを解除した状態で10秒間何も操作しないと，自動的に給湯ロック状態に戻ります．これには**マイコンに内蔵されたタイマを利用します．**

● マイコンのタイマ機能は一定の時間を得られる

タイマといえば，例えば**図1**のように，ラーメンを作るのに3分計るようなキッチン・タイマや，ビデオ録画のタイマなどを思いつくかと思います．

マイコンのタイマ機能も，時間を測定する点でキッチン・タイマに似ています． ただし，時計ではないので，ビデオのタイマとは違います．マイコンの中には時計（リアルタイム・クロック，RTCと呼ばれる）を周辺装置として内蔵したものもありますが，**時計とタイマは区別され，別々の周辺装置になります．**

● 時間を計る三つの方法

私たちが時間を計る方法は，**図2**のように3通りほどありそうです．

▶ **短い時間なら数えれば済む**

3秒間待つ場合は，タイマを使うまでもなく，1，2，3と3秒を数えれば済みそうです．

図1 インスタント・ラーメンを作るとき時間を計るためにタイマを使う

図2 時間を計る方法はいくつかある
この中ではタイマをセットするのが一番確実

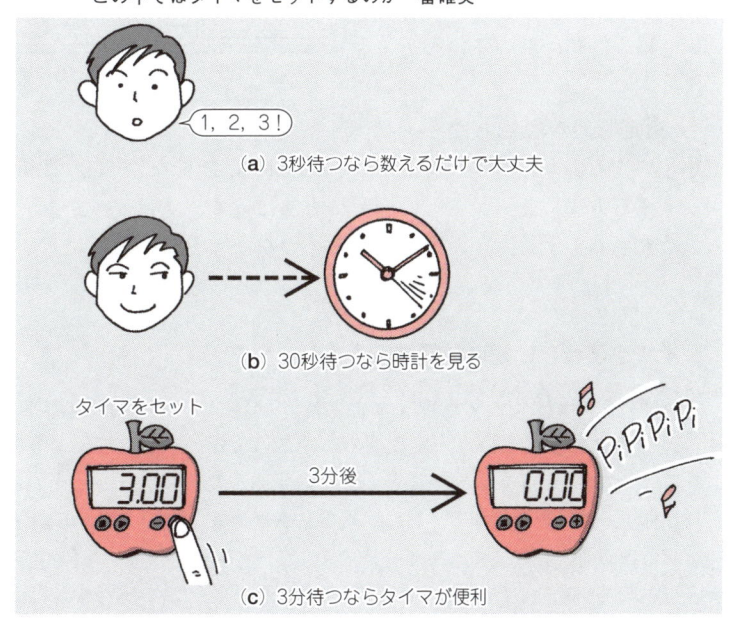

(a) 3秒待つなら数えるだけで大丈夫

(b) 30秒待つなら時計を見る

(c) 3分待つならタイマが便利

▶ **時計を見ながら計る**

30秒待つ場合，30を数えると誤差が大きくなりそうなので，時計を見ながら30秒待つかもしれません．

▶ **お知らせ機能をもつタイマ**

3分待つとなると，キッチン・タイマなどをセットして，別のことをしながらタイマが鳴るのを待つかもしれません．

6-2 マイコンで一定の待ち時間を作る方法(タイマを使う)

今回の例では，図3のような動作が必要になります．

● 短時間ならCPUの動作で

マイコンで短い時間（10マイクロ秒など）を待つ場合は，図4(a)のようにCPUに本来の処理とは関係ない命令を実行させ，その命令を終えるまでにかかる時間を使って処理を行うことがあります．

● 長い時間を待つにはタイマを使う

もっと長い時間，数ミリ秒から数秒以上の時間を待つ場合は，図4(b)のようにタイマを使うことになります．

タイマに待ち時間をセットしてスタートさせ，時間が経過するのを待ちます．

タイマの使い方には，
① CPUがときどきタイマを見て指定時間の経過を待つ方法
② 指定時間が経過したら通知してくるようにタイマをセットする方法

の二つがあります．

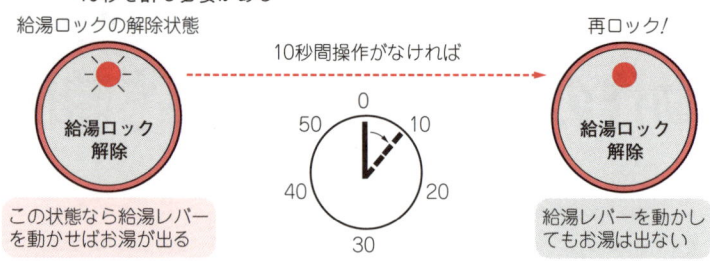

図3 電動給湯ポットで実現したい時間がかかわる動作
10秒を計る必要がある

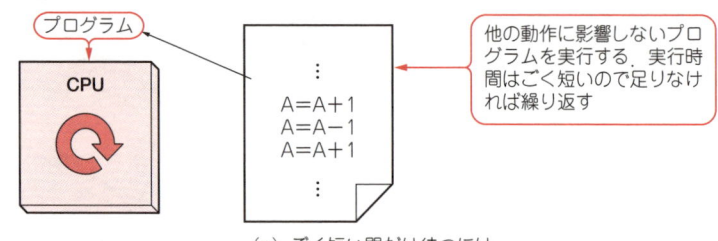

給湯ロックの解除状態 → 10秒間操作がなければ → 再ロック！

この状態なら給湯レバーを動かせばお湯が出る

給湯レバーを動かしてもお湯は出ない

図4 マイコンで一定時間を待つ方法

プログラム
CPU
A=A+1
A=A−1
A=A+1

他の動作に影響しないプログラムを実行する．実行時間はごく短いので足りなければ繰り返す

(a) ごく短い間だけ待つには

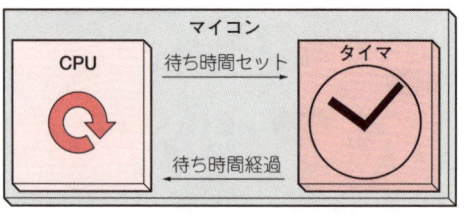

マイコン
CPU — 待ち時間セット → タイマ
     ← 待ち時間経過 ←

タイマの使い方は二通り
① 自動でカウントさせておき，たまに経過を確認する
② 時間になったら知らせてくれるようにセットする

(b) 長時間を待つには

①は時計を見ながら30秒待つ方法に近く，②はキッチン・タイマをセットする方法に近いでしょう．では，マイコンのタイマについてもう少し詳しく見ていきます．

タイマを使わない短い時間の待ち方　column

プログラムはCPUへの単純な命令の集まりです．

CPUはクロックという一定周期のパルスに従って動作しており，1クロックごとに信号の状態が変わります．命令を実行するには，一般的に数クロックぶんの時間が必要です．

短い時間（例えば10マイクロ秒）を待つには，この命令実行にかかる時間を利用します．

パソコンのCPUではクロック周波数が3 GHzなどのようですが，多くのマイコンではクロックはもっと遅くMHzオーダが一般的です．低消費電力を狙ったマイコンではkHzオーダの場合もあります．

5 MHzのクロックで動作するマイコンがあったとして，ある命令を実行するのに2クロック必要とすると，その命令を実行するのに要する時間は2クロック／5 MHz＝0.4マイクロ秒になります．

10マイクロ秒待つには，この命令を25個連続して実行すればよいことになります．

繰り返し命令を使えば，直接25個も命令を書く必要はなくなりますが，繰り返し命令や繰り返し回数を設定する命令にもそれぞれ実行時間があるので，それらの値も加味して繰り返し回数を決める必要がでてきて，正確な時間を得ることが難しくなります．

6-3 一定時間ごとにレジスタの値を増やす/減らす
タイマが時間を計るようす

図5 原理的なタイマの動作
0になるまでの時間は初期値の設定によって決めることができる

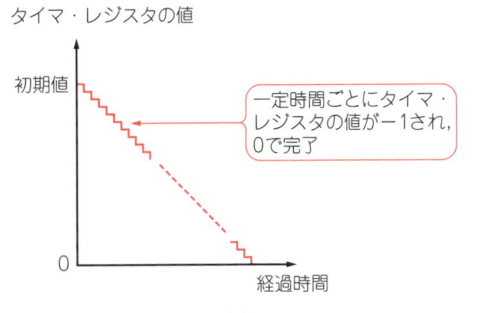

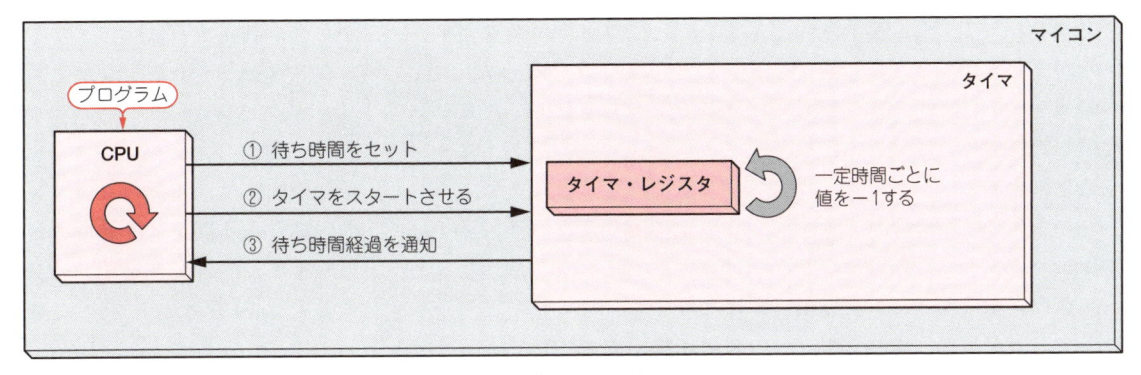

CPUから初期値をセット

タイマ・レジスタ　一定時間ごとに値を-1する

値が0になったら完了

(a) タイマ・レジスタの値を減らしていく

タイマ・レジスタの値
初期値

一定時間ごとにタイマ・レジスタの値が-1され，0で完了

経過時間

(b) レジスタ値の変化

マイコン

プログラム
CPU
① 待ち時間をセット
② タイマをスタートさせる
③ 待ち時間経過を通知

タイマ
タイマ・レジスタ　一定時間ごとに値を-1する

(c) CPUとタイマのやり取り

　実際のマイコンに内蔵されているタイマはとても多機能で，すべてを紹介できません．ここでは基本動作だけ紹介します．

● 一定時間ごとの減算処理で時間を計る

　タイマの基本動作を**図5**に示しました．

　最初はCPUからタイマへ，待ち時間に対応する値を**タイマ・レジスタ**というタイマ専用のレジスタに設定します．

　次に，CPUからの命令でタイマをスタートさせます．動作を開始したタイマは，タイマ・レジスタの値を一定時間ごとに1ずつ減算していきます．

　タイマ・レジスタの値が0になればカウント・ダウン終了で，時間を計り終えたことになります．

　後で述べますが，カウント・ダウン終了をCPUへ通知することもできます．

● タイマを実現する回路ブロックのイメージ

　タイマを実現する回路ブロックのイメージを**図6**に示します．タイマの実現方法は何通りか考えられるので，ここに挙げた回路は一例です．この中のタイマ・レジスタは，4-4節で紹介した汎用的なレジスタのイメージです．

▶初期値の設定方法

　CPUからタイマ・レジスタに値を設定する場合，左上からセレクタを通してタイマ・レジスタにアクセスします．

▶カウント・ダウンの方法

　ここで説明するタイマ・レジスタは，タイマ専用のレジスタといってもその機能は値を保持することだけで，カウント・ダウンする機能はありません．

　タイマ・レジスタの値をカウントダウンする場合，次のような流れになります．

① タイマ・レジスタの値は加算器に入力され，カウント・ダウンする場合は-1と加算します．その結果はセレクタに入力されます．

② CPUからアクセスしていないとき，その-1と加算された値はタイマ・レジスタのD端子に入ります．

図6 タイマ内部のブロック図のイメージ
実際のものとは異なるが，おおむねはこのように考えてよい

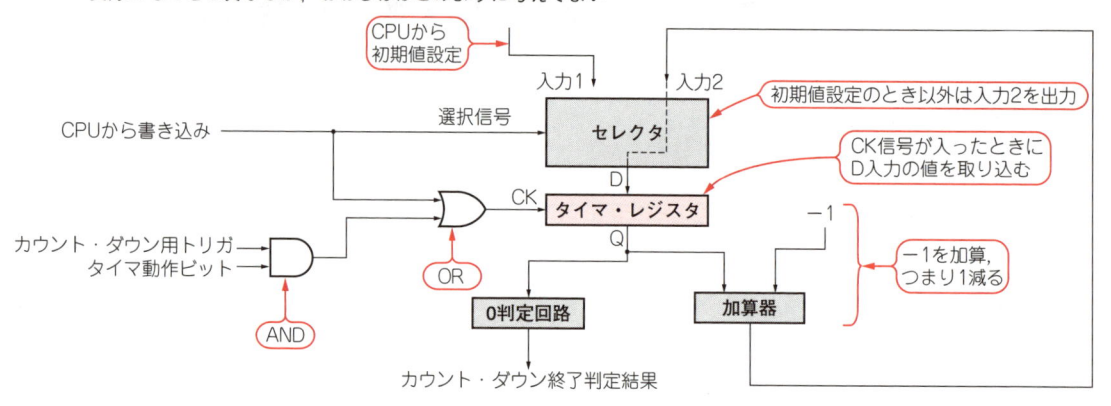

③ タイマ・レジスタはフリップフロップです．CK端子への信号が立ち上がるまで，D端子への入力（カウント・ダウンした値）はタイマ・レジスタに取り込まれません．

CK端子への入力は，タイマ動作ビットが1で，かつカウント・ダウンするタイミングで信号が立ち上がるようにします．

④ タイマが動作モードになっていて，カウント・ダウンするべきタイミングになったとき，D端子に入力されていたカウント・ダウンした値がタイマ・レジスタに取り込まれます．

以上の動作で，タイマが1だけカウント・ダウンされたことになります．

▶終了検出の方法

カウント・ダウンが終了したかどうか判定するにはタイマ・レジスタの値が0かどうかを調べます．

*

この回路は，現実のマイコンの内部にある回路とは異なると思います．内部動作をイメージするための参考としてください．

実際のマイコンのタイマがもつ機能例　　column

本書ではすべてを説明できませんが，実際のマイコンのタイマにはさまざまな機能があります．

R8C/15マイコンを例にタイマがもつ機能を簡単に紹介すると，タイマの動作モードとして以下の10通りがあります．

① タイマ・モード
② パルス出力モード
③ イベント・カウンタ・モード
④ パルス幅測定モード
⑤ パルス周期測定モード
⑥ プログラマブル波形発生モード
⑦ プログラマブル・ワンショット発生モード
⑧ プログラマブル・ウェイト・ワンショット発生モード
⑨ インプット・キャプチャ・モード
⑩ アウトプット・コンペア・モード

①はここで説明するタイマ機能です．⑩は後の章で説明するPWM出力機能になります．

②はタイマに設定された時間ごとに出力端子のH/Lを反転する機能です．

③〜⑤は外部から入力されるパルスを測定する機能で，③はパルスの数，④はパルスの幅，⑤はパルスの周期を測定します．

⑥は任意の幅のHレベルおよびLレベルからなる波形を連続して出力する機能です．

⑦は時間幅を指定したパルスを1回だけ出力する機能，⑧は指定時間経過後にある時間幅のパルスを出力する機能です．

⑨は外部から入力されるパルス幅を連続して測定する機能です．

このように，タイマ（timer）という名前からは想像しにくい機能も相当含まれています．マイコンの応用分野ごとに機能が拡張されることもあります．例えば，本書の最初にある冷蔵庫の図ではSH7046マイコンにモータ制御用多機能タイマがあるので，モータ制御機能があると思われます．

タイマは，マイコンの周辺装置のなかでもとくに多機能です．

6-4 タイマの使い方

レジスタに適切な値を書き込む

1 タイマ機能の使い方

図7 タイマを使うために原理的に扱う必要があるレジスタは三つ
実際のタイマは多機能なので，機能の設定用にたくさんのレジスタをもつ場合が多い

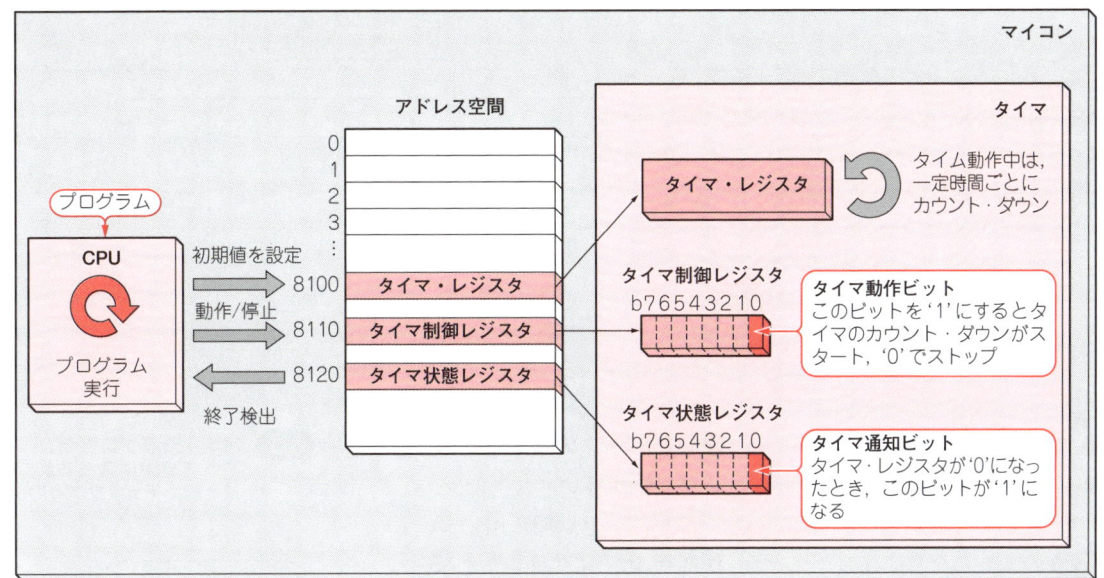

プログラムからタイマを制御するときには，図7のように入出力ポートと同様にレジスタを用いて行います．

● **値を設定するレジスタであり，カウント・ダウンの値でもあるタイマ・レジスタ**

タイマ・レジスタにはカウント・ダウンを開始する値を設定します．タイマが動作している場合，タイマ・レジスタには，カウント・ダウン途中のその時点での値が格納されていることになります．もし残り時間を知る必要があるなら，タイマ・レジスタを読めばよいわけです．

● **タイマの動作はタイマ制御レジスタの値で決まる**

タイマのスタート，ストップは，タイマ制御レジスタのタイマ動作ビットで行います．CPUがこのビットを '1' にするとタイマがカウント・ダウンを開始し，'0' にすると停止します．

タイマをスタートしてカウント・ダウンが継続し，タイマ・レジスタの値が '0' になってタイマの動作が停止した場合，CPUから操作しなくても，タイマ動作ビットは自動的に '0' になり，タイマの停止を表します．

タイマ・レジスタの値が '0' になると，タイマ状態レジスタのタイマ通知ビットが '1' になります．タイマが動作中はタイマ通知ビットは '0' です．

タイマがカウントする条件 column

この章では，タイマは100ミリ秒ごとにカウントするものとして説明していますが，実際のマイコンでは，そうとは限りません．

マイクロ秒単位で知りたい場合や秒単位で知りたい場合など，いろいろな時間幅に対応するため，カウントする時間をさまざまに設定できるようになっています．

例えばCPUが動作するクロックを基準に，そのクロックがN回発生したときカウントさせます．Nの値はレジスタに設定し，変更できます．

発生したイベントの数を数える場合などには，時間ではなく外部からの入力でカウントします．

カウントのもとになる入力は，カウント・ソース，あるいはクロック・ソースなどと呼ばれます．

2 タイマの動作

図8 時間軸で見るタイマの動作
レジスタの値が0になるとタイマは通知ビットを1に変え，動作ビットも0にする

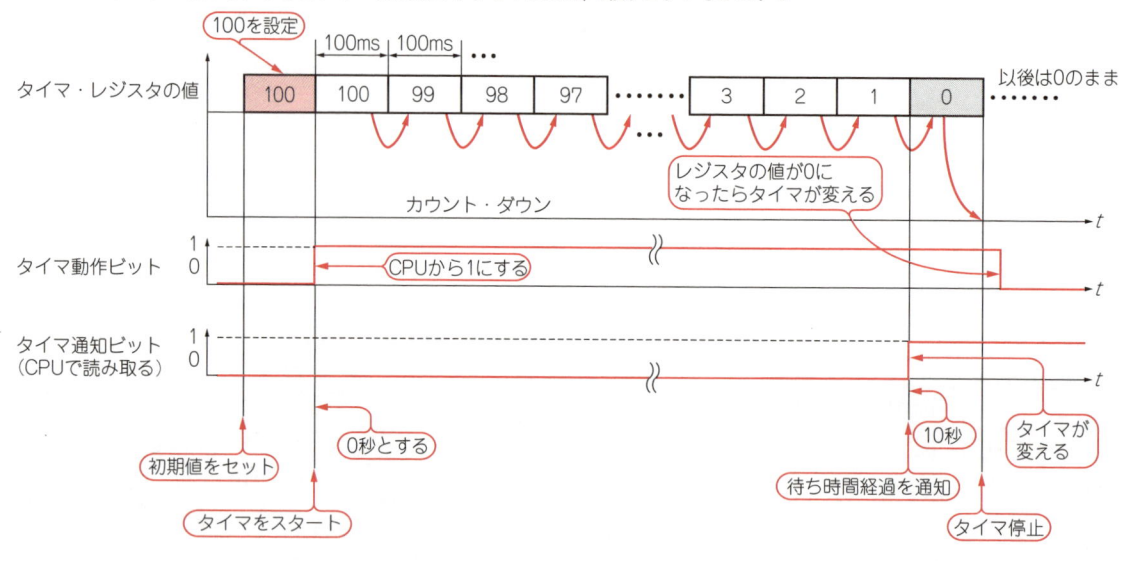

● 時間経過に沿って考えてみる

タイマの動作をまとめると，図8のようになります．

この図は横軸が経過時間で，縦にはレジスタや各ビットの値をとっています．

CPUはタイマ・レジスタに100をセットしたと仮定します．

次にCPUがタイマ動作ビットを1にすると，タイマが動作を開始します．タイマ動作ビットが1になっている間，タイマ・レジスタの値はカウント・ダウンされていきます．

例えば，100msごとにカウント・ダウンするようにクロックへ信号が入力されていたとするとすると，初期値レジスタの値が100なので，100×100ms＝10s，つまり10秒後にカウント・ダウンが完了します．

カウント・ダウンが完了すると，タイマ通知ビットが'1'になります．

● 10秒待つプログラムも作れるが無駄が多い

このタイマ機能を用いて，10秒間待つプログラムを作ると，図9のようになると思います．

① タイマ・レジスタに100をセットする

② タイマ制御レジスタのタイマ動作ビットを1にする

③ タイマ状態レジスタのタイマ通知ビットを読み出して，その値が1になるまで③を繰り返す

ただし，マイコンの動作速度から考えると③の処理には工夫の余地がありそうです．ほとんどのマイコンは③の処理を1秒間に十万回は繰り返して実行できると思います．10秒待つとすると，百万回以上です．

この方法は，人でいえば時計を見続けながら待っている状態です．時間が短ければよいのですが，長時間なら別の方法を考えるでしょう．

図9 時間を計るプログラム
これで時間は測れるが，値を毎回チェックするのは無駄ではないだろうか？

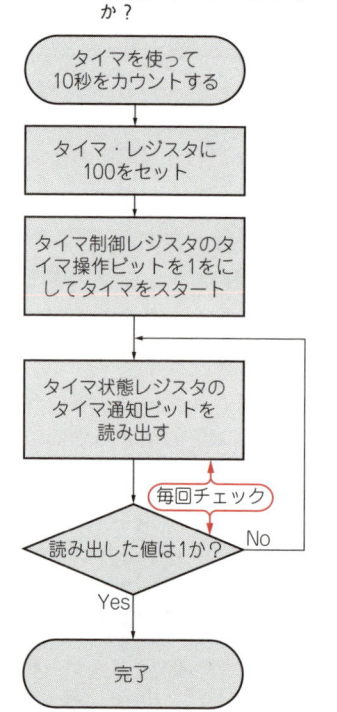

- タイマを使って10秒をカウントする
- タイマ・レジスタに100をセット
- タイマ制御レジスタのタイマ操作ビットを1をにしてタイマをスタート
- タイマ状態レジスタのタイマ通知ビットを読み出す（毎回チェック）
- 読み出した値は1か？ No→戻る／Yes→完了

6-5 タイマからCPUへの通知…割り込み
CPUの邪魔にならないように…

図10 タイマの音が聞こえたら台所へ…これが割り込みのイメージ
あらかじめしおりを用意しておき，読書を再開できるところがポイント

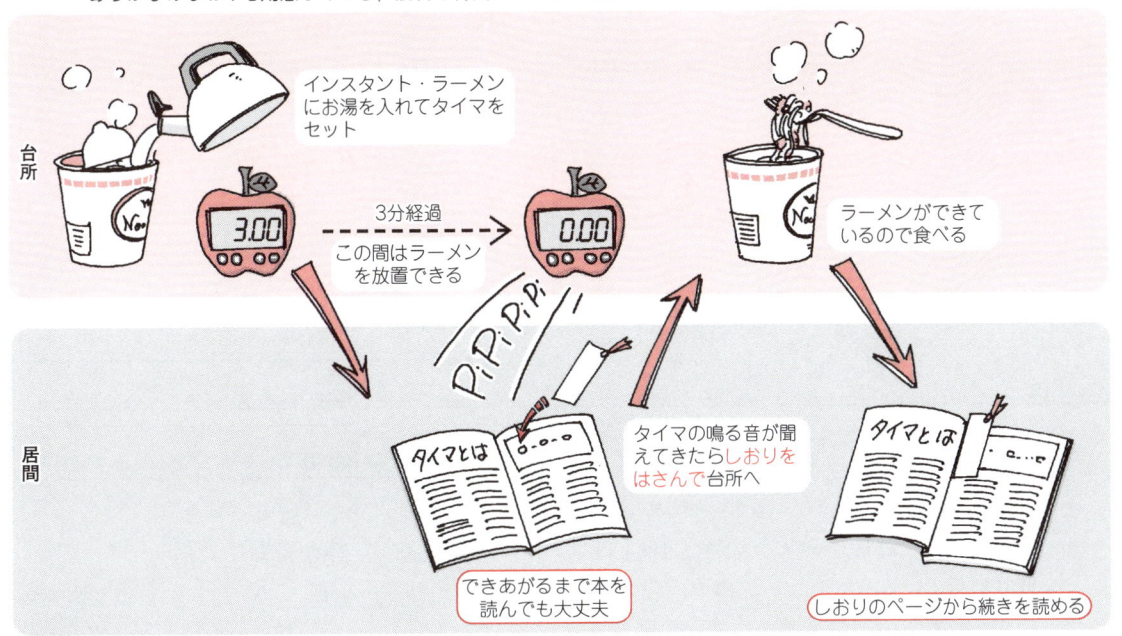

（台所）
インスタント・ラーメンにお湯を入れてタイマをセット
3分経過
この間はラーメンを放置できる
ラーメンができているので食べる

（居間）
タイマの鳴る音が聞えてきたらしおりをはさんで台所へ
できあがるまで本を読んでも大丈夫
しおりのページから続きを読める

図11 プログラムにおける割り込みの動作
割り込まれても何事もなかったかのように再開される

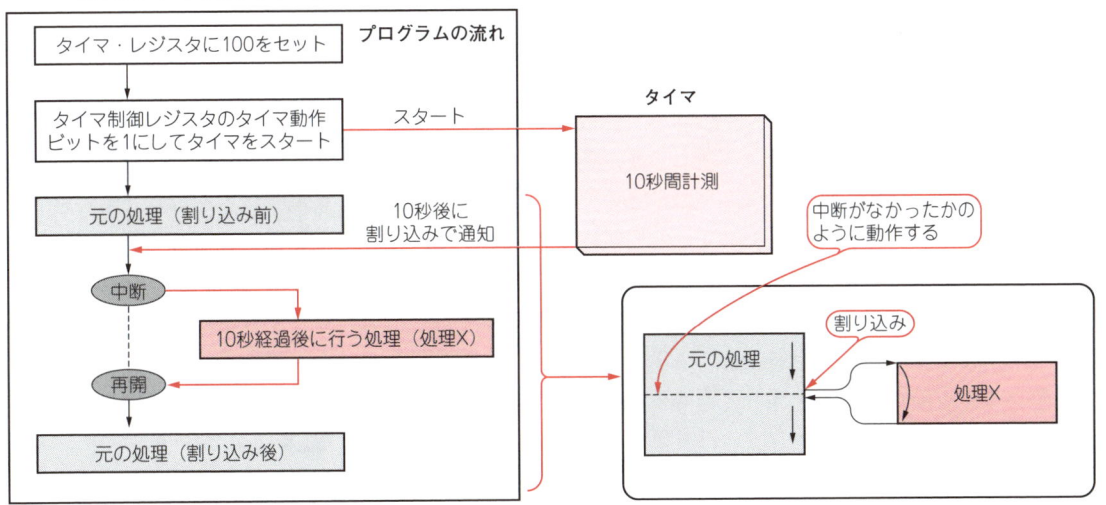

プログラムの流れ:
- タイマ・レジスタに100をセット
- タイマ制御レジスタのタイマ動作ビットを1にしてタイマをスタート → スタート
- 元の処理（割り込み前）
- 中断
- 10秒経過後に行う処理（処理X）
- 再開
- 元の処理（割り込み後）

タイマ：10秒間計測
10秒後に割り込みで通知

中断がなかったかのように動作する
元の処理 → 割り込み → 処理X

前項までで時間を計れるようにはなりましたが，**図9**の方法は時計を見続けているようなもので，効率が良くありません．

● **効率の良い時間待ちの方法**

例えばインスタント・ラーメンを作るとしたら，待つ間の時間が無駄なので，キッチン・タイマをセットして音で知らせてもらう，**図10**のような方法をとるのではないでしょうか．

マイコンのタイマでも，この方法に相当する効率の良い使い方があります．「割り込み」を使う方法です．

● **時間になったらタイマから「割り込み」の通知をもらう**

インスタント・ラーメンを食べるとき，お湯を入れた後の手順を整理すると，

① 3分間にセットしたタイマをスタートさせる
② タイマを見る必要がないので本を読んだり…

図12 割り込み機能をもつタイマの制御の方法
割り込み設定ビットも値を設定する必要がある

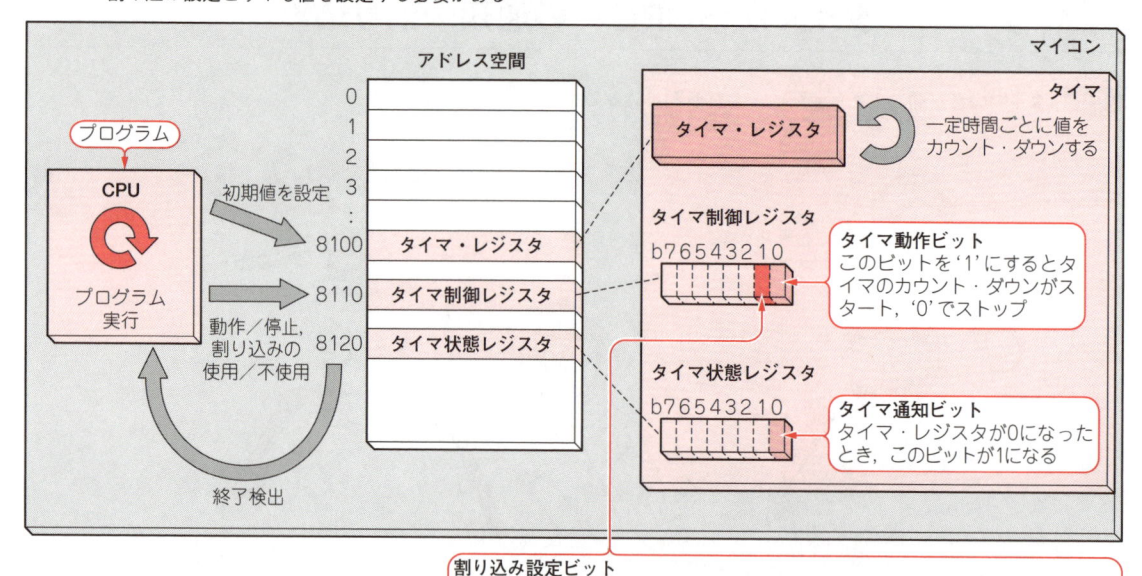

③ タイマが鳴ったらラーメンを取りに行く

となります．人間をCPUに置き換えて考えると，今から10秒後に処理Xを実行する場合は，

Ⓐ 10秒間にセットしたタイマをスタートさせる
Ⓑ タイマを見る必要がないので別の処理を実行
Ⓒ タイマから通知が来たら処理Xを実行

という動作になるでしょう．

このⒸのタイマからの通知が**割り込み**です．CPUがそのときに行っている処理に，タイマを起点にした処理Xが割り込むイメージです．

● タイマによって起こされる割り込みの動作

タイマによる割り込みを使ったときの動作を**図11**に示します．タイマからの割り込みを引き金にして，元の処理に処理Xを割り込ませて実行します．その処理が完了したら，割り込む前にCPUが行っていた元の処理を再開します．

▶割り込み処理が終わると元の状態に戻る

元の処理（割り込まれたほうの処理）からは，割り込みがあったかどうかは意識しません．

割り込みが発生すると，元の処理を再開できるような形で中断します．割り込み処理を行った後，元の処理の状態を復元して，元の処理を再開します．

● 割り込みを使うかどうかを設定するビットがある

実際のタイマには，割り込み機能を使うかどうかを設定する**割り込み設定ビット**が存在しています．

割り込み設定ビットも含めたタイマの制御方法を**図12**に示します．タイマ制御レジスタのb1に割り込み設定ビットがあることにしています．

▶割り込みを設定したとき

このビットを'1'にすると，タイマがカウント・ダウンしていき，0になったときに割り込みが発生します．

ここでは詳しく述べませんが，割り込みはレジスタなどとは異なる特別な経路でCPUの動作を変更することができます．割り込みが発生するのは，タイマ制御レジスタのタイマ通知ビットが'1'になるのと同じタイミングです．

▶割り込みを設定しないとき

割り込み設定ビットを'0'にしていると，タイマの値が0になっても割り込みは発生しません．

もし時間を計るのであれば，**図9**のようにタイマ状態レジスタの値をチェックする必要があります．

● 割り込みを使うのはタイマだけではない

割り込みはタイマ終了だけでなく，さまざまな要因，例えば信号の入力などを発生要因に指定できます．

割り込みは重要な概念なので，後の章で詳しく説明します．

6-6 給湯ポットの自動ロック機能を実現する
タイマとその割り込みを実際に使う例

● 給湯ロック解除ボタンが押されたときの動作

主な動作は二つです．一つは給湯ロック解除表示のLEDを点灯すること．もう一つは，10秒間何も操作されなかったときのために，タイマ制御レジスタを操作して10秒間を計るタイマを起動することです．

もう少し具体的なプログラムまで考えてみると，**図13**のようになります．

タイマ・レジスタがある8100番地に100を書き込みます．タイマを動かすためにタイマ制御レジスタのタイマ動作ビットに'1'を書きます．割り込みを使うので，同じくタイマ制御レジスタの割り込み設定ビットにも'1'を書きます．LEDの点灯については解説済みなのでここでは省略します．

その後，CPUは別の処理を実行します．ここで行う処理は何でもかまいません．

一方，タイマはタイマ動作ビットが'1'になったので，タイマ・レジスタの値を100msごとにカウント・ダウンしていきます．この動作は，CPUとは独立に行われます．

● 10秒経過前に給湯操作がある場合の動作

10秒経過する前に給湯操作が行われると，その操作からさらに10秒後に給湯ロックを行うため，CPUは10秒間タイマを再起動します．

本誌のマイコンでは，タイマの再起動はタイマを停止してタイマの値を設定し直し，再び開始することで行われます．プログラムは**図14**のようになります．タイマを停止するために，タイマ制御レジスタのタイマ動作ビットを'0'にします．具体的には，8110番地のb0に'0'を書き込みます．

次に，タイマ・レジスタがある8100番地に100を書きます．

最後に，タイマを起動するために8110番地のb0に'1'を書き込みます．

これで，タイマ・レジスタのカウント・ダウンが最初から開始されます．

● 自動ロックが行われる場合

そのまま10秒間給湯操作が

図13 給湯ロック解除ボタンが押されたときの動作
10秒間に設定したタイマを起動する

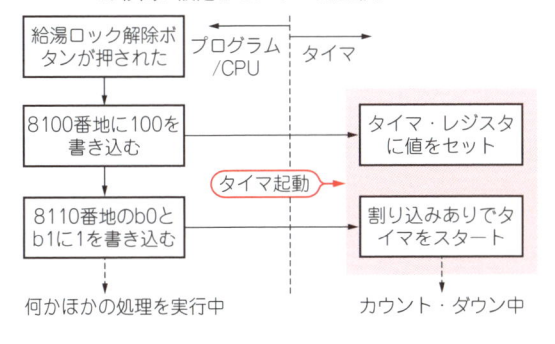

図14 図13のあとに給湯操作があった場合の動作
給湯操作があった時点でタイマを再起動する

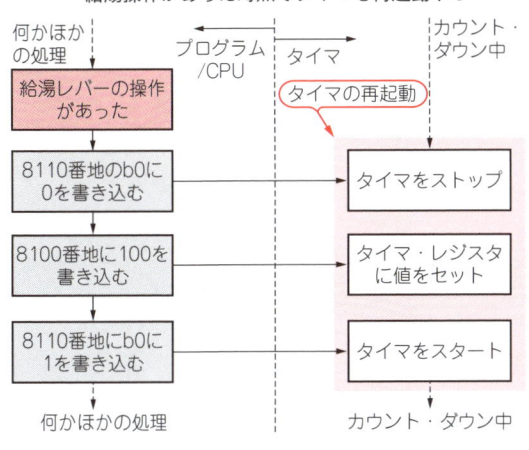

図15 図13のあとに操作がなかった場合の動作
10秒たったらタイマが終了する．タイマから割り込みがあるので再ロックの処理を行う

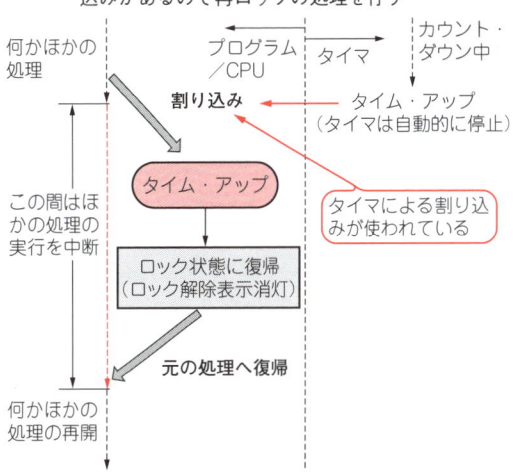

行われなかった場合，給湯ロック解除状態から給湯ロック状態に変更します．給湯ロック解除表示LEDを消灯します．

タイマが終了しているので，図15に示すようにこの処理は割り込みで行われます．タイマから10秒経過の割り込みが発生すると，CPUはそのとき実行していた処理を中断して，10秒経過したときに行う処理(給湯ロック)を実行します．その処理が完了すると，CPUは割り込みで中断した処理の実行を再開します．

● 給湯ロック解除ボタンを押

図16 図13のあと再度給湯ロック解除ボタンが押されたときの動作
再ロックの処理をしてタイマを停止させる

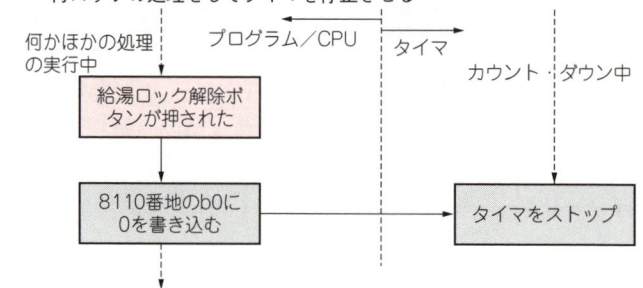

すことによる再ロックの動作

10秒間待っている間に，人が給湯ロック解除ボタンを再度押した場合は，強制的に給湯ロック状態にする必要があります．

この場合，ロック解除表示のLEDを消灯するとともに10秒間タイマを停止します．

10秒間タイマの停止は，図16に示すように，タイマ制御レジスタのタイマ動作ビットを'0'にします．つまり，8110番地のb0に'0'を書き込みます．

タイマの動作モード　　　　　　　　　　　　　　　column

本誌では，図A(a)のようにタイマ・レジスタの値が1ずつ減算されるタイマを取り上げています．

実際のタイマには，図A(b)のようにその値が1ずつ加算されるタイマもあります．さらに，減算するか加算するかを選択できるタイマもあります．

カウント・ダウンしてタイマ・レジスタの値が0になったときの動作も停止とは限りません．自動的に初期値がタイマ・レジスタに設定し直されて，図A(c)のように再度カウント・ダウンを繰り返すモードもあります．

単に時間を計るだけならこのようなモードは不要ですが，タイマ・レジスタの値を用いてさまざまな機能を実現する場合があるために用意されています．

本誌でも，後の章で解説するPWM出力では繰り返しカウント・ダウン・モードのタイマを用います．

図A 動作の異なるいろいろなタイマ

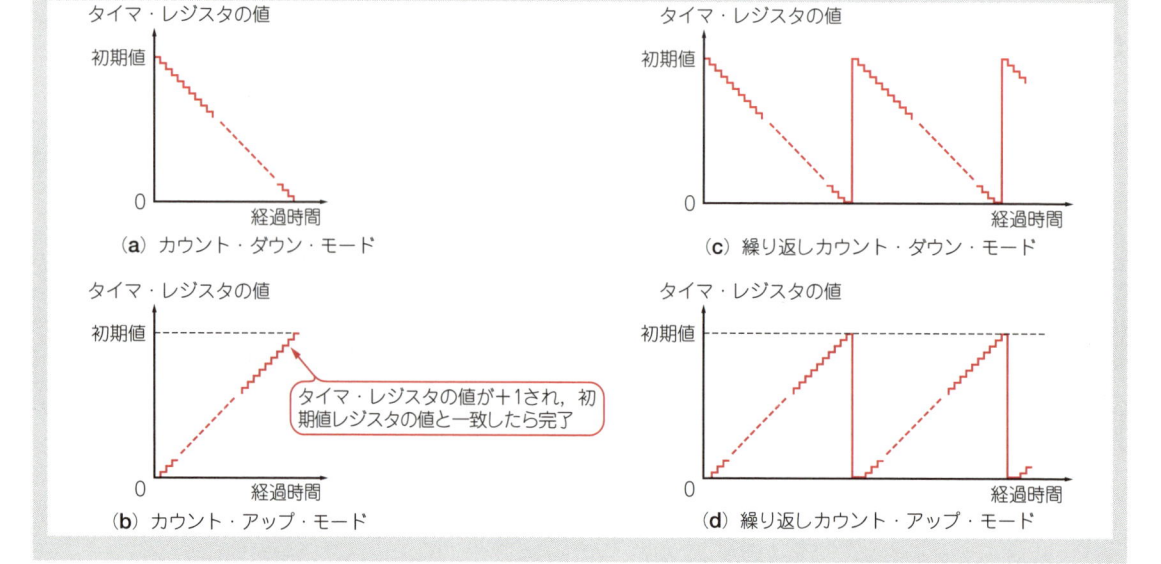

(a) カウント・ダウン・モード

(b) カウント・アップ・モード
 タイマ・レジスタの値が+1され，初期値レジスタの値と一致したら完了

(c) 繰り返しカウント・ダウン・モード

(d) 繰り返しカウント・アップ・モード

徹底図解★マイコンのしくみと動かし方

第7章
アナログ信号をCPUで扱えるようにしてくれる

アナログ信号をマイコンに取り込むA-D変換

7-1 A-D変換の役割
アナログ信号を'1'と'0'の信号に変換

図1 A-D変換器はアナログ信号の振幅の変化を'1'と'0'で表される信号に変換する
マイコンは2値信号しか扱うことができないので，アナログ信号をいったん変換器でディジタル信号に変換している

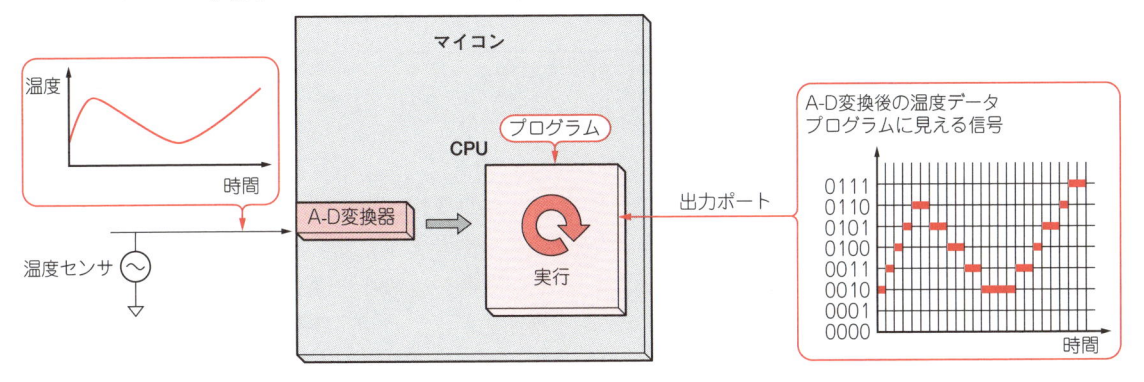

● マイコンは'1'と'0'しか扱えない

マイコンが制御する対象の多くは，電圧や電流，温度，振動などの自然界にある信号（アナログ信号）です．その大きさはとびとびではなく，滑らかにそして途切れることなく連続的に変化します．

一方，アナログ信号の大きさを元に何らかの制御をさせたいマイコンはロジック回路で作られています．マイコン内部では'1'（例えば5V）と'0'（0V）の2値信号しか扱うことができません．連続的に変化するアナログ信号は，何らかの方法で2値の信号に変換してからでないと，マイコンは扱うことができません．

● アナログ信号の大きさを2進数に変換

A-D変換器は，信号の大きさが連続的に変化するアナログ信号を2値のディジタル信号に変換してくれます．A-Dは，Analog-Digitalの略で，アナログ値をディジタル値に変換する機能です．

温度センサの出力信号をマイコンに内蔵されたA-D変換器に入力すると，例えば20℃のときは"010"，30℃のときは"011"，40℃のときは"100"というように，大きさの違う2進数に変換してくれます．

● 分解能が高いほど元の信号に忠実に変換できる

先ほど「20℃のときは"010"，30℃のときは"011"，40℃のときは"100"というように，大きさの違う2進数に変換してくれる」といいましたが，では，25℃のときの変換後の2進数はいくつでしょうか？

"010"の次に大きい数値は，"011"ですから，どうにも変換しようがありません．25℃の2進数を得るためには，3ビットではなく，さらにビット数を増やさなければなりません．

さて，**図1**に示すのは，アナログ信号のレベルを4ビットの2値に変換するA-D変換器の

7-1 A-D変換の役割 　61

表1 分解能4ビットのA-D変換器の変換前後の信号
A-D変換器に入力できる電圧の最大値を5Vと仮定

アナログ入力信号[V]	A-D変換後のデータ
0.00	0000
0.31	0001
0.63	0010
0.94	0011
1.25	0100
1.56	0101
1.88	0110
2.19	0111
2.50	1000
2.81	1001
3.13	1010
3.44	1011
3.75	1100
4.06	1101
4.38	1110
4.69	1111

表2 A-D変換の分解能が高いほど小さな信号のレベル変化を捕らえられる

アナログ入力信号[V]	A-D変換後のデータ
0.000	00000000
0.020	00000001
0.039	00000010
0.059	00000011
0.078	00000100
0.098	00000101
0.117	00000110
0.137	00000111
0.156	00001000
0.176	00001001
0.195	00001010
0.215	00001011
0.234	00001100
0.254	00001101
0.273	00001110
0.293	00001111
⋮	⋮

(a) 8ビットA-D変換

アナログ入力信号[V]	A-D変換後のデータ
0.0000	000000000000
0.0012	000000000001
0.0024	000000000010
0.0037	000000000011
0.0049	000000000100
0.0061	000000000101
0.0073	000000000110
0.0085	000000000111
0.0098	000000001000
0.0110	000000001001
0.0122	000000001010
0.0134	000000001011
0.0146	000000001100
0.0159	000000001101
0.0171	000000001110
0.0183	000000001111
⋮	⋮

(b) 12ビットA-D変換

動作です．**表1**に示すのは，アナログ信号をA-D変換の入力端子に入力し，入力電圧の最高値を5VとしたときのA-D変換の例です．入力電圧が0V以上0.31V未満のときは変換結果が"0000"，0.31V以上0.63V未満のときは変換結果が"0001"になり，それ以上についても同様です．これは，分解能4ビットのA-D変換器です．

もっと細かい分解能が必要であれば，A-D変換結果のビット数を増やします．**表2**を見てください．扱える入力電圧の最大値が5Vで，分解能が8ビットのA-D変換器は，入力電圧が約0.02V大きくなると，A-D変換後の2進数が'1'増えます．12ビットのA-D変換の場合は，入力電圧が約0.0012V大きくなると，A-D変換後の2進数が'1'増えます．

8ビットのA-D変換器は，入力電圧を256個の2進数に分解します．12ビットのA-D変換器は4096個の2進数に分解します．このようにA-D変換の分解能［ビット］を増やすと，アナログ信号のレベルの細かい変化を扱うことができます．

ただし，その代償としてA-D変換処理に要する時間が増えたり，そのデータを扱うプログラムが大きくなり，実行に時間がかかります．

● A-D変換後のデータは時間軸方向も不連続

ここまでは，電圧方向の2値化について解説しました．アナログ信号は時間軸方向にも，連続的に変化しています．しかしマイコンは，周期的にH/Lを繰り返すクロック信号に同期して内部の回路を動かしています．

A-D変換モジュールもこのクロックのH/Lに同期しながら変換動作を繰り返します．A-D変換器を介してマイコンに取り込まれた信号の時間軸方向の変化は，連続的ではなく，不連続です．

変化の速いアナログ信号をA-D変換するためには，A-D変換を繰り返す周期を短くしなければなりません．

● 入出力ポートではA-D変換できない？

「**図2**のようにマイコンの入力ポートに入力すれば，'1'と'0'の2値信号に変換されるのは？」という人もいるかもしれません．

入力ポート部にある1/0判定回路が，30℃より高いときは'1'，低いときは'0'となるように動作すると仮定すると，20℃は'0'，40℃は'1'というように，確かに2値信号にA-D変換されます．入力ポートは分解能1ビットのA-D変換器ということもできるでしょう．

しかし，温度が10℃だった場合はどうでしょう？

20℃と同じく'1'に変換され

column

A-D変換する前にはロー・パス・フィルタが必要

A-D変換の速度(周期)に対して変化の速すぎる信号が入力されると,どうなるのでしょうか?

図Aのように,元の波形とは異なった波形のようなデータが得られてしまうことになります.このようなことがないためには,A-D変換では正しく取り込めない変化の速い信号を入力しないようにする必要があります.

変化の速い信号とは周波数の高い信号のことです.A-D変換周期の逆数をサンプリング周波数といい,正しいA-D変換のためには,サンプリング周波数の半分より高い周波数を除去する必要があります.

そのため,A-D変換器に入力する信号は,周波数の高い成分を除去するロー・パス・フィルタを通過させる必要があります.簡単なマイコン回路の場合には省略することも少なくありませんが,本来は必要です.

簡単なロー・パス・フィルタは**図B**のようなRCフィルタです.ただし,RCフィルタの周波数特性は緩やかなので,信号の周波数とサンプリング周波数が十分に離れている必要があります.同じサンプリング周波数のまま高い周波数の信号まで取り込みたければ,特性の優れたロー・パス・フィルタが必要です.

A-D変換したデータがおかしく思えるときは,変化の速すぎる信号が入力されていないかどうか確認する必要があります.

図A 変化の早い信号をA-D変換するときの問題点

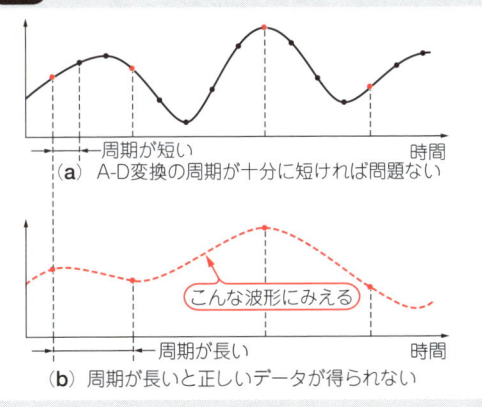

(a) A-D変換の周期が十分に短ければ問題ない — 周期が短い

(b) 周期が長いと正しいデータが得られない — こんな波形にみえる

図B もっとも簡単なロー・パス・フィルタ

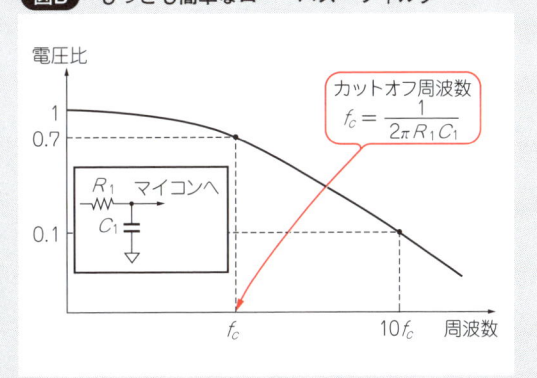

カットオフ周波数 $f_c = \dfrac{1}{2\pi R_1 C_1}$

図2 入出力ポートも分解能1ビットのA-D変換器だが…
信号が大きいか小さいかの判定には利用できるが,計測や制御の用途には使えない

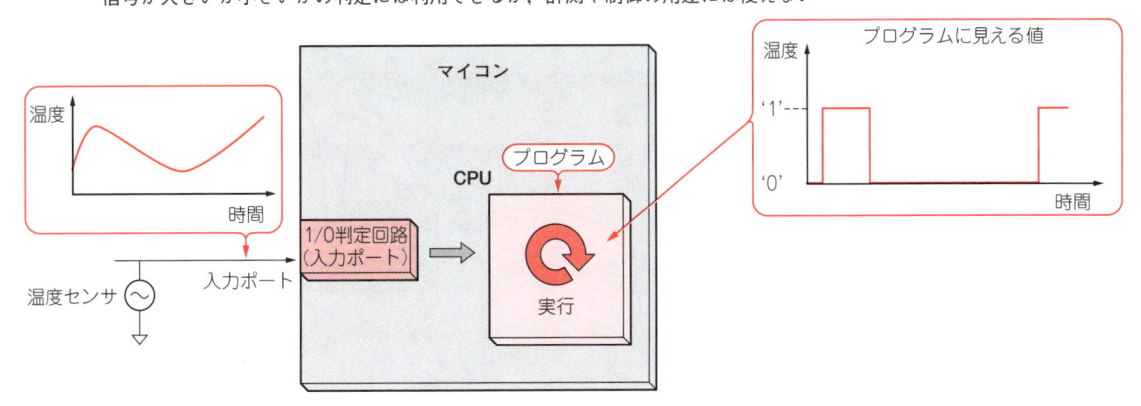

ます.これでは,室温を20℃に保ちたくても,マイコン内部のCPUは温度を正確に把握できないので,制御信号を出しようがありません.

アナログ信号を入力とするには,入力ポートではいかにも能力不足なのです.

H/L判定が安定しているシュミット・トリガ回路   column

　図Cに示すように，特に工夫のされていない1/0判定回路（コンパレータ）にアナログ信号を入力すると，しきい値付近で入力信号のレベルのちょっとした増減や，小さな雑音が重畳するだけで，判定がどっちつかずになり，出力電圧が"H"になったり，"L"になったりしてばたつきます．

　このどっちつかず状態がなくなるように工夫されたのがシュミット・トリガ回路です．入力ポートがシュミット・トリガ回路のマイコンもあるようです．

　図D(a)に示すように，シュミット・トリガ回路は，入力電圧がHレベルかLレベルかを判定するしきい値が，入力電圧が増加するときと減少するときで異なるというヒステリシス特性をもっています．

ヒステリシス特性をもった1/0判定回路なら，図D(b)のように入力電圧の少しの変動ぐらいでは，出力電圧が反転することはありません．

　シュミット・トリガ回路は，H/Lの判定がばたつかないようにするための回路で，アナログ信号を入力することは考えられていません．そのため，1/0が切り替わる電圧は不確かです．

　シュミット・トリガ回路にアナログ信号を入力することは避けるべきです．同様に，入力ポートも1/0が切り替わる電圧ははっきりしていないので，アナログ電圧を入力するには向きません．

　アナログ信号を扱うには，2値でよいとしてもコンパレータを使う必要があります．コンパレータを周辺機能として内蔵しているマイコンもあります．

図C[8] ヒステリシス特性をもたないH/L判定回路の出力は入力電圧がしきい値に近いときばたつく

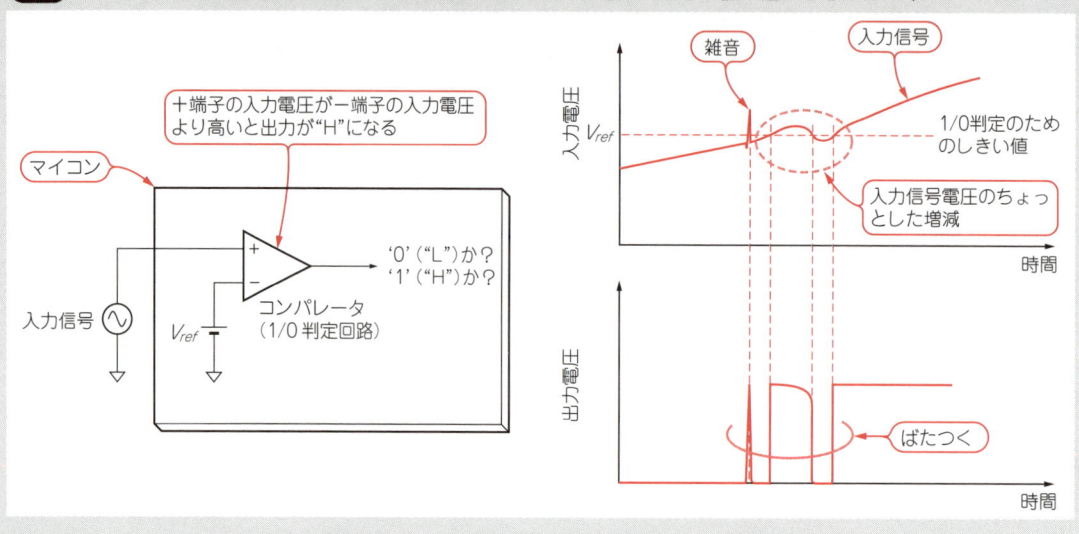

図D[8] ヒステリシス特性をもつH/L判定回路の出力はばたつかず安定している

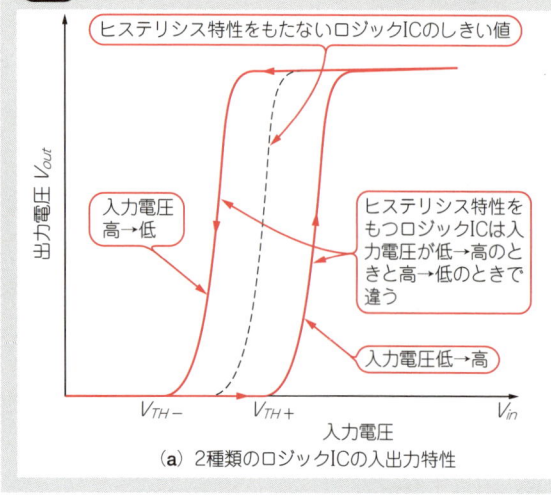

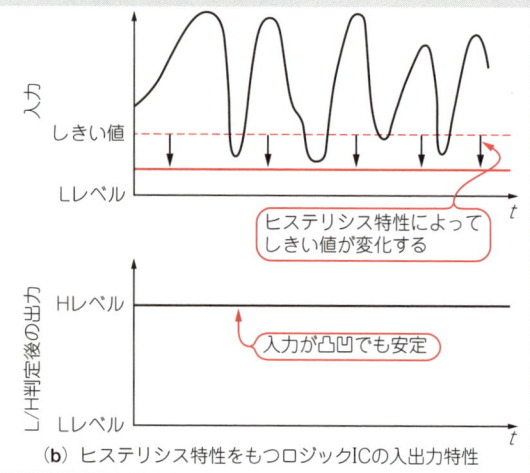

(a) 2種類のロジックICの入出力特性

(b) ヒステリシス特性をもつロジックICの入出力特性

7-2 A-D変換のしくみ
多くのマイコンが内蔵する逐次比較型の動作

図3 多くのマイコンに搭載されている逐次比較型A-D変換器の基本構成

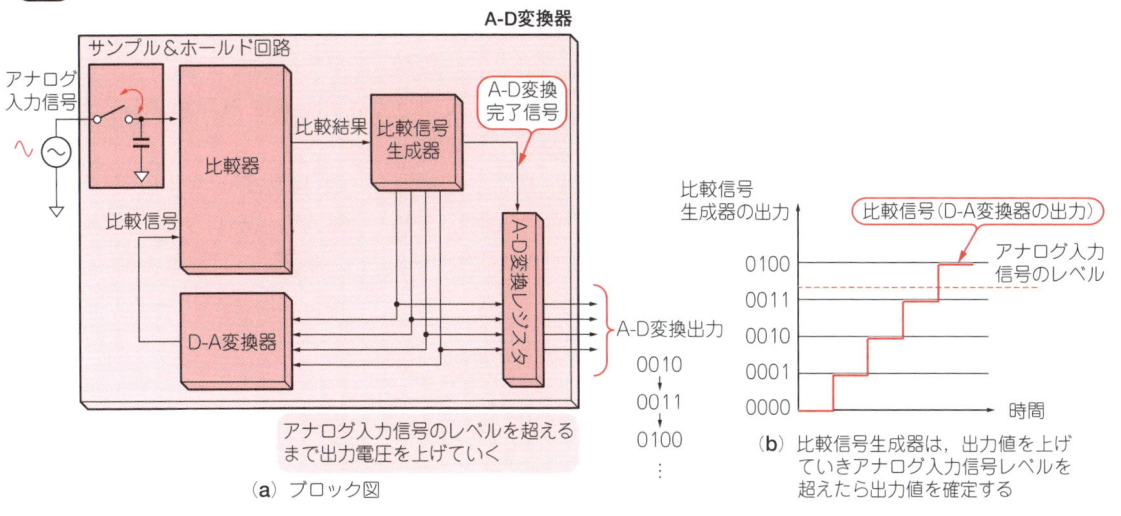

(a) ブロック図

(b) 比較信号生成器は，出力値を上げていきアナログ入力信号レベルを超えたら出力値を確定する

● **基本構成**

A-D変換の方式には，ΔΣ方式，パイプライン方式，積分方式などいろいろあります．ここでは，多くのワンチップ・マイコンに組み込まれている逐次比較型の動作を説明しましょう．なお，説明のために実際のものより簡単な構造や動作にしています．

図3に示すのは，逐次比較型A-D変換器の基本構成です．
- アナログ電圧とD-A変換器の出力電圧を比べる比較器
- 比較信号を生成するディジタル出力の比較信号生成器
- D-A変換器
- 変換結果を保持するA-D変換レジスタ

があります．

▶ **比較器**

比較器には二つの信号が入力されます．一つは，マイコンの外から入力されるアナログ信号，もう一方は，比較信号生成器が出力したディジタル信号をアナログ信号に変えるD-A変換器の出力です．比較器は，これら二つの入力のどちらの電圧が高いかを判定して信号を出力します．

▶ **比較信号生成器**

比較信号生成器は複数ビットのディジタル信号を出力します．動作はものによりますが，例えばこのように動作します．まず全ビットをゼロ（"0000"）にします．そして，次のようにその出力値を大きくしていきます．

"0000" → "0001" → "0010" → "0011" …

D-A変換器はこの2値信号をアナログ信号に変換して，比較器に入力します．

比較器は，アナログ入力信号の電圧のほうが高いあいだは，出力電圧を変化させませんが，D-A変換器の出力電圧がこのアナログ信号の電圧値を越えると，出力電圧のL/Hが反転します．出力電圧が反転すると，比較信号生成器は出力しているディジタル信号の値をA-D変換レジスタに保持するために，A-D変換完了信号を出します．

▶ **D-A変換器**

比較信号生成器の出力をD-A変換して比較器に加えます．

● **アナログ信号がディジタルに変換されるまで**

① 比較信号生成器が初期値"0000"を出力します．D-A変換器はこの信号"0000"をアナログ信号に変換します．その大きさは0Vです．

② 比較器は，マイコン外部から入ってくるアナログ信号（例えば1.0V）と，D-A変換器が出力するアナログ信号の大きさ（0V）を比較します．比較信号の電圧が入力信号より低いときは"L"を出力し，比較信号の電圧が入力信号より高くなったら"H"に変化します．

③ 比較信号生成器は，出力を"0000"から"0001"に増やし

ます．

④ D-A変換器はこの信号をアナログ信号に変換して比較器に出力します．6-1節の**表1**に示したように，"0000"は0V，"0001"は0.31Vです．

⑤ アナログ入力信号は1.0Vなので，比較信号の電圧のほうが低いままです．

⑥ 比較信号生成器は，比較器の出力が"L"のままであること

を知り，出力を"0010"に増やします．

⑦ ③～⑥の操作を繰り返すと，比較信号発生器の出力が"0100"（1.25V）になり，比較信号の電圧がアナログ入力信号より高くなります．

⑧ 比較器の出力が"L"から"H"に変化します．この変化を知った比較信号生成器は，そのときの出力値（"0100"）を保持

します．

⑨ 比較信号生成器は，A-D変換レジスタにA-D変換完了を通知します．

⑩ A-D変換レジスタは変換結果を記憶します．

A-D変換の結果は，"0100"に決定されます．

● 複数チャネルのアナログ信号入力はセレクタで対応

図3に示すように，A-D変換器は回路がシンプルではないので，多くのマイコンは1回路しか内蔵していません．しかし，複数のアナログ信号をA-D変換したいケースはよくあります．例えば，本書で例に挙げている給湯ポットには，温度センサと給湯レバーに付いているセンサの二つを装備しています．

このような用途に対処するため，**図4**のようにマイコンによってはA-D変換器の前段に入力セレクタ（マルチプレクサ）

図4 A-D変換器の前に入力セレクタをもつマイコンもある
A-D変換器は回路構成が複雑なので，多くのマイコンは一つしか搭載していない．CH-1→CH-2→CH-1というように切り替えながらA-D変換器に信号を順番に取り込む

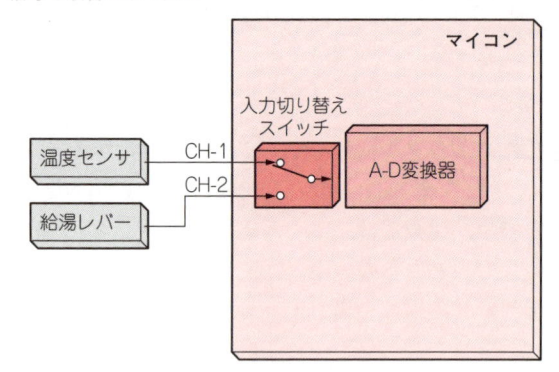

図5 実際のワンチップ・マイコン（R8C/15，ルネサス テクノロジ）のA-D変換器の構成

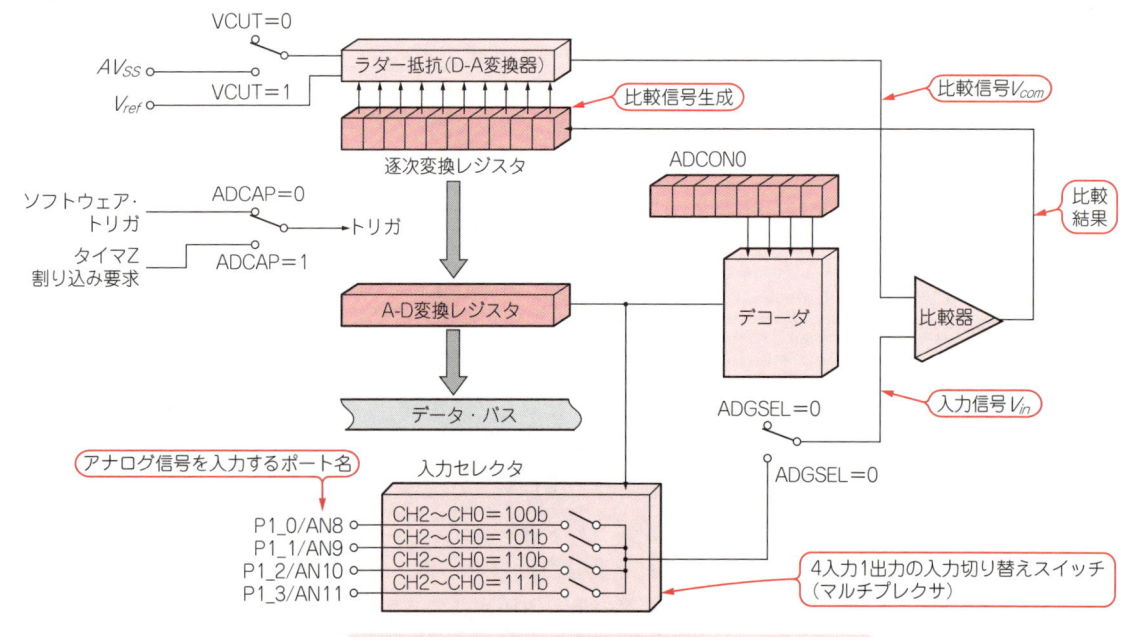

66　第7章　アナログ信号をマイコンに取り込むA-D変換

を内蔵しています．マイコンによっては，8チャネルもの入力をもつものあります．A-D変換器が一つしか内蔵されていなければ，複数の入力信号を同時にA-D変換することはできません．入力チャネルを一つずつ選びながら，順番に処理していくしかありません．

● 実際のマイコンに内蔵されたA-D変換器

図5に示すのは，16ビットのワンチップ・マイコン R8C/15（ルネサス テクノロジ）に内蔵されているA-D変換器の機能ブロック図です．

入力セレクタで，入力チャネルが選択されます．比較器には，この入力切り替えスイッチを通ったアナログ信号（V_{in}）と，ラダー抵抗と書かれたD-A変換器の出力信号（V_{com}）が入力されています．

比較器の出力は逐次変換レジスタに入っています．これが，先ほどの説明の比較信号生成器と同様の働きをしています．アナログ信号をA-D変換したデータはA-D変換レジスタに格納されます．

入力端子にはサンプル＆ホールド回路があり，使うかどうかを選択できます．この回路は入力信号を一時的に保持する回路です．A-D変換には時間がかかるので，その間に入力信号が変化すると正確な結果が得られません．そこで，この回路で一時的に信号を保持します．

ディジタル信号をアナログ信号に戻すD-A変換器 　　　　　　　　　　　　　　column

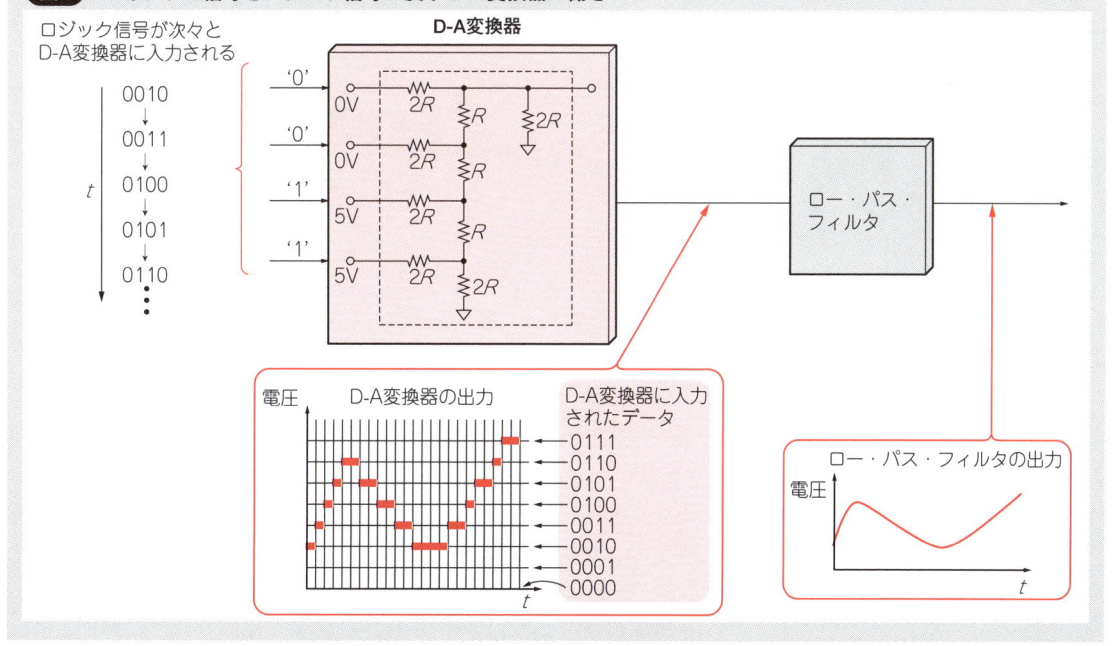

A-D変換器は，アナログ信号をディジタル信号に変換します．逆に，図Eのようにディジタル信号をアナログ信号に変換するのがD-A変換器です．D-A変換は，複数のビットで構成されたディジタル信号を入力すると，それに対応するアナログ信号を出力します．

入力するディジタル信号のビット数が多いほど，きめ細かく電圧を増やしたり減らしたりできます．

1ビットのD-A変換器を考えてみます．ディジタル信号が '1' のときはHレベル（5Vなど）を出力し，'0' のときはLレベル（0Vなど）を出力します．専用のD-AコンバータICのなかには，16ビット以上のディジタル信号をアナログ信号に変換するものもあります．

D-A変換器は，図Eに示すように抵抗が階段状に接続された簡単な回路で実現できます．これを抵抗ラダー方式といいます．

D-A変換器の出力信号は，階段状でぎざぎざしています．なめらかに変化するアナログ信号になるように，この出力信号をロー・パス・フィルタに通すのが一般的です．

図E　ディジタル信号をアナログ信号に戻すD-A変換器の働き

7-3 A-D変換に関係するレジスタの動き
プログラムから見たA-D変換

図6 A-D変換器を操作するために値を設定したり読み取ったりするレジスタやビット

マイコン／A-D変換器
- A-D変換レジスタ … A-D変換結果が格納される
- A-D変換制御レジスタ b7 6 5 4 3 2 1 0
  - A-D変換動作ビット：このビットを'1'にするとA-D変換を開始，'0'にすると中止する
  - 割り込み設定ビット：このビットを'1'にするとA-D変換が完了したとき，割り込みが発生する
  - 入力切り替えビット：どの端子への入力をA-D変換器に接続するか決める
- A-D変換状態レジスタ b7 6 5 4 3 2 1 0
  - A-D変換完了通知ビット：A-D変換が完了したとき，このビットが'1'になる

アドレス空間：メモリ 0,1,2,3,… 8200 A-D変換レジスタ／8210 A-D変換制御レジスタ／8220 A-D変換状態レジスタ
プログラム／CPU／プログラム実行

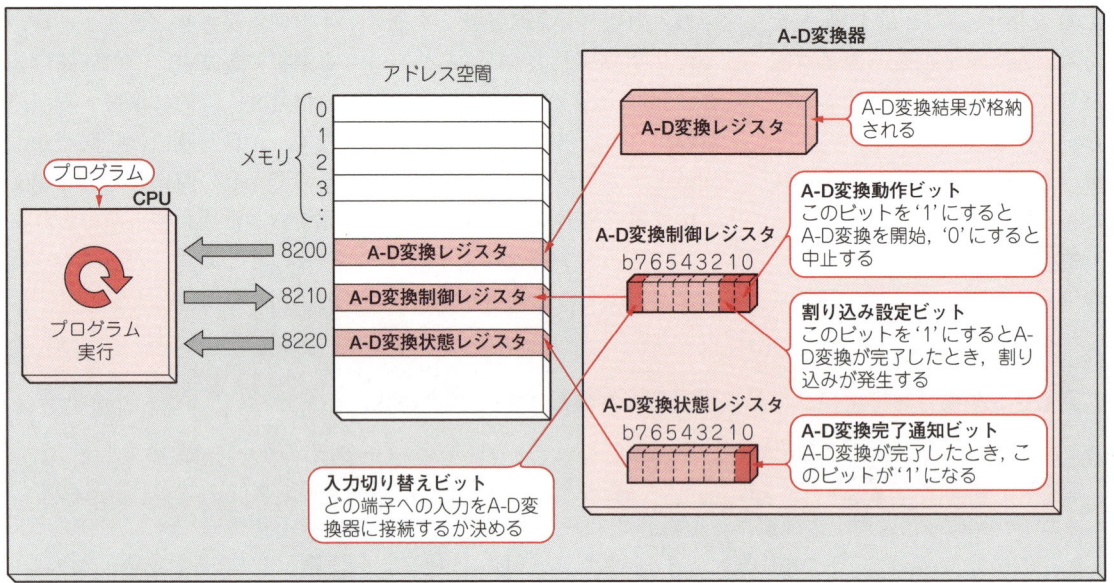

今度は，プログラムから見たA-D変換器の操作方法を見てみます．**図6**に例を示します．

● A-D変換に用意されている三つのレジスタ

アドレス空間には，A-D変換に関わる次の三つのレジスタを用意します．
① A-D変換レジスタ
② A-D変換制御レジスタ
③ A-D変換状態レジスタ

① A-D変換レジスタ

アナログ信号をA-D変換して得られたディジタル・データを格納するレジスタです．

② A-D変換制御レジスタ

三つのビットに機能を割り当てています．

▶1番目のビット…A-D変換動作ビット

A-D変換の起動と停止を指示するビットです．このビットを'1'にすると，A-D変換が始まります．A-D変換は，動作に少し時間がかかるので，その動作を中止してやり直したいときには，このビットを'0'にします．

このビットを'1'にしてA-D変換を起動し，動作が完了すれば，このビットは自動的に'0'に戻ります．

▶2番目のビット…入力切り替えビット

マイコンがA-D変換用の端子を二つ備えており，それぞれに給湯ポットの温度センサと給湯レバーが接続されていると考えてください．

入力切り替えビットを'0'にすると温度センサ，'1'にすると給湯レバーが選択されます．

▶3番目のビット…割り込み設定ビット

割り込み設定ビットを'1'にすると，A-D変換が完了した時点で割り込みが発生します．このビットを'0'にすると，割り込みは発生しません．

③ A-D変換状態レジスタ

このレジスタにはA-D変換完了通知ビットがあり，A-D変換が完了すると'1'になります．A-D変換完了後，A-D変換レジスタを読み出すと，このビットは'0'になります．

● 三つのレジスタの動き

これらのレジスタの変化を時系列で示すと，**図7**のようになります．

A-D変換動作ビットが'0'の間，A-D変換は停止しています．この期間に入力切り替えビットを設定します．ここでは'1'にしているので，給湯レバー側の入力チャネルが選択されます．

次にA-D変換動作ビットを'1'にして，A-D変換を始めます．その際，A-D変換レジスタには，前回のA-D変換値が格

逐次比較型A-D変換の効率化   column

　A-D変換のしくみとして，逐次比較型のイメージを紹介しました．比較信号を0から順に大きくしていく方法で説明していますが，これでは8ビットのA-D変換では256回，12ビットでは4096回の比較が必要になる可能性があります．これをA-D変換結果のビット数回だけの比較で済ませる方法があります．

● 電圧範囲を半分に分ける最上位ビットから決める
　表1の4ビットの場合で考えてみます．入力アナログ信号は1.0Vとします．
　まず比較信号生成器は，最上位ビットが'1'で，それ以外のビットは'0'の信号（"1000"）を生成します．
　この信号をD-A変換したものとアナログ信号を比較します．アナログ信号のほうが低ければ最上位ビットは'0'，アナログ信号のほうが高ければ'1'になります．**表1**より"1000"は2.5Vです．1.0Vのアナログ信号のほうが低いので，A-D変換結果の最上位ビットは'0'です．
　次に，最上位ビットを先ほど決めた値にして，上から2番目のビットが'1'，残りは'0'の信号とアナログ信号を比較します．同様に，アナログ信号が低ければ上から2ビット目は'0'，アナログ信号が高ければそのビットは'1'になります．

　これを**図F**のように繰り返していけば，A-D変換結果の上位ビットから順に決まっていき，最終的にA-D変換のビット数だけの比較回数でよいことがわかります．
　この例ではA-D変換結果が"0011"になり，7-2節で得られた結果と最下位ビットが1ビット異なるだけの結果が得られました．比較回数は4回です．
　A-D変換に限らず，このように探索する範囲（今回は0V～5Vの間）を半分に分けてどちらに属するか決める，ということを繰り返す方法を，二分探索法（バイナリ・サーチ）と呼びます．

図F 効率的にA-D変換できる二分探索法

A-D変換結果は"0011"

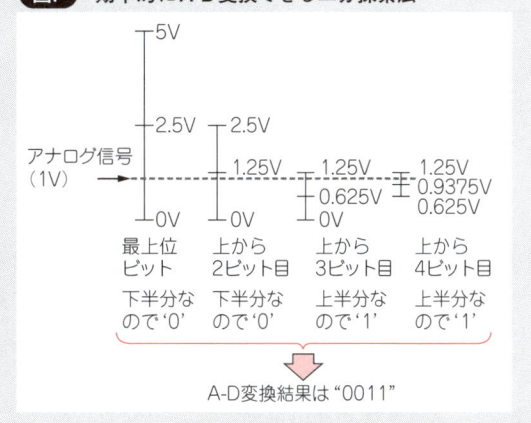

図7　A-D変換の開始から完了までのレジスタの動き

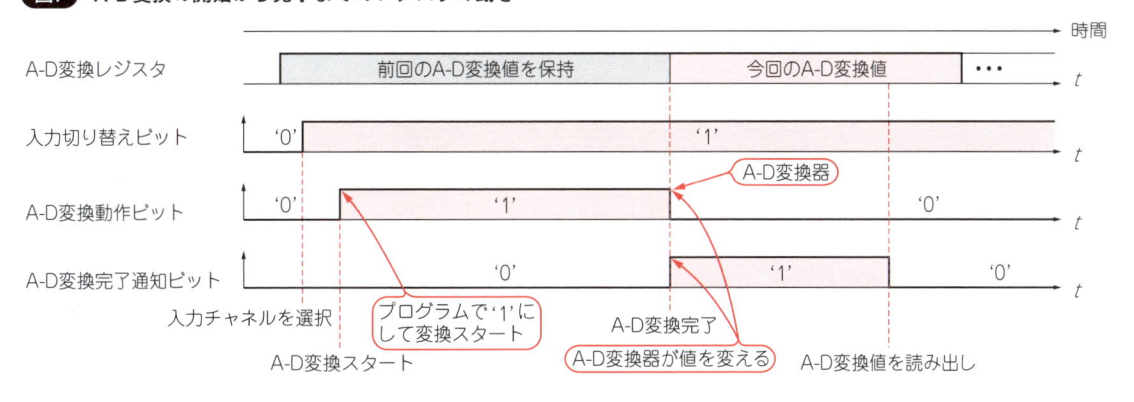

納されたままになっています．
　A-D変換が完了すると，A-D変換完了通知ビットが'1'になり，同時にA-D変換が停止したことを示すために，A-D変換動作ビットが'0'に変わります．
　変換が完了したときはA-D変換レジスタにA-D変換データが格納されています．この値は，再度A-D変換を行うまで変化しません．
　A-D変換レジスタの値を読み出すと，A-D変換完了通知ビットが'0'になります．当然です

が，A-D変換レジスタを読み出しても，そのレジスタの値自体は変化しません．

7-3　プログラムから見たA-D変換　69

7-4 センサ信号をA-D変換するまで
A-D変換機能を使った水温の測定例

図8 給湯ポットに組み込まれた温度センサの出力をマイコンに内蔵されたA-D変換器で読み取る手順

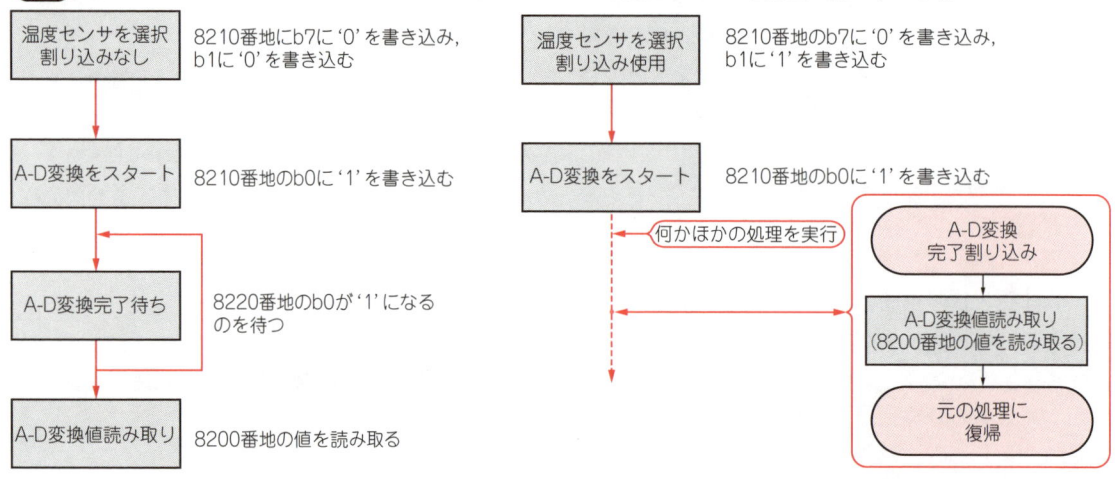

(a) ポーリングを用いた場合

- 温度センサを選択 割り込みなし … 8210番地にb7に'0'を書き込み, b1に'0'を書き込む
- A-D変換をスタート … 8210番地のb0に'1'を書き込む
- A-D変換完了待ち … 8220番地のb0が'1'になるのを待つ
- A-D変換値読み取り … 8200番地の値を読み取る

(b) 割り込みを用いた場合

- 温度センサを選択 割り込み使用 … 8210番地のb7に'0'を書き込み, b1に'1'を書き込む
- A-D変換をスタート … 8210番地のb0に'1'を書き込む
- 何かほかの処理を実行
- A-D変換完了割り込み
- A-D変換値読み取り(8200番地の値を読み取る)
- 元の処理に復帰

ここでは，図8に示すように給湯ポットに組み込まれた温度センサの出力を，マイコンに内蔵されたA-D変換で読み取る手順の例を説明しましょう．

● 割り込みを使わない手順

▶ STEP1

入力切り替えビットを制御して，取り込みたいチャネル(センサ)を選択します．

▶ STEP2

温度センサの状態を読み取る場合を考えます．

入力切り替えビットである8210番地のb7を'0'に設定して，A-D変換制御レジスタの入力を温度センサに切り替えます．割り込みは使わないので，割り込み設定ビットである8210番地のb1を'0'にします．

▶ STEP3

A-D変換動作ビットである8210番地のb0に'1'を書き込んで，A-D変換を開始します．

▶ STEP4

A-D変換が完了するのを待ちます．変換が完了すると，A-D変換状態レジスタのA-D変換完了通知ビットである8220番地のb0が'1'になります．

このビットが'1'になるまで，繰り返しこの番地を読みます．

このようにある条件が成立するまで繰り返し確認する方法をポーリング(polling)と言います．

▶ STEP5

A-D変換が完了したら，8200番地にあるA-D変換レジスタを読みます．これで給湯レバーの状態を読み取ることができました．

● 割り込みを使う手順

▶ STEP1

入力切り替えビットである8210番地のb7を'0'に設定して，温度センサがつながる入力端子を選択します．

▶ STEP2

割り込みを使うので，割り込み設定ビットである8210番地のb1を'1'にします．

▶ STEP3

上記の割り込みを使わない場合と同じように，A-D変換動作ビットである8210番地のb0に'1'を書き込んで，A-D変換を開始します．

▶ STEP4

A-D変換が始まったら，割り込みが発生するまで，LEDを点滅させるなど，別の処理をします．

▶ STEP5

A-D変換が完了すると割り込みが発生します．その割り込み処理内で8200番地を読み，A-D変換結果を取得します．

▶ STEP6

変換データを取得したら，割り込み前に実行していた処理に復帰します．

徹底図解★マイコンのしくみと動かし方

第8章
アクチュエータをアナログ的に制御する

1と0の中間を出力するPWM出力

8-1
H/L出力の時間幅を変化させればアナログ出力を得られる
PWM出力とは

● **パルス幅からアナログ値を得る**

第7章で解説したD-A変換以外にも，アナログ値を出力する方法があります．PWM出力もその一つです．

D-A変換は出力電圧がアナログ値でしたが，PWM出力では，出力電圧はHレベルとLレベルの2値であり，ディジタル出力です．

ただし，出力したいアナログ値に応じてHレベルとLレベルの時間を変化させます．つまり，Hレベル（またはLレベル）が出力される時間を読み取れば，出力されたアナログ値がわかります．

● **PWM出力による制御方法**

PWM（Pulse Width Modulation：パルス幅変調）は，信号のHレベルの時間とLレベルの時間の比率で信号を伝達する方法です．

図1で，マイコンから0～100までの範囲の値を出力したい場合，HレベルとLレベルの比率を9：1にすると90を出力，7：3なら70を出力のように決めておけば，比率を調節するだけで，1本のディジタル出力端子を使ってさまざまな値を出力できます．

アクチュエータの種類によっては，PWM出力で制御できるものがあります．例えば，LEDはPWM出力で制御できますし，ある種のモータもPWM出力で制御できます．本書で考えている給湯ポットの例では，ポンプに使っているモータがそれに該当すると想定しています．

PWM出力がHレベルの間はモータを駆動し，Lレベルの間は駆動せずモータは惰性で回転するようにしておけば，Hレベルの時間とLレベルの時間の比率によってモータの回転数を変化させることができ，それによって給湯量が決まると想定しています．

ただし，どのようなアクチュエータでもPWM出力で制御できるわけではありません．例えば，モータ内に制御回路がある場合，そのモータをPWM駆動すると制御回路までPWM駆動してしまい，正常動作できなくなります．アクチュエータの種類によっては，故障する場合もあるので注意が必要です．

図1 PWMを使えば特別な回路なしでアナログ値を出力できる

マイコン [PWM出力] → モータ駆動回路 → モータ

モータなどON/OFFでないアナログ的な動作をさせたいものを制御するときに使う

（a）使用例

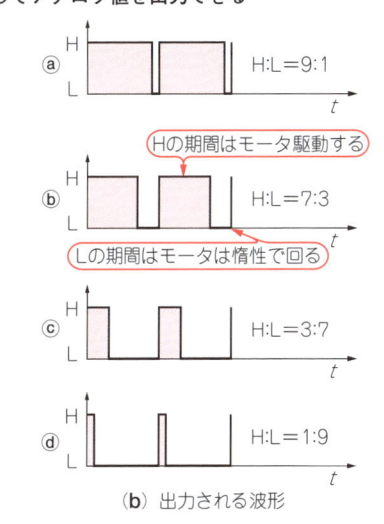

(a) H:L=9:1
(b) H:L=7:3 （Hの期間はモータ駆動する）（Lの期間はモータは惰性で回る）
(c) H:L=3:7
(d) H:L=1:9

（b）出力される波形

8-1 PWM出力とは 71

8-2 タイマ機能でPWM出力を得る
時間幅の管理をタイマにまかせる

PWM出力は，プログラムで実現すると **図2** のようになります．

このなかで，HレベルやLレベルを出力する時間だけ待つ処理は，プログラムで一定時間待つか，タイマで時間を計ることで実現します．一般的には，タイマ割り込みを使うのが現実的でしょう．

ただし，マイコンの種類によりますが，タイマを拡張してPWM出力機能を実現したマイコンが多いと思います．

そのようなマイコンでは，プログラムがほとんど介在することなくPWM出力を実現できます．

タイマを拡張してPWM出力を実現してみましょう．次の三つの機能を追加します．

一つ目は，**図3** のようにタイマにある初期値をセットしてタイマの値を減算していき，値が0になったときそれで終わるのではなく，初期値をセットし直してカウント・ダウンを継続するという機能です．

二つ目はPWM出力端子です．

三つ目はタイマに，新たにしきい値を設定する機能を用意して，タイマの値がしきい値以上の場合はPWM出力端子にHレベルを出力し，そうでない場合はLレベルを出力します．

しきい値を高くするとHレベルの比率が小さくなり，しきい値を低くするとHレベルの比率が大きくなります．

また，初期値でHレベルとLレベルが繰り返される周期が決まります．

図2 プログラムによるPWMの実現方法

```
┌─────────────┐
│ 出力ポートに  │
│ Hレベルを出力 │
└──────┬──────┘
       ↓
┌─────────────┐
│ Hレベルを出力する │
│ 時間だけ待つ    │
└──────┬──────┘
       ↓
┌─────────────┐
│ 出力ポートに  │
│ Lレベルを出力 │
└──────┬──────┘
       ↓
┌─────────────┐
│ Lレベルを出力する │
│ 時間だけ待つ    │
└──────┬──────┘
       │
       └──→（上へ戻る）
```

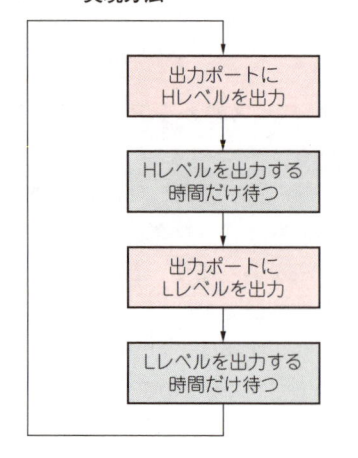

図3 タイマを使ったPWMの実現方法

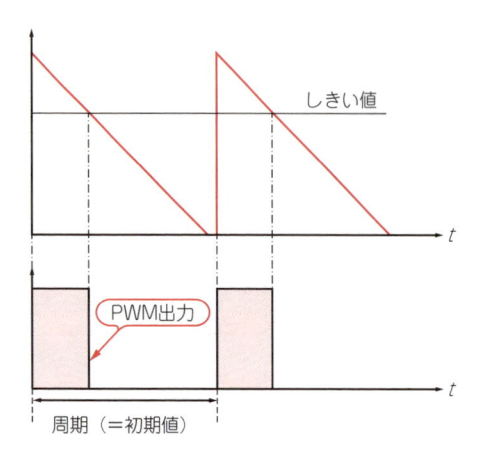

(a) 一定値と比較できるタイマを用意する

(b) しきい値を高くした場合

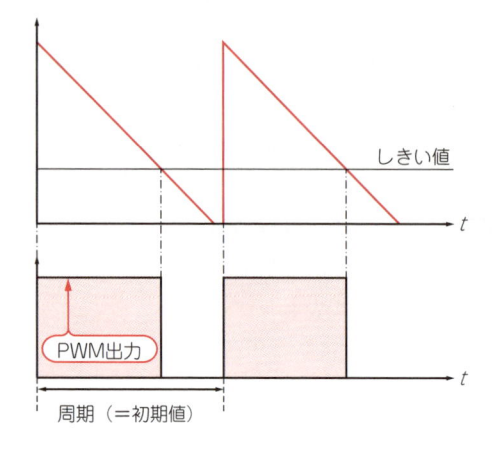

(c) しきい値を低くした場合

8-3 PWM出力の使い方
四つのレジスタに値を設定する

図4 PWM出力を得るためにプログラムでタイマ機能を設定する

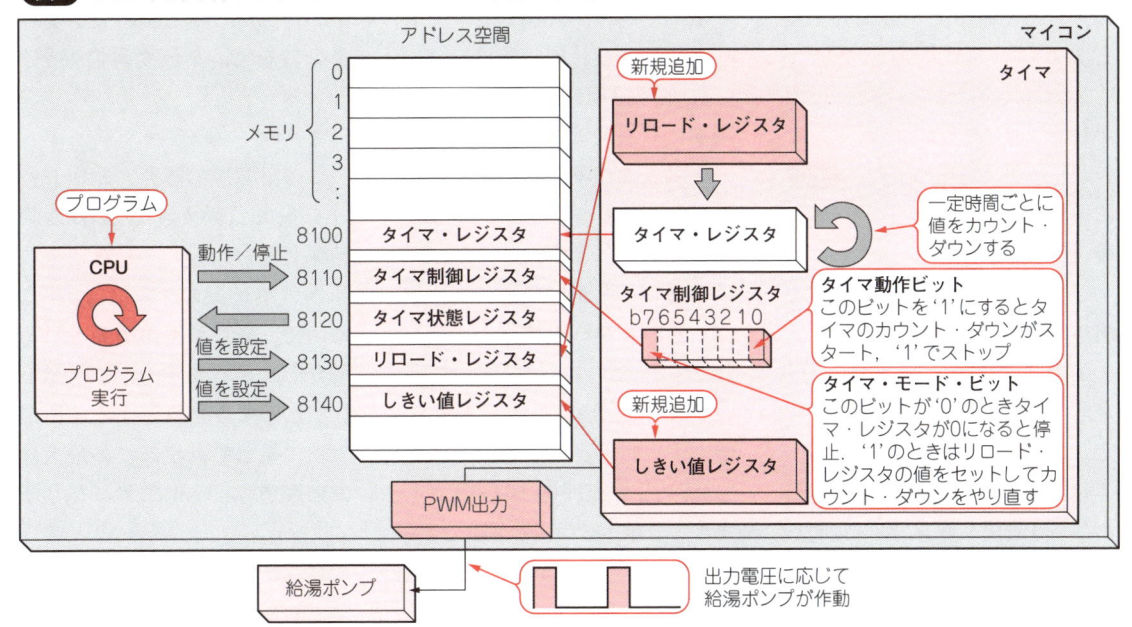

PWM出力機能の実現例を，**図4**に示します．タイマ機能に対して，タイマ・モード・ビット，リロード・レジスタ，しきい値レジスタ，PWM出力端子を追加しています．

タイマ制御レジスタに追加するタイマ・モード・ビットは，タイマがカウント・ダウンしてその値が0になった後の動作を指定するビットです．このビットを'0'にすると，タイマの値が0になると自動的にタイマが停止します．'1'にすると，タイマの値が0になるとリロード・レジスタの値がタイマ・レジスタにセットし直されて，カウント・ダウンを継続します．

タイマ・モード・ビットが'1'の場合は，タイマが動作を開始するとタイマ動作ビットを'0'にしてタイマを停止するまで動作を繰り返します．

しきい値レジスタは，PWM出力をH/Lレベルのどちらにするかをタイマ・レジスタの値によって判定する，しきい値を指定するレジスタです．タイマ・レジスタの値がしきい値以上ならHレベルを，しきい値を下回るとLレベルを出力します．

プログラムからは認識できませんが，タイマ機能にPWM出力端子を追加します．タイマ・レジスタとしきい値レジスタの値の関係により，PWM出力端子からHレベルかLレベルの信号が出力されます．これにより，いったんプログラムがタイマを動作させると，自動的にPWM端子に信号が出力され，プログラムがタイマを停止するまで続きます．Hレベルの出力の比率を変更したい場合は，しきい値レジスタの値を書き換えます．

PWM入力   column

センサなどのPWM出力をマイコンで読み取る場合に，PWM入力が必要になります．PWM入力は，周期とHレベルの時間をタイマを使って計測します．

周期の計測は，PWM入力がLレベルからHレベルになると計測を開始し，再度PWM入力がLレベルからHレベルになると計測を終了します．Hレベルの時間は，PWM入力がLレベルからHレベルになると計測を開始し，HレベルからLレベルになると計測を終了します．

この二つの時間から，Hレベルの比率がわかり，センサが出力した値がわかります．

8-4 PWMを使うときの設定手順
電動給湯ポット給湯量の制御

給湯ポットの例では，給湯量に基づき給湯ポンプを制御するところにPWM出力を使います．給湯ポンプは，PWM出力がHレベルの間だけ駆動するものとします．処理の流れを**図5**に示します．

● 初期設定

タイマ・レジスタがある8100番地とリロード・レジスタがある8130番地に周期を設定します．ここでは，16を設定します．

給湯量の初期値を0にするため，「初期値レジスタに設定した値＋1（＝17）」をしきい値レジスタがある8140番地に設定します．

タイマ・レジスタの値は「0～リロード・レジスタの値」の範囲内しか変化しないので，「リロード・レジスタの値＋1」をしきい値レジスタに設定すると，必ず「しきい値レジスタの値 ＞ タイマ・レジスタの値」になり，PWM出力は常にLレベルになります．Lレベルを出力すると給湯ポンプを駆動しないという想定なので，給湯量が0になります．

次に，タイマ制御レジスタがある8120番地のb7とb0に'1'を書き込みます．b7を'1'にすることで，タイマ・レジスタの値が0になるとリロード・レジスタの値が再設定され，タイマが継続して動作します．また，b0を'1'にすることで，タイマが動作を開始します．

● 給湯量の制御

次に給湯制御を行います．給湯ロックが解除されているかどうかで，動作が異なります．ロックされていれば，給湯できないので，給湯量を0にします．最初に行ったように，「リロード・レジスタの値＋1（＝17）」をしきい値レジスタに設定することで実現します．

給湯ロックが解除されていれば，給湯レバーの状態を読み取ります．これはA-D変換で行います．例えばA-D変換結果が4ビットで表現され，その値を0～15の範囲の16段階とします．0はレバー操作なし（＝給湯量0），15はレバーを最大に動かした場合です．

A-D変換結果から，しきい値レジスタに設定する値を計算します．A-D変換結果が0の場合は，給湯量0にするためしきい値レジスタの値を17にしたいので，例えば次の式で計算するものとします（しきい値レジスタの値をA，A-D変換結果をBとする）．

$A = 16 - B + 1$

この計算式の場合，給湯レバーを最大に動かすとA-D変換結果は15になり，そのときのしきい値レジスタの値は2になるので，Hレベルが出力される割合Hは87.5%です．給湯量とHが比例すると仮定すると，最大給湯量は給湯ポンプの最大能力の87.5%ということになります．

$$H = (16 - 2/16) \times 100$$
$$= 87.5$$

しきい値の計算の仕方を変えることにより，Hレベルが100%出力されるようにもできます．

図5 給湯量の制御に見るアプリケーション例

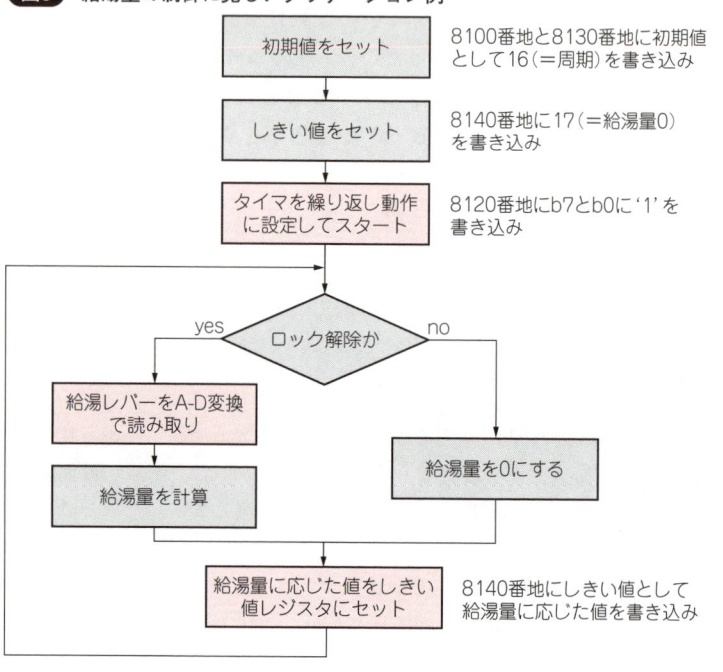

```
┌──────────────┐
│  初期値をセット  │  8100番地と8130番地に初期値
└──────┬───────┘  として16（＝周期）を書き込み
       ↓
┌──────────────┐
│ しきい値をセット │  8140番地に17（＝給湯量0）
└──────┬───────┘  を書き込み
       ↓
┌──────────────┐
│ タイマを繰り返し動作│  8120番地にb7とb0に'1'を
│ に設定してスタート │  書き込み
└──────┬───────┘
       ↓
    yes ◇ no
   ┌── ロック解除か ──┐
   ↓                  ↓
┌──────────┐      ┌──────────┐
│給湯レバーをA-D変換│      │給湯量を0にする│
│で読み取り     │      └────┬─────┘
└────┬─────┘           │
┌──────────┐           │
│ 給湯量を計算 │           │
└────┬─────┘           │
     ↓                     │
┌──────────────┐          │
│給湯量に応じた値をしきい│←─┘
│値レジスタにセット    │  8140番地にしきい値として
└──────────────┘  給湯量に応じた値を書き込み
```

徹底図解★マイコンのしくみと動かし方

第 **9** 章
給湯ポットの機能を実現してみよう

電動給湯ポットのプログラム例

9-1　使用したマイコン
USB接続が可能なマイコン・ボードで実験

　実際のマイコンを使って，ここまで説明してきた給湯ポットを模擬してみます．ポットそのものを作るのはたいへんなので，LEDが点灯するとヒータによって加熱しているつもり…といった簡略化を行っています．

　使用するマイコンの制約により，給湯ポットの機能を沸騰/保温/温度表示機能と給湯機能の二つに分けて実現します．

　沸騰/保温/温度表示機能は，本誌の2-2節で示した機能です．もう一方の給湯機能は，それ以外の機能です．なお，以下では沸騰/保温/温度表示機能をPart 1，給湯機能をPart 2と呼んでいるところもあります．

　使用したマイコン・ボードは，**写真1**のサンハヤト社のR8C/Tinyミニ評価カードCT-208*です．このボードには，ルネサス テクノロジ社のR8C/15マイコンが搭載されています．R8C/15の端子を**図1**に示します．このマイコン・ボードからは，すべての端子を引き出せます．

　このマイコンの詳細は，スペースの都合で説明できません．第10章で紹介するマニュアルなどを参照してください．

　このマイコン・ボードの外部に，必要なセンサやアクチュエータを接続します．製作を簡単にするため，ブレッドボードを用いました．

写真1　使用したマイコン・ボード（CT-208，サンハヤト）

USB経由またはマイコン・メーカのツールで電源供給や書き込みを行う

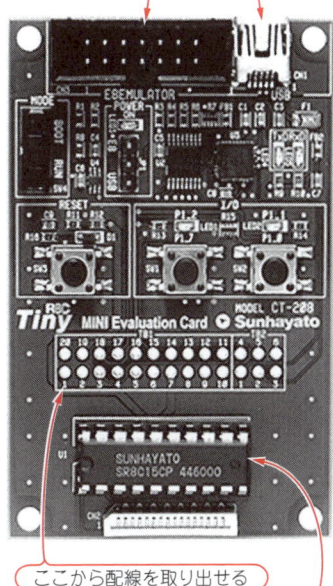

ここから配線を取り出せる

R8C/15マイコン

図1　R8C/15マイコン（ルネサス テクノロジ）のピン配置

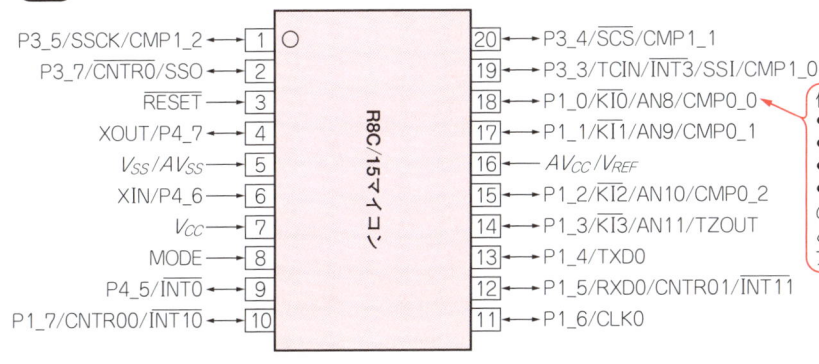

```
P3_5/SSCK/CMP1_2  ─ 1         20 ─ P3_4/SCS/CMP1_1
P3_7/CNTR0/SSO    ─ 2         19 ─ P3_3/TCIN/INT3/SSI/CMP1_0
RESET             ─ 3         18 ─ P1_0/KI0/AN8/CMP0_0
XOUT/P4_7         ─ 4  R8C    17 ─ P1_1/KI1/AN9/CMP0_1
Vss/AVss          ─ 5  /15    16 ─ AVcc/Vref
XIN/P4_6          ─ 6  マイコン 15 ─ P1_2/KI2/AN10/CMP0_2
Vcc               ─ 7         14 ─ P1_3/KI3/AN11/TZOUT
MODE              ─ 8         13 ─ P1_4/TXD0
P4_5/INT0         ─ 9         12 ─ P1_5/RXD0/CNTR01/INT11
P1_7/CNTR00/INT10 ─ 10        11 ─ P1_6/CLK0
```

例えばこの端子は，
- P1_0（入出力ポート1のビット0）
- KI0（キー入力割り込み0）
- AN8（A-D変換入力のチャネル8）
- CMP0_0（タイマ出力ビット0）
の四つの機能に使うことができる．どの機能を使うかは自分で選び，プログラムで設定する必要がある

＊ 現在は販売されていません．

9-2 Part 1：沸騰/保温/温度表示機能
温度測定とLED表示とヒータの制御

1 構成要素と回路

図2 沸騰/保温/温度表示の実験に使用した回路

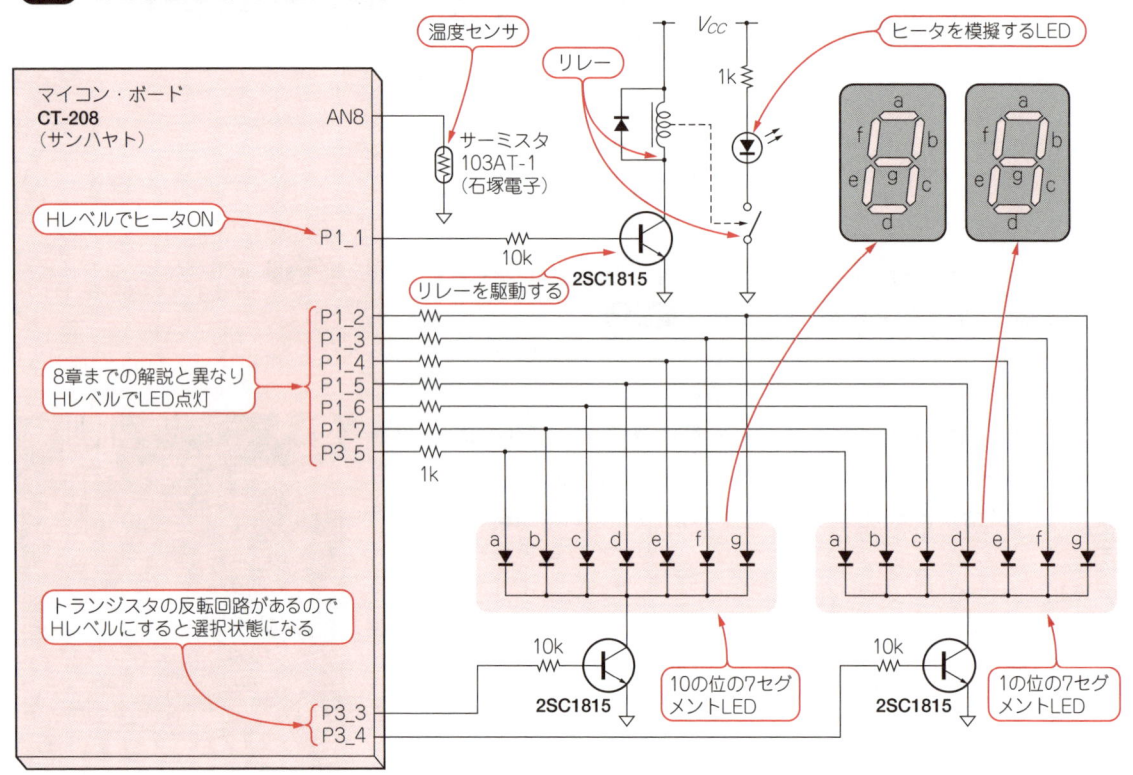

回路図中のラベル：
- マイコン・ボード **CT-208**（サンハヤト）
- 温度センサ：サーミスタ 103AT-1（石塚電子）
- リレー
- ヒータを模擬するLED
- HレベルでヒータON → P1_1
- リレーを駆動する（2SC1815、10k）
- 8章までの解説と異なりHレベルでLED点灯 → P1_2〜P1_7, P3_5
- トランジスタの反転回路があるのでHレベルにすると選択状態になる → P3_3, P3_4
- 10の位の7セグメントLED（2SC1815、10k）
- 1の位の7セグメントLED（2SC1815、10k）

給湯/保温/温度表示機能を実現するためには，温度センサ，ヒータ，温度表示用の7セグメントLEDが必要です．

接続について詳しいことは後述しますが，実験した回路を**図2**に示します．

● **ヒータ駆動回路**

ヒータのように動作時に大きな電流が流れるアクチュエータは，マイコンに直接つなぐことができません．そこで，マイコンはリレーを駆動し，リレーでヒータをON/OFFすることを想定します．リレーの駆動にはさらにトランジスタが必要です．

ただし，ここでは製作を容易にするために，ヒータの代わりにLEDを使っています．LEDが点灯すると，ヒータで加熱していることを表します．

● **温度の測定と表示**

温度センサと7セグメントLEDは，マイコンに直結しています．温度センサは，温度によって抵抗値が変化するサーミスタを用います．

入手できた部品の関係で，7セグメントLEDとしてアノード・コモンではなく，カソード・コモンのものを用いています．また，マイコンの端子数が足りないので，7セグメントLEDは2桁だけです．

● **マイコンの端子の選択**

次に，マイコンの端子との接続を決めます．必要な端子は，7セグメントLEDの各セグメント用に7本，どの桁を表示するか決めるために2本，ヒータと温度センサ用に各1本の合計11本です．

▶温度センサをつなぐ端子には条件がある

温度センサをつなぐ端子には，A-D変換機能が必要です．それ以外の端子は，入出力ポートであればOKです．

表1 端子の割り付け

端子	ポート番号	代替機能	制限	使い方	Part1	Part2	備考
1	P3_5			7セグメントLED	セグメントa		
2	P3_7		デバッグ・ポート				
3		RESET					
4		NC					
5		GND					
6		NC					
7							
8		MODE					
9	P4_5		デバッグ・ポート				
10	P1_7		SW$_1$（4.4kΩでプルアップ）	7セグメントLED/ロック解除	セグメントb	ロック解除	Part1ではSW$_1$使用禁止
11	P1_6			7セグメントLED	セグメントc		
12	P1_5		ユーザ・ポート	7セグメントLED	セグメントd		Mode切り替え禁止
13	P1_4		ユーザ・ポート	7セグメントLED	セグメントe		Mode切り替え禁止
14	P1_3	AN11		7セグメントLED	セグメントf		
15	P1_2	AN10	LED$_1$	7セグメントLED/給湯ロック	セグメントg	給湯ロック	
16							
17	P1_1	AN9	LED$_2$	ヒータ	ヒータ		
18	P1_0	AN8	SW$_2$（4.4kΩでプルアップ）	温度センサ/給湯レバー・センサ	温度センサ	給湯レバー	SW$_2$使用禁止
19	P3_3			7セグメント上位	上位桁		
20	P3_4	CMP1_1		7セグメント下位/給湯ポンプ（PWM）	下位桁	給湯ポンプ	

　端子を割り付けた結果を，**表1**に示します．この表で灰色になっている端子は，このマイコン・ボードではほかの機能に利用されていて使用できない端子です．20本ある端子のうち9本が灰色になっていて，使えない端子が案外多いことがわかります．

　残った11本の端子のなかには，マイコン・ボードの機能がすでに割り付けられたものがあります．例えば，端子番号10番にはSW$_1$があらかじめ接続されています．これは，このマイコン・ボードを使う限り，避けて通れません．

　沸騰/保温/温度表示機能に向けた端子の割り付けは，端子番号1番と10番から15番の7本を7セグメントLEDに接続します．また，2桁ある7セグメントLEDのそれぞれの桁を表示するかどうかは，19番端子と20番端子を用いて制御します．

　温度センサと接続する端子にはA-D変換機能が必要なため，18番端子に接続します．15番端子や17番端子にもA-D変換機能はありますが，このマイコン・ボードではLEDを接続しているので，アナログ値の入力には不向きです．

　なお，Part1では，マイコン・ボード上に搭載されたスイッチは使用しません．この実験中には，これらのスイッチを操作してはいけません．また，マイコンのMODE切り替えスイッチは，必ずBOOT側で使用してください．

　この端子割り当てを行った結果の回路が**図2**です．サーミスタを接続した端子では，マイコン・ボード側で4.4kΩによりプルアップされているので，この回路でとりあえずは機能します．

　P1_1はトランジスタを用いてリレーを駆動しています．リレー・コイルと並列にダイオードが入っているのは，リレーの逆起電力でトランジスタが壊れるのを防ぐためです．

2 プログラムの概要

図3 沸騰/保温/温度表示の処理の流れ

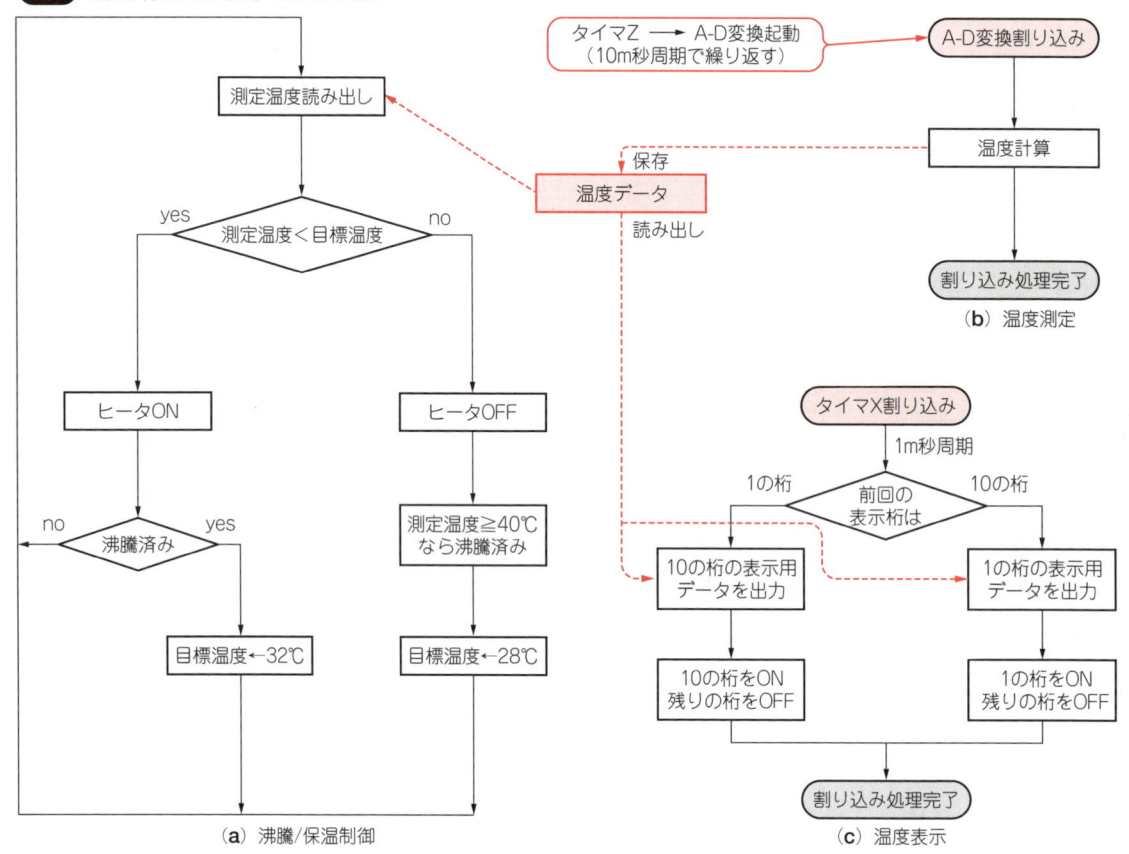

(a) 沸騰/保温制御

(b) 温度測定

(c) 温度表示

　この機能を実現するプログラムの処理の流れを**図3**に示します．2-7節のフローチャートをもとに作成しました．

　プログラムはC言語で作成しました．そのソース・コードの主要部を以下に示します．プログラム中に温度測定用のパラメータがあります．この値は個別に調整する必要があります．詳細は参考文献(9)を参照してください．

　なお，ここでは実験を容易にするために，沸騰温度として40℃（`TEMP_BOIL`），保温温度を30±2℃（`TEMP_HIGH`と`TEMP_LOW`）としました．

● 沸騰/保温制御

　リスト1のメイン・ルーチンでは，左側にある沸騰/保温制御を実行し続けます．2-2節の処理と異なるのは，この処理の中では温度測定や温度表示を行っていない点です．これらの処理は，別途，割り込みで実現しています．測定された温度はメイン・ルーチンからも参照できる場所に保管されるので，その値を読み取って制御を行います．

　温度測定を行うために，タイマを用いて10 msを測定し，その時間が経過するたびにA-D変換を実行しています．A-D変換完了の割り込み処理で，A-D変換結果から温度を計算します．**リスト2**に割り込み処理のソース・コードを示します．計算した温度は，ほかの処理からも参照できる領域に保存します（`tempVal`）．

● 温度表示

　温度表示は，沸騰/保温制御とは別にタイマを用いて1 msを測定し，その割り込み処理内で温度の値を7セグメントLEDに表示します．

　リスト3にソース・コードを示します．割り込みが発生するたびに，上位の桁を表示するか下位の桁を表示するかを切り替えます．

リスト1 沸騰/保温/温度表示のメイン・ルーチン

```c
/* 沸騰，保温，温度表示 */
void pot_control()
{
  int temp_target;              /* 目標温度 */
  int flag_boiled;

  flag_boiled = NO;             /* 未沸騰状態にする */
  temp_target = TEMP_BOIL;      /* 最初の目標温度は沸騰温度 */
  for( ; ; ) {                  /* 無限ループ */
    /* 測定温度が目標温度より低ければ */
    if( tempVal < temp_target ) {   /* 測定温度 */
      /* ヒータON */
      p1_1 = HEATER_ON;
      /* 沸騰済みなら */
      if( flag_boiled ) {
        /* 目標温度を保温温度上限に */
        temp_target = TEMP_HIGH;
      }
    /* 測定温度が目標温度以上なら */
    } else{
      /* ヒータOFF */
      p1_1 = HEATER_OFF;
      /* 沸騰していたら */
      if( tempVal >= TEMP_BOIL ) {
        /* 沸騰済みを記憶 */
        flag_boiled = YES;
      }
      /* 目標温度を保温温度下限に */
      temp_target = TEMP_LOW;
    }
  }
}
```

（ほかで決めた沸騰温度／ヒステリシスをもたせるために保温温度は上下二つある）

リスト2 温度計算を行うルーチン

```c
/* A-D変換完了割り込み処理 */
/* 温度測定を行う */
#pragma interrupt ad_intr (vect=14)
void ad_intr()
{
  static unsigned int ad_sum = 0;
  static unsigned int intr_count = 0;

  ad_sum += (int)(ad & 0xff);   /* A/D変換値を読み出し */
  ++intr_count;
  if( intr_count >= TEMP_SLOPE ) {
    /* 温度を計算する */
    tempVal = (TEMP_OFFSET - ad_sum) / 100;

    /* 表示用の値を作る */
    ledTempHigh = tempVal / 10;
    ledTempLow  = tempVal % 10;

    ad_sum = 0;
    intr_count = 0;
  }
}
```

（ほかの関数と共通して使える変数として定義している／10の位／1の位）

リスト3 温度表示を行うルーチン

```c
/* 7セグメントLEDに表示するデータを出力 */
void putLedValue(unsigned char val)
{
  p3_5 = (LED_PATTERN[val] & 0x80) ? SEG7_ON :
                                     SEG7_OFF;
  p1_7 = (LED_PATTERN[val] & 0x40) ? SEG7_ON :
                                     SEG7_OFF;
  p1_6 = (LED_PATTERN[val] & 0x20) ? SEG7_ON :
                                     SEG7_OFF;
  p1_5 = (LED_PATTERN[val] & 0x10) ? SEG7_ON :
                                     SEG7_OFF;
  p1_4 = (LED_PATTERN[val] & 0x08) ? SEG7_ON :
                                     SEG7_OFF;
  p1_3 = (LED_PATTERN[val] & 0x04) ? SEG7_ON :
                                     SEG7_OFF;
  p1_2 = (LED_PATTERN[val] & 0x02) ? SEG7_ON :
                                     SEG7_OFF;
}

/* 7セグメントLED上位桁点灯 */
#define  LED_HIGH_DIGIT   0
/* 7セグメントLED下位桁点灯 */
#define  LED_LOW_DIGIT    1

/* タイマX割り込み処理 */
/* 7セグメントLEDの点灯桁切り替えを行う */
#pragma interrupt tx_intr (vect=22)
void tx_intr()
{
  static int led_sel = LED_LOW_DIGIT;

  /* 両方の桁を消灯する */
  p3_3 = LED_OFF;
  p3_4 = LED_OFF;

  /* 表示する桁を切り替える */
  if( led_sel == LED_HIGH_DIGIT ) {
            /* 上位桁を点灯する場合 */
    led_sel = LED_LOW_DIGIT;
            /* 次回は下位桁を点灯 */
    putLedValue(ledTempHigh);
            /* 表示する値を設定 */
    p3_3 = LED_ON;
            /* 上位桁の点灯を開始 */
  } else{
            /* 下位桁を点灯する場合 */
    led_sel = LED_HIGH_DIGIT;
            /* 次回は上位桁を点灯 */
    putLedValue(ledTempLow);
            /* 表示する値を設定 */
    p3_4 = LED_ON;
            /* 下位桁の点灯を開始 */
  }
}
```

（数値をセグメントに変換する関数）

3 製作と実験結果

写真2 沸騰/保温/温度表示の実験中のようす

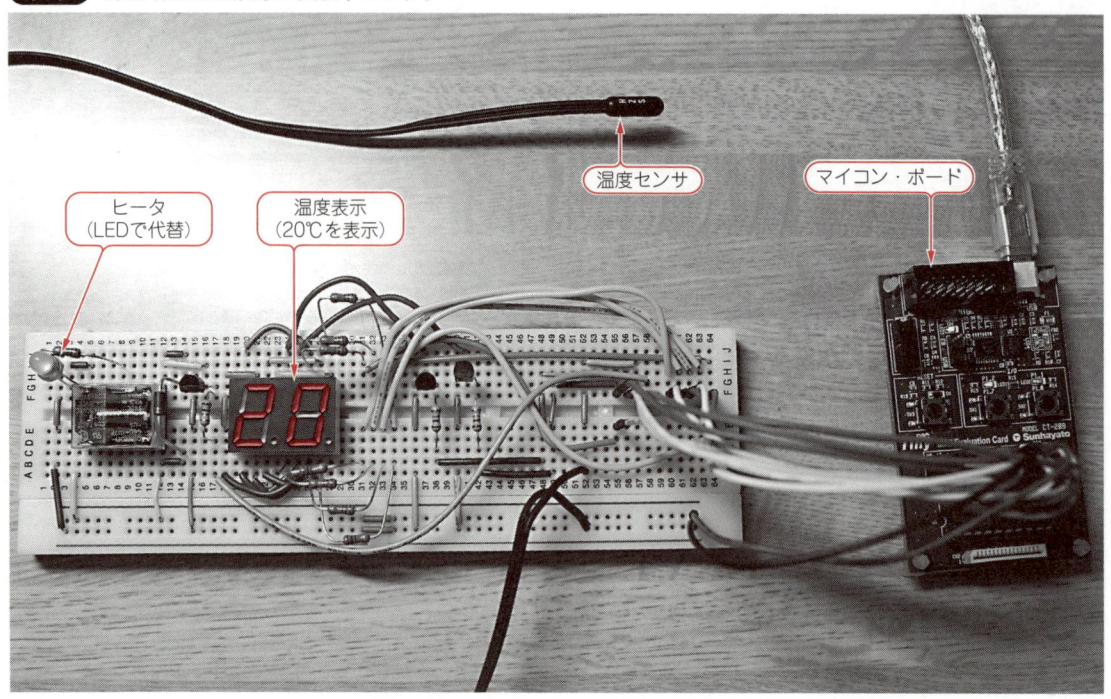

（ヒータ(LEDで代替)／温度表示(20℃を表示)／温度センサ／マイコン・ボード）

　製作したハードウェアで実験しているようすを**写真2**に示します．温度測定結果は20℃で，ヒータ代替のLEDが点灯していることから，ヒータがONで加熱中であることがわかります．

　ヒータ代替のLEDが点灯しているとき，温度センサを40℃以上に加熱すると，沸騰したとみなしてヒータがOFFになり，30℃を中心に保温することを確認できます．

C言語でマイコンのプログラムを書くときの注意点　　column

　C言語を使えば，命令の種類がまったく違うマイコンでも同じようにプログラムを作成できます．とはいえ，多くの点で注意が必要です．その一部を示します．

● 割り込み処理の書き方はコンパイラによって違う

　一つのマイコンでも，使えるコンパイラが複数ある場合，コンパイラによって異なります．

● コンパイラの最適化に注意

　コンパイラはプログラムの実行を高速化するために最適化します．その際，マイコンのプログラムとして必要な処理の一部（例えばタイミング調整のために入れた意味のない命令）をコンパイラが無駄と判断して削除することがあります．最適化で何が行われるかには注意する必要があります．

● メモリに関する注意

　パソコンなどと違い，マイコンのメモリは限られています．メモリに収まらないプログラムを書かないよう，注意します．変数の値の格納などに使われるRAMはサイズが限られているので，うまく使う必要があります．

● コンパイラ依存の仕様に注意

　C言語の仕様の中には，コンパイラ依存の部分があります．そのため同じソース・コードでも，コンパイラAで作成したプログラムは動作するのに，別のコンパイラBで作成したプログラムは動作しないことが起こりえます．

　そのほかにも注意点はいろいろあります．下記の参考文献などを参照してください．

◆参考文献◆

鹿取 祐二；C言語でH8マイコンを使いこなす，オーム社，2003年．

9-3 Part 2：給湯機能

給湯レバーの読み取り/ポンプ制御/タイマ

1 構成要素と回路

次に，給湯機能を作成します．この機能は給湯レバーのセンサと給湯ポンプ，ロック解除ボタン，給湯ロックLEDを用います．

実験した回路を**図4**に示します．

● 給湯ポンプのPWM駆動はトランジスタを使うと仮定

Part1におけるヒータと同様に，給湯ポンプもマイコンに直結できないアクチュエータと考えられます．ヒータはリレーで制御しましたが，給湯ポンプはマイコンのPWM出力で高速にON/OFFするので，機械式のリレーではなく，駆動用のトランジスタを用いると想定します．なお，給湯ポンプもLEDで代用します．

● 給湯レバーの角度の読み取り

給湯レバーのセンサの代わりには可変抵抗器を用います．ロック解除ボタンと給湯ロックLEDには，マイコン・ボードに搭載されたスイッチとLEDを用います．

表2に示すように，給湯機能は少ない端子を使用するだけで実現できます．ロック解除スイッチと給湯ロックLEDはマイコン・ボード上にあるので，外付けするのは給湯レバーのセンサと給湯ポンプです．

給湯レバーのセンサはA-D変換が必要と考えて，Part1と同じくAN8端子に接続しました．この端子はマイコン・ボード側でプルアップされています．なお，この端子にはマイコン・ボード上にスイッチが搭載されていますが，このスイッチを操作しないでください．

給湯ポンプはPWM出力を行うので，CMPm_n（m，nは整数）と書かれた端子が必要です．ここではCMP1_1を用いました．

PWM出力の効果を見るために，CMP1_1端子にはテスタを接続して，電圧を測定しています．

図4 給湯機能の実験回路

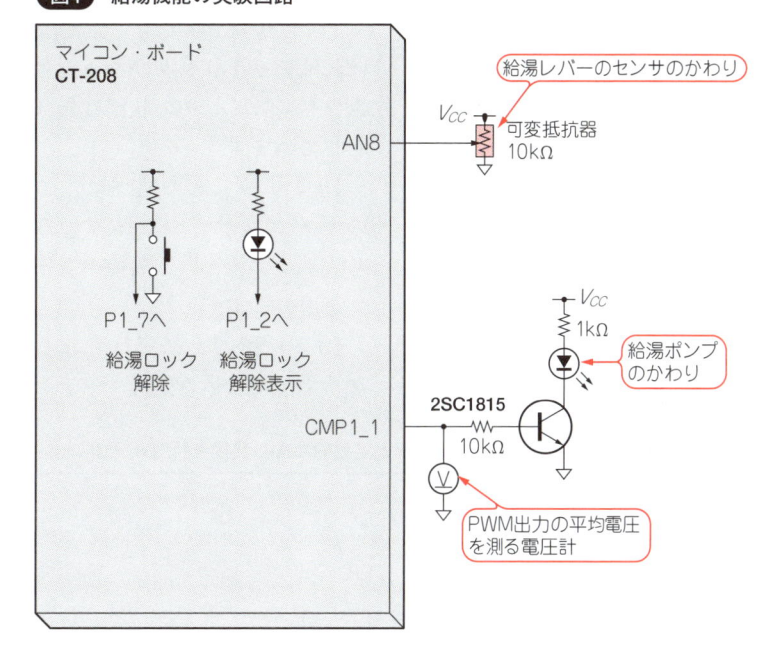

表2 端子の割り付け

端子	ポート番号	代替機能	制限	Part2	備考
10	P1_7		SW1 （4.4kΩでプルアップ）	ロック解除	Part1では SW$_1$使用禁止
15	P1_2	AN10	LED1	給湯ロック	
18	P1_0	AN8	SW2 （4.4kΩでプルアップ）	給湯レバー	SW$_2$使用禁止
20	P3_4	CMP1_1		給湯ポンプ	

2 プログラムの概要

この機能では，センサやタイマからの入力に基づいて，状態遷移を行って動作を制御します．センサやタイマからプログラムの概要を見ていきます．

● ロック解除スイッチ

論理的には，ロック解除スイッチが押されるたびに，ロック状態とロック解除状態の間で状態遷移します．しかし実際には，スイッチが押されるとチャタリングが発生し，1回スイッチを押しただけでマイコンからは何回も押したり離したりを繰り返したように見えてしまいます．

チャタリング除去のため，ここでは10ミリ秒ごとにスイッチの状態を読み取り，3回連続して一致していればチャタリングなしと判定します．

3回のうち1回でも一致しなければチャタリングがあったとみなし，スイッチの状態は無効としています．

10ミリ秒ごとの処理は，このマイコンがもつタイマのうち，タイマXという名前のタイマを用います．

10ミリ秒ごとに実行されるタイマX割り込み処理ルーチンでは，チャタリング除去を行った後，スイッチが押されたかどうか(あるいは離されたかどうか)を判定します．スイッチが押されたときにロック状態を反転させるためです．

3回連続で同じ値を読み込めたとわかった場合，今の値が直前の値と変化したかどうかを判定し，変化していれば，現在の状態はスイッチが押されているかどうかを判定する，という手順で行います．

給湯レバーの操作状態を読み取るためのA-D変換も10ミリ秒ごとに行うので，この割り込み処理ルーチンでA-D変換を開始します．この部分のソース・コードを リスト4 に示します．

給湯レバーのセンサを読み取るA-D変換では，読み取った値を保管して，状態管理に通知するだけです．ソース・コードを リスト5 に示します．

● ポンプ制御

給湯ポンプはPWM出力で制御します．このマイコンでは，タイマCを用いることで容易にPWM出力を実現できます．7-2節で紹介したPWM出力の実現方法にあるしきい値は，このマイコンではTM0レジスタに設定します．

リスト4 スイッチのチャタリング除却と定期的なA-D変換を行うルーチン

```c
/* タイマX割り込みハンドラ */
/* ロック解除スイッチ判定と，A-D変換開始 */
#pragma interrupt tx_intr (vect=22)
void tx_intr()
{
  static  int prevSW = 0;
  static  int sw[3];

  sw[0] = sw[1];            /* 2回前のポートの値をsw[0]に */
  sw[1] = sw[2];            /* 1回前のタイミングでのポートの値をsw[1]に */
  sw[2] = p1_7;             /* 今のポートの値をsw[2]に */
  /* スイッチ入力が3回連続して一致すればチャタリングなしと判定 */
  if( (sw[0] == sw[1]) && (sw[1] == sw[2]) ) {
    LockSW = sw[0];
    /* 直前のスイッチの状態と変化している場合を検出 */
    if( LockSW != prevSW ) {       /* 前回チャタリングが除去された
      prevSW = LockSW;                ときの値がprevSW */
      /* スイッチが押された場合を検出 */
      if( LockSW == SW_ON ) {      /* 次回のために今回の値をprevSWへ */
        /* 状態遷移を実施 */
        stateMng(EVENT_LOCK_SW);
      }
    }
  }

  adst = 1;    /* A-D変換を10msごとに開始 */
}
```

リスト6 PWM出力を設定するルーチン

```c
/* PWM出力値を設定して給湯する */
/* 引数で強制的にPWMをOFFにできる */
void setPWM(int pwmOnOff)
{
/*給湯ロックかレバーの読み取り値が小さい場合はPWMをOFFにしてポンプを止める*/
  if( (pwmOnOff == PWM_OFF) || (OpAD < OP_THRESHOLD) ) {
    tm0 = 0;
  } else {
    tm0 = OpAD;
/*レバー操作に応じてHレベルの期間を長くする*/
  }
}
```

リスト5 給湯レバーの位置を読み取るルーチン

```c
/* A-D変換完了割り込みハンドラ */
/* A-D変換値を保存して状態を変更する */
#pragma interrupt ad_intr (vect=14)
void ad_intr()
{
  OpAD = (int)(ad & 0xff);
  stateMng(EVENT_OP);
}
```

リスト7 10秒タイマのルーチン

```c
/* 10秒タイマ制御 */
void  ten_sec_timer(int cmd)
{
  switch( cmd ){
    case TS_STOP:     /* 10秒タイマ停止 */
        tzs = 0;
        break;
    case TS_START:    /* 10秒タイマ開始 */
        TenSecCount = 0;
        tzs = 1;
        break;
    case TS_RESTART:  /* 10秒タイマ再起動 */
        tzs = 0;
        TenSecCount = 0;
        tzs = 1;
        break;
  }
}

/* タイマZ割り込み処理 */
/* 10m秒ごとに割り込み発生．10秒タイマを作る */
#pragma interrupt tz_intr(vect=24)
void   tz_intr()
{
  /* 10ms×1000回 = 10秒を測定する */
  ++TenSecCount;
  if( TenSecCount >= 1000 ) {
    TenSecCount = 0;
    /* ロック解除状態がタイムアウト */
    stateMng(EVENT_LOCK_TIMEOUT);
  }
}
```

リスト8 状態を管理するルーチン

```c
/* 状態管理 */
void stateMng(int event)
{
  static int state;

  switch (event) {
    /* 初期化要求 */
    case EVENT_INIT:
        state = STATE_LOCKED;
        p1_2 = LED_OFF;
        ten_sec_timer(TS_STOP);
        setPWM(PWM_OFF);
        break;
    /* ロック解除ボタンが押されたイベント */
    case EVENT_LOCK_SW:
        if( state == STATE_LOCKED ) {
            /* ロック解除 */
            state = STATE_UNLOCKED;
            p1_2 = LED_ON;
            ten_sec_timer(TS_START);
        } else {
            /* 給湯ロック */
            state = STATE_LOCKED;
            p1_2 = LED_OFF;
            ten_sec_timer(TS_STOP);
            setPWM(PWM_OFF);      /* 給湯停止 */
        }
        break;
    /* 給湯操作レバーの読み取りイベント */
    case EVENT_OP:
    /*ロック解除状態なら以下を実行*/
        if( state == STATE_UNLOCKED ) {
            if( OpAD >= OP_THRESHOLD ) {
                /* レバーが操作されていれば10秒タイマを
                                                再起動 */
                ten_sec_timer(TS_RESTART);
            }
            /* 給湯 */
            setPWM(PWM_ON);
        }
        break;
    /* ロック解除状態で無操作で10秒経過イベント */
    case EVENT_LOCK_TIMEOUT:
        if( state == STATE_UNLOCKED ) {
            /* ロック解除 */
            state = STATE_LOCKED;
            p1_2 = LED_OFF;
            ten_sec_timer(TS_STOP);
            setPWM(PWM_OFF);      /* 給湯停止 */
        }
        break;
  }
}
```

ただし，8-2節での説明とは逆に，このマイコンではTM0レジスタに設定するしきい値を大きくすると，Hレベルを出力する時間が長くなります．

給湯ロック状態ではこのレジスタに0を設定します．そうするとHレベルが出力されないので，給湯ポンプを動かさない状態にできます．また，A-D変換結果がごく小さい場合も，給湯レバーのセンサの読み取り誤差と見なして，このレジスタに0を設定します．ソース・コードを**リスト6**に示します．

● 10秒タイマ

給湯ロックを解除した状態で何も操作しない時間が10秒あると，強制的に給湯ロック状態になります．この動作を実現するために，10秒間を測定するタイマが必要になります．

しかしこのマイコンでは，そのままでは10秒という，マイコンにとって長い時間を測定できません．そこで，タイマZで10msごとに割り込みを発生させ，その割り込みが1000回起こると10秒経過したと見なしています．

なお，10秒タイマは動作の開始，停止，再起動をひんぱんに行うので，制御機能を用意しています．ソース・コードを**リスト7**に示します．

● 状態管理

最後に，給湯機能の状態遷移を管理する部分です．ロック状態かどうかという状態と，ロック解除ボタンが押されたといったイベントから，動作と次の状態を決めています．

ソース・コードを**リスト8**に示します．

3 製作と実験結果

写真3 給湯機能の実験中のようす

- 給湯ポンプをLEDで代替
- マイコン・ボード
- 給湯レバーのセンサを可変抵抗器で代替

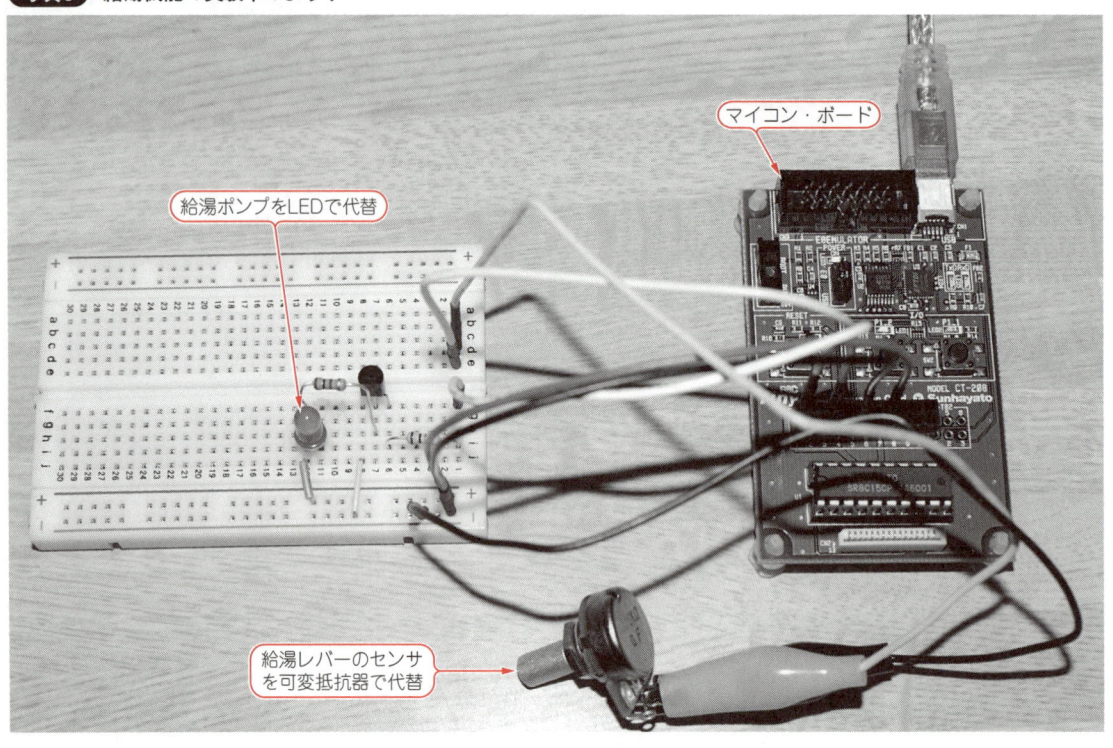

写真4 Hレベルの時間を短く，Lレベルの時間を長くした場合
PWM出力端子の電圧は約0.3 V

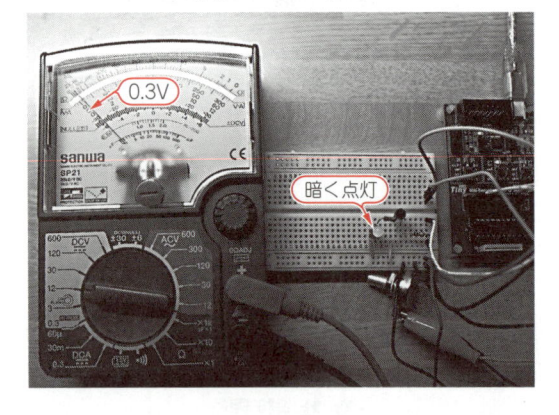

- 0.3V
- 暗く点灯

写真5 Hレベルの時間を長く，Lレベルの時間を短くした場合
PWM出力端子の電圧は約3.5 V

- 3.5V
- 明るく点灯

製作したハードウェアで実験しているようすが写真3です．給湯レバーのセンサを可変抵抗器，給湯ポンプをLEDで代替しています．

● PWM出力

実験ではPWM出力の電圧を測定しました．PWM出力はHレベルとLレベルを交互に高速で切り替えているので，ここで測定する電圧は平均した値と見なしています．

PWM出力のHレベルの時間を短く，Lレベルの時間を長くした場合，PWM出力端子の電圧は写真4のように約0.3 Vで，その場合はLEDが暗く点灯します．LEDではなく給湯ポンプを接続した場合，給湯量は少なくなると予想できます．

逆に，Hレベルの時間を長く，Lレベルの時間を短くした場合，写真5のようにPWM出力端子の電圧は3.5 Vになり，LEDも明るく点灯しました．給湯ポンプを接続した場合，給湯量は多くなると予想できます．

徹底図解★マイコンのしくみと動かし方

第10章
マイコンを理解するには動かしてみるのがベスト

実際にマイコンを動かしてみよう

10-1 使用するハードウェア
パソコンとつなぐだけで使えるマイコン・ボードが手に入る

ここからは，CPUを中心にマイコンの基本に関する理解を深めます．マイコンを実際に動かし，試しながら学ぶスタイルで進めていきます．

マイコン内部について理解を深めるため，アセンブリ言語を用います．

マイコンを実際に動かすために，第9章と同じくマイコン・ボードCT-208（サンハヤト）を用います．このボードには，ルネサス テクノロジのR8C/15マイコンが用いられています．このボードの外観を 写真1 に示します．下部にあるチップが，R8C/15マイコンです．

また，このボード単体で実験を行えるように，2個のスイッチと2個のLEDが搭載されています．

このボードと開発環境との接続には，USBとE8aエミュレータの2種類を利用できます．E8aエミュレータについては，サンハヤト，または開発元のルネサス テクノロジのウェブ・ページを参照してください．本書では，USB接続で説明しています．

ボードの左上にMODEスイッチがあり，BOOT側とRUN側のどちらかを選択できます．開発環境から使用するときはBOOT側にします．一方，このマイコン・ボード単体で動かすときはRUN側にします．

R8C/15マイコンは二つのシリアル・ポートをもっており，このスイッチはそのどちらをUSBポートに接続するのかを選択します．例えばE8aエミュレータを使って開発環境と接続し，USB接続でパソコンとシリアル通信を行うといった使い方が可能です．

本書では，指示しない限り，このスイッチはBOOT側に接続して使用します．

写真1 マイコン・ボード外観

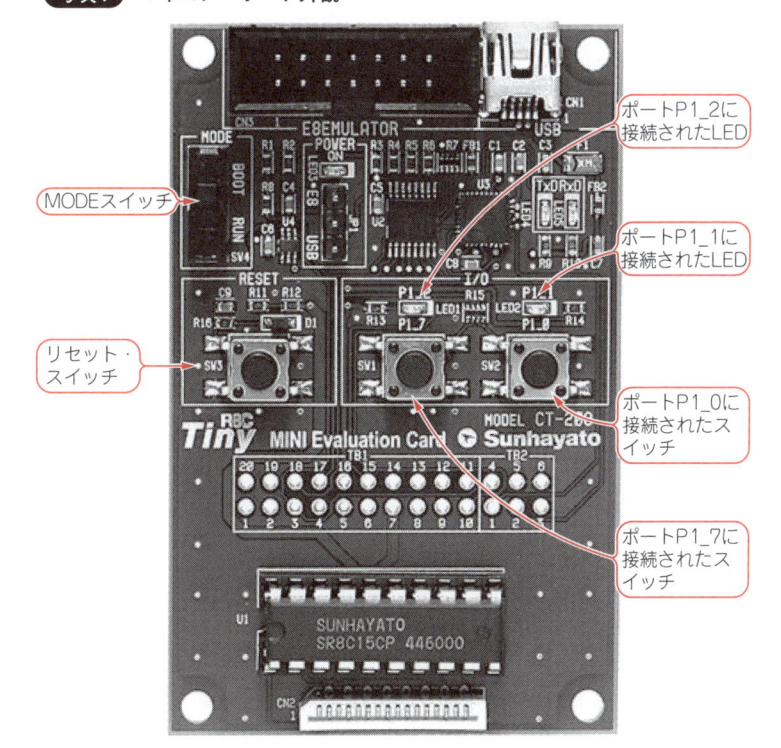

- MODEスイッチ
- リセット・スイッチ
- ポートP1_2に接続されたLED
- ポートP1_1に接続されたLED
- ポートP1_0に接続されたスイッチ
- ポートP1_7に接続されたスイッチ

10-2 マイコンの技術資料
困ったときには何を見ればよいか把握しておこう

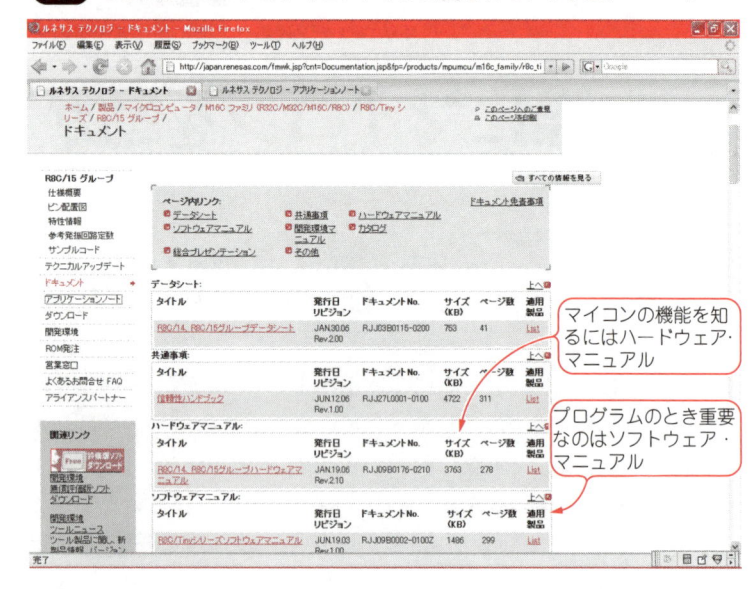

マイコンのメーカは，多くの場合，供給するマイコンに関してさまざまな情報を提供しています．

新しいマイコンを使う場合など，そのマイコンに関する情報が必要なときは，そのなかから取捨選択して情報収集します．

マイコンのメーカを問わず，以下のようなドキュメントが提供されていると思います．

● カタログ/プレゼン資料

マイコンの特徴を紹介する営業的資料

● マニュアル/ユーザガイド

マイコンのハードウェア，ソフトウェアの両面から特徴，使い方，特性などを説明した資料．何冊分にもなる場合もある．

● データシート

使い方の説明はなく，特性などのデータだけが示された資料

● エラッタ

マイコン自体にバグがあった場合，現象と回避策などが記載された資料

● アプリケーション・ノート

テーマを絞り，マイコンの使い方について例を挙げて具体的に説明した資料

ルネサス テクノロジのウェブ・ページに掲載されている，R8C/15マイコンのドキュメントの一部を 図1 ～ 図3 に示します．

本書を読み進めるに当たっても，理解できない点や詳しく知りたい部分があれば，ぜひこれらのドキュメントを参照してください．

図1 R8C/15マイコンのドキュメントが公開されているウェブ・ページ

図2 R8C/15マイコンのアプリケーション・ノートが公開されているウェブ・ページ

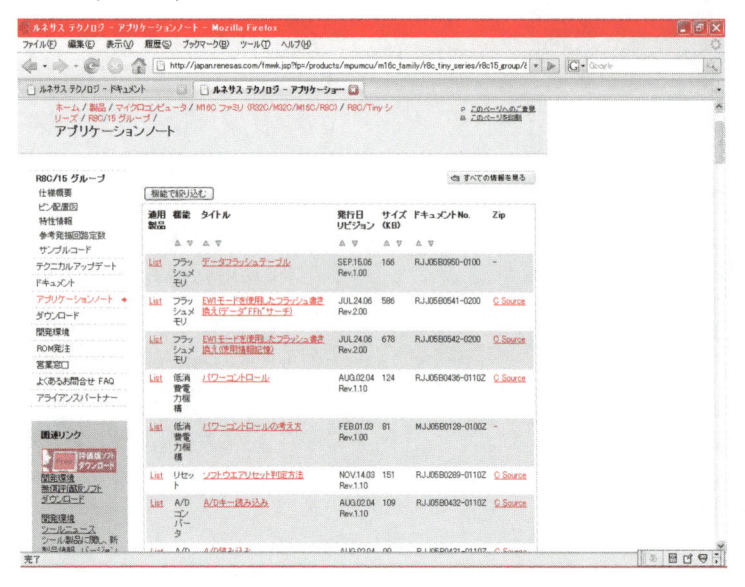

図3 R8C/15マイコンのハードウェア・マニュアル（PDFファイル）

10-3 R8C/15マイコンの内部構成と実験環境の準備

パソコン上に開発用ソフトウェアを準備する

● R8C/15マイコンの内部構成

R8C/15マイコン内部のブロック図を**図4**に示します．左側にCPU(CPUコアと表記)があります．

その上下にはCPUが動作する基準となるクロック，プログラムの異常動作を検出するための機能の一つであるウォッチ・ドッグ・タイマ，電源電圧が極端に低下した場合にマイコンが異常動作するのを防ぐための電圧監視，といったマイコンの管理機能があります．

右側の上段には各種メモリが並んでいます．中段にはタイマやA-D変換，下段には入出力ポートがあります．これらの機能の間は，太い矢印で示されたバスで接続されています．

ここで用いるマイコン・ボードに搭載されたマイコンには，ROMが16Kバイト(プログラム領域)と2Kバイト(データ領域)，RAMは1Kバイトあります．

第8章までは主に図の右下にあるポートやタイマやA-D変換などの周辺装置について説明してきました．それに対して第11章以降は，主にCPUを中心に説明していきます．

● 実験環境の準備

それでは，マイコン・ボードを使って，マイコンの動作を確認していきます．

まず，マイコン・ボードの説明書に従って，パソコン上に開発環境HEW(ルネサス テクノロジ社のソフトウェア)を準備してください．

マイコン・ボードについて以下の点に注意してください．

- リセット・スイッチはむやみに押さない
- 指示しない限り，MODEスイッチはBOOT側で使う

このマイコン・ボードをパソコンと接続して開発環境が動作している間は，リセット・スイッチを使わないでください．開発環境とマイコンの間で通信を行っているため，リセット・スイッチでマイコンをリセットすると通信ができなくなってしまい，エラーが出ます．

開発環境が動作している間にマイコンをリセットしたい場合は，開発環境内にあるマイコンをリセットする機能を使って，開発環境からマイコンをリセットするようにしてください．

ただし，パソコンと接続していないときや，開発環境を起動していないとき，あるいは起動しようとしてエラーになったときは使ってかまいません．

また，MODEスイッチをBOOT側にするとマイコンと開発環境は通信できますが，RUN側にするとこの通信を行えなくなってしまいます．

図4 マイコン内部のブロック図

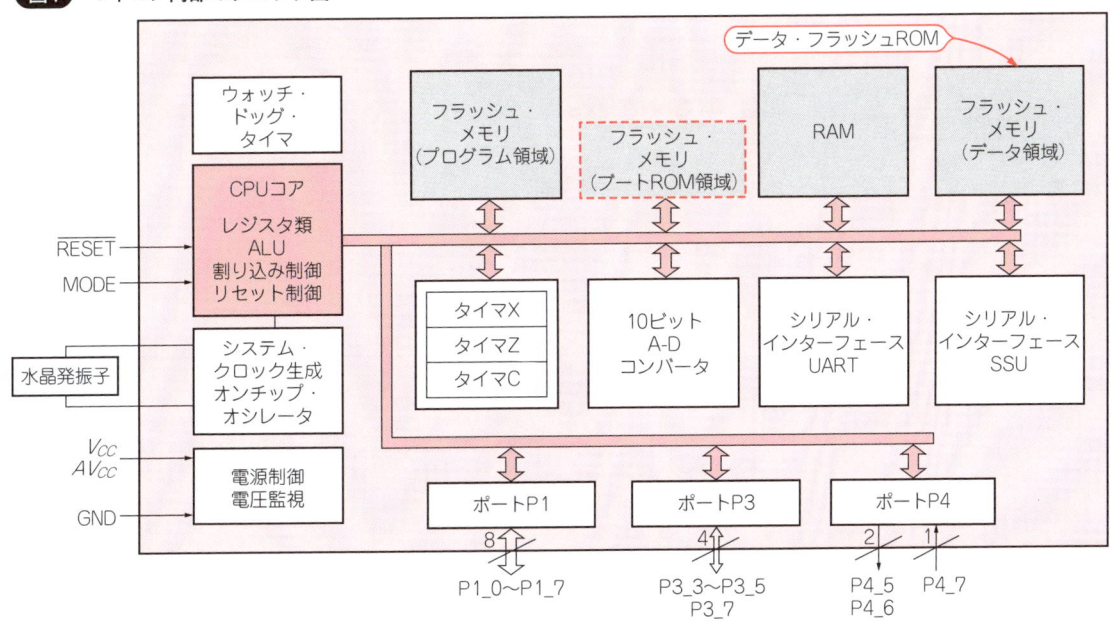

10-4 プログラムは一つのテキスト・ファイルだけではない
動作確認プログラムを用意する

1 インクルード・ファイルを用意する

　それでは，開発環境HEWを使って最初のプログラムを作成しましょう．この節では，プログラムの作成手順や実行手順を説明し，プログラムの処理内容については後の章で説明します．

　これからプログラムを作成していきますが，その前準備として一つだけ行っておくことがあります．

　マイコン・ボードに搭載されたマイコンのハードウェアに関する定数を定義したファイルがあります．C言語で，いろいろな定数を#defineなどで定義したヘッダ・ファイルに似たものです．これを，インクルード・ファイルのパスが通ったディレクトリにコピーします．この作業は，一度だけ行えば十分です．

　このファイルは，図5のように，ルネサス テクノロジのR8C/15マイコンのウェブ・ページからダウンロードできます．

　ダウンロードしたファイル

`sfr_r815.inc`

をコピーします．コピー先としては，ソース・コードと同じディレクトリか，開発環境が参照するディレクトリのいずれでもかまいません．

　後者は開発環境のバージョンによって異なります．私の環境では，コピー先のディレクトリは次のようになっていました．

`C:¥Program Files¥Renesas¥Hew¥Tools¥Renesas¥nc30wa¥v543r00¥inc30`

　開発環境が参照するディレクトリにコピーしておくと，これから作成するすべてのプログラムからこのファイルを参照できます．

　ソース・コードと同じディレクトリの場合，プロジェクトごとにインクルード・ファイルをコピーする必要があります．

図5 ダウンロード画面

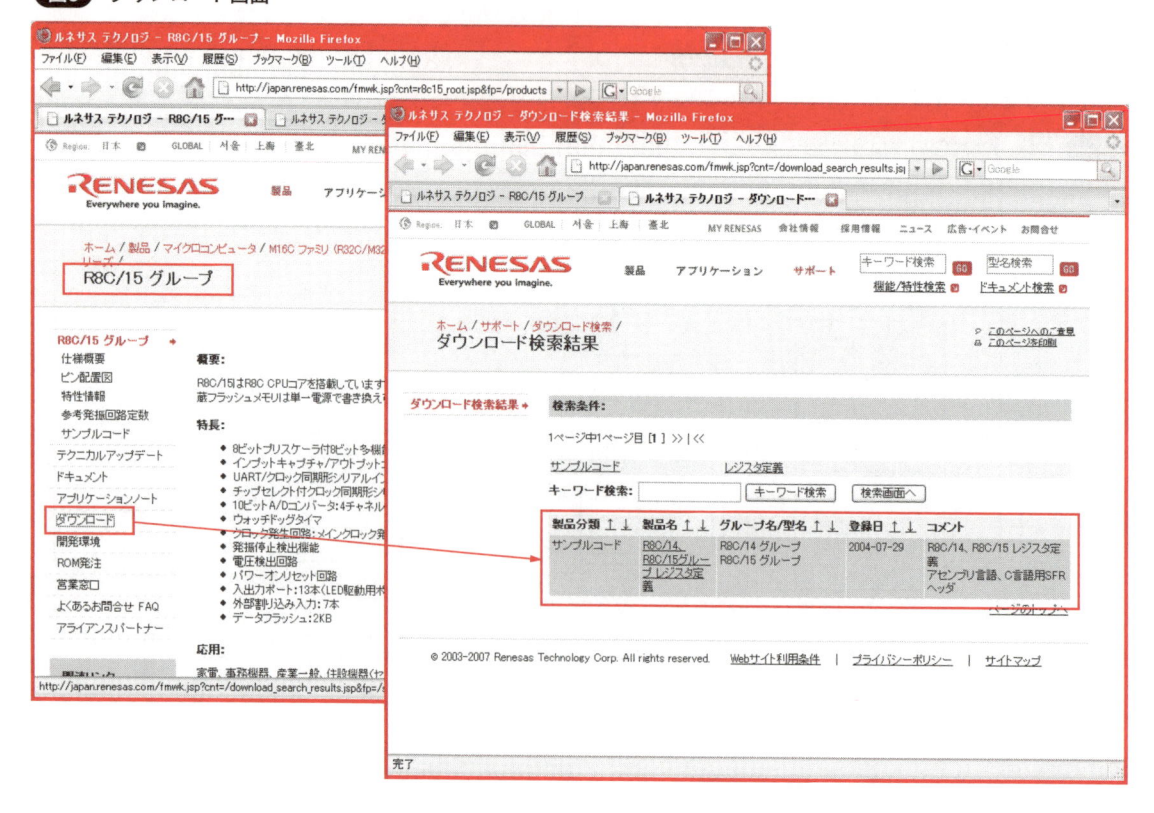

2 ワークスペースの作成とプロジェクトの作成

● ワークスペースの作成

開発環境HEWを起動すると，図6のような「ようこそ！」というタイトルのダイアログが開き，ワークスペースをどうするかについて選択できます．

このワークスペースは，作成するプログラムを格納するディレクトリのことです．この画面では，ワークスペースを新規作成するか，既存のものを利用するか選択できます．

ここではワークスペースを新規作成するので，最初から選択されている「新規プロジェクトワークスペースの作成」を選んだ状態で［OK］ボタンを押します．

なお，開発環境のバージョンによって，画面が微妙に異なるかもしれません．その場合は，ここでの説明に相当する操作を行ってください．

ワークスペースの新規作成を選択すると，ワークスペース・ウィザードが起動します．まず，図7の画面が表示されます．

この画面では，ワークスペース名，デフォルトのプロジェクト名，保存ディレクトリ，作成するアプリケーションの種類などを選択します．

ここでは，次のように入力して［OK］ボタンを押します．

- プロジェクト・タイプ
 Empty Application
- ワークスペース名
 prog01
- プロジェクト名
 prog01
- ディレクトリ名
 C:¥WorkSpace¥TRSP¥prog01
- CPU種別
 M16C
- ツールチェイン
 Renesas M16C Standard

なお，ワークスペース名，プロジェクト名，ディレクトリ名には，半角英数字を使用してください．全角文字，全角スペース，半角カタカナを使用すると，後でプログラムをビルドするときに，コンパイル・エラーが発生します．

● プロジェクトの作成

次に，新規プロジェクト・ウィザードが起動します．このウィザードは4画面（図8〜図10，図12）からなります．

CPU Seriesのところで，使用するマイコンであるR8C/Tinyを選択します．それ以外は変更せず，［Next］ボタンで次に進んでください．

次に，作成されるプロジェクトを構成するファイルについ

図6 「ようこそ！」画面

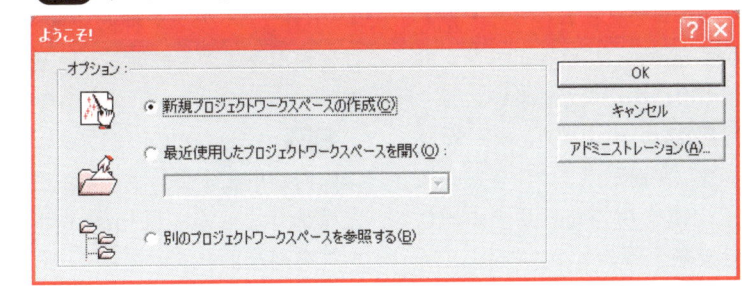

図7 新規プロジェクトワークスペース

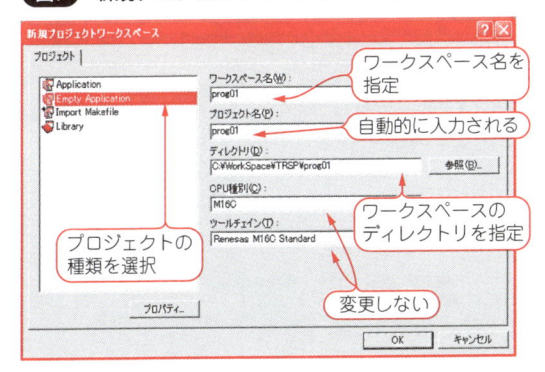

図8 プロジェクト・ウィザード1

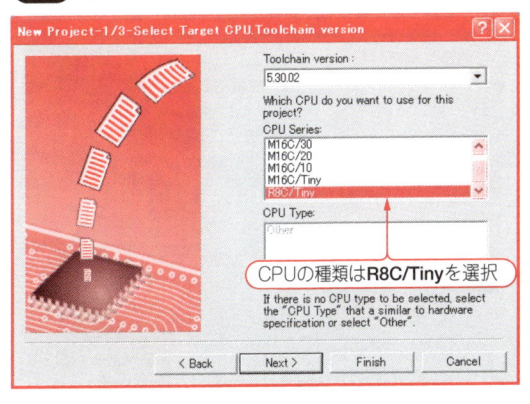

て，**図9**の画面が表示されます．ここでは最初にEmpty Applicationを指定したので，この画面では何も行うことがありません．[Next]ボタンを押して次に進んでください．

図10のデバッグ・ターゲット選択画面が出ます．実験基板とUSBを用いたシリアル通信で接続するので，M16C R8C FoUSB/UARTを選択して[Next]ボタンを押します．

開発環境のバージョンによっては**図11**の警告ダイアログが出るかもしれませんが，気にせず[OK]ボタンを押します．警告が出なくても問題ありません．

図12のデバッガ・オプション画面が出ますが，設定することはありません．[Finish]ボタンを押します．

自動的に生成されるプロジェクトについて**図13**のようなサマリ画面が表示されるので，[OK]ボタンを押してください．

これで，ワークスペースとプロジェクトの準備は完了です．

ここで説明した手順は，本書で説明するプログラムのためのワークスペースとプロジェクトを作成するときの手順です．

例えばC言語のプログラムを作成する場合は，手順が少し異なります．マイコン・ボードの説明書を参照してください．

図9 プロジェクト・ウィザード2

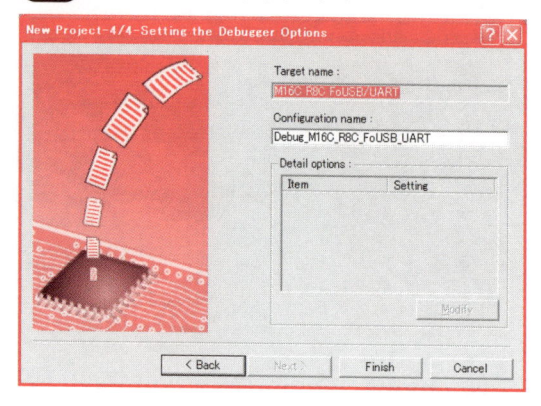

図10 プロジェクト・ウィザード3

デバッガのターゲットには **M16C R8C FoUSB/UART** を選択

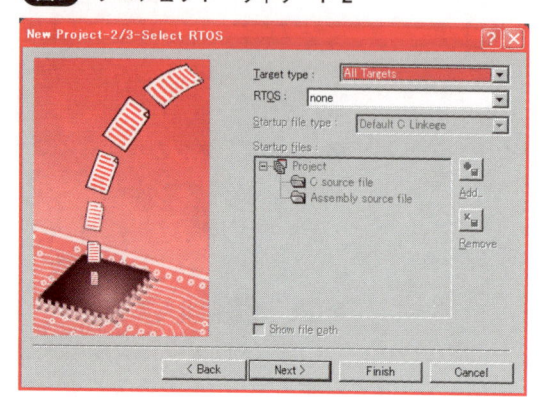

図11 プロジェクト・ウィザードの警告

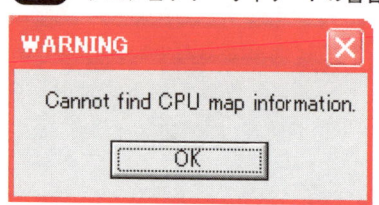

WARNING
Cannot find CPU map information.

図12 プロジェクト・ウィザード4

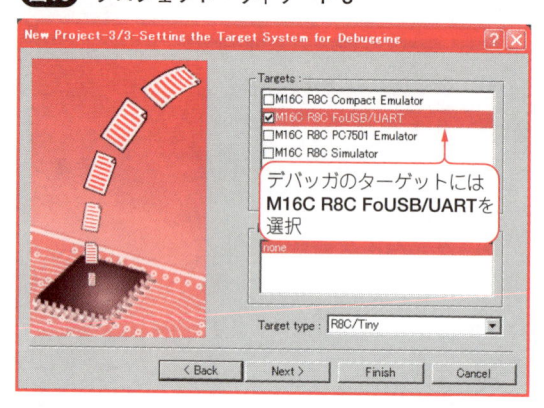

図13 プロジェクト・ウィザードのサマリ画面

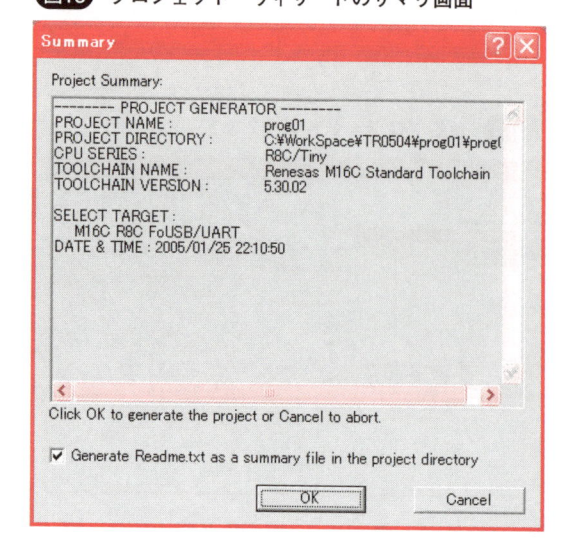

```
-------- PROJECT GENERATOR --------
PROJECT NAME     :  prog01
PROJECT DIRECTORY:  C:¥WorkSpace¥TR0504¥prog01¥prog0
CPU SERIES       :  R8C/Tiny
TOOLCHAIN NAME   :  Renesas M16C Standard Toolchain
TOOLCHAIN VERSION:  5.30.02

SELECT TARGET    :
    M16C R8C FoUSB/UART
DATE & TIME      :  2005/01/25 22:10:50
```

第10章 実際にマイコンを動かしてみよう

3 プログラムを作成する

さっそく最初のプログラムを作成しましょう．HEWのメニューで，［ファイル］-［新規作成］を選ぶと，HEWのエディタ画面に「Document1」タブが増え，プログラムを入力可能になります．

プログラムを入力する前に，このファイルをプロジェクトに追加しておきます．HEWのメニューで［ファイル］-［名前を付けて保存］を選択し，表示されるディレクトリに prog01.a30 というファイル名で保存します．a30 という拡張子は，付録マイコンのアセンブリ言語ソース・コードを意味します．

次にこのファイルをプロジェクトに追加します．図14に示すようにプログラム入力部分を右クリックして，ポップアップ・メニューから［プロジェクトにファイルの追加］-［prog01］を選択します．この操作を行うと，ワークスペースの表示に prog01.a30 が追加されます．

では，リスト1のプログラムを入力してください．自動的にコメントは緑色，疑似命令は赤色で表示されます．

これを上書き保存すると，HEWの画面は図15のようになります．次に進む前に，入力したソース・コードの確認を再度行ってください．特に，リスト1の(A)の行が，そのとおりになっていることを確認してください．

ここで行ったことをまとめると，ソース・コードを prog01.a30 という名前で保存し，そのファイルをプロジェクトに追加しました．プロジェクトのビルドを行うと，このソース・コードがアセンブルされます．

図14 プロジェクトに追加

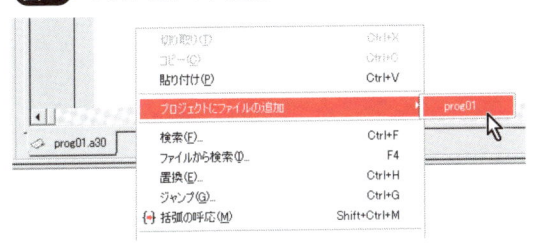

図15 統合開発環境HEWの画面

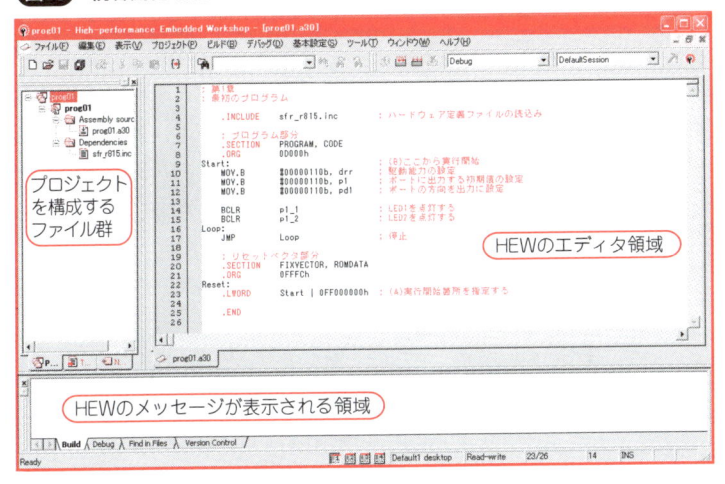

リスト1 LED点灯プログラム

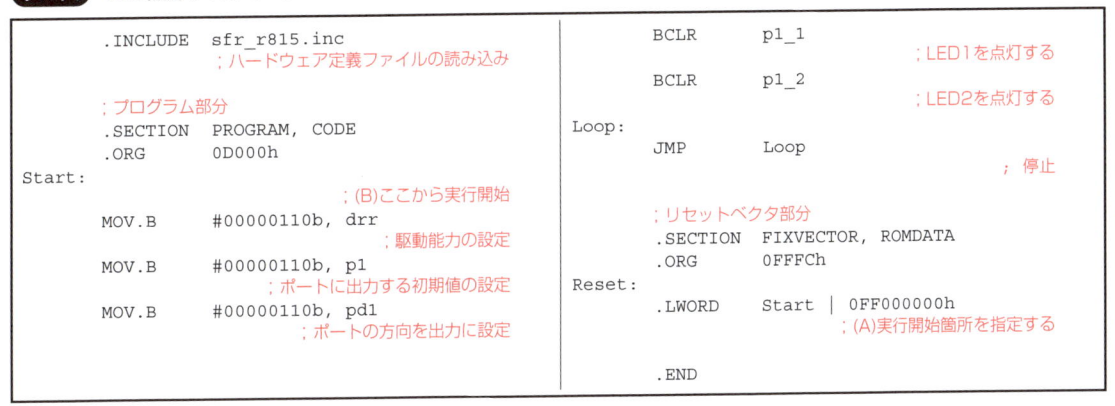

```
        .INCLUDE    sfr_r815.inc
                    ;ハードウェア定義ファイルの読み込み

;プログラム部分
        .SECTION    PROGRAM, CODE
        .ORG        0D000h
Start:
                    ;(B)ここから実行開始
        MOV.B       #00000110b, drr
                    ;駆動能力の設定
        MOV.B       #00000110b, p1
                    ;ポートに出力する初期値の設定
        MOV.B       #00000110b, pd1
                    ;ポートの方向を出力に設定
        BCLR        p1_1
                    ;LED1を点灯する
        BCLR        p1_2
                    ;LED2を点灯する
Loop:
        JMP         Loop
                    ;停止

;リセットベクタ部分
        .SECTION    FIXVECTOR, ROMDATA
        .ORG        0FFFCh
Reset:
        .LWORD      Start | 0FF000000h
                    ;(A)実行開始箇所を指定する

        .END
```

10-5 ビルドとダウンロード
プログラムをマイコンが使えるデータとしてメモリへ転送

1 パソコンとの接続とビルド

● パソコンとのハードウェア的な接続

入力したプログラムを実行可能な形式にするためにビルドを行い，さらにそれをマイコン・ボードにダウンロードします．

パソコンとマイコン・ボードを接続し，念のためにマイコン・ボードのリセット・ボタンでリセットしておきます．

● ビルド

ビルドを行う前に，HEWの設定を確認します．**図16**のようにビルドはDebug，セッションはDefaultSessionにします．

HEWのメニューで［ビルド］-［ビルド］を選ぶと，ビルドが行われ，HEW画面下部にビルド結果が表示されます．**図17**のようにエラーも警告も0でビルドが成功するはずです．

● パソコンとのソフト的な接続

ビルドが成功すれば，そのプログラムをマイコンにダウンロードするために，HEWとマイコンボードをソフトウェア的に接続します．

まず，**図18**のようにビルドをDebug，セッションSessionM16C_R8C_FoUSB_UARTにします．セッションを変更すると，**図19**のダイアログが開きます．この画面では，パソコンとマイコン・ボード間の通信の設定を行います．

MCUには，［参照］ボタンを押して「R8C-Tiny Series」の下にあるR5F21154UART.MCUを選び，PortとBaud Rateにはシリアル通信を行うポートと速度を指定します．これで［OK］ボタンを押すと，パソコンと通信を行うためのモニタ・プログラムがダウンロードされます．

ダウンロードが成功すると，HEWの画面表示が変わり，デバッグ用のツール・バーが表示されます．また，HEWのメッセージ表示領域に，Connectedと表示されます．

何らかの理由でダウンロードが失敗すると，**図20**のようなダイアログが表示されます．マイコン・ボードをリセットして，やり直してみてください．うまくいかない場合は，MCUファイルの選択，COMポート，通信速度，結線，BOOTスイッチの設定などの誤りがないか確認してください．

図16 ビルドとセッション

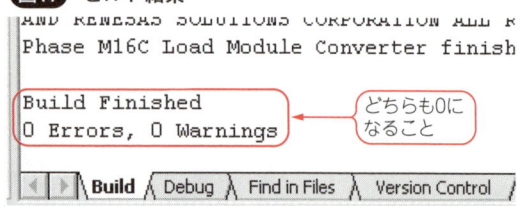

図17 ビルド結果
```
Phase M16C Load Module Converter finish

Build Finished
0 Errors, 0 Warnings
```
どちらも0になること

図18 ビルドとセッションの変更
Debugを選択　SessionM16C_R8C_FoUSB_UARTを選択

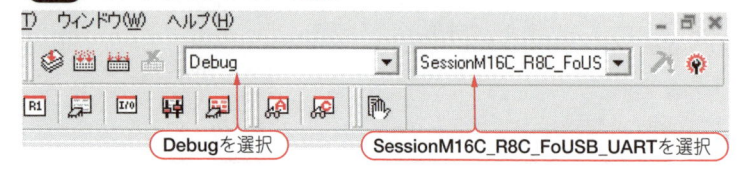

図19 Initダイアログ
R5F21154UART.MCUを選択
通信パラメータを指定
Serialを選択

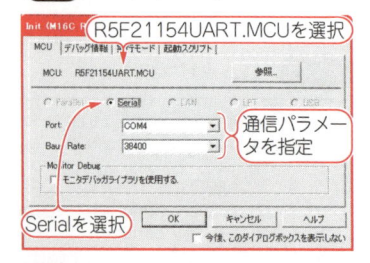

図20 ダウンロード失敗
M16C R8C FoUSB/UART
通信エラーが発生しました．
ターゲットよりデータを受信できません．(16014)

2 プログラムのダウンロード

HEWがマイコンと通信するために必要なものをダウンロードしました．今度は，動作を確認したいプログラム自体をダウンロードします．

HEWのツリービューから，**図21**のようにprog1.x30を右クリックして，ポップアップ・メニューからダウンロードを選択します．x30という拡張子は，このマイコンで実行できるプログラムの形式を表します．

ダウンロード開始までに少し時間がかかりますが，プログラムが小さいので，ダウンロード自体は一瞬で終わります．エラーが表示されなければ，実行準備完了です．

ダウンロードを行うと，そのプログラムはマイコンのフラッシュ・メモリに格納されます．

いったんフラッシュ・メモリに格納されると，マイコンの電源を切っても格納したプログラムは消えません．

図21 ダウンロードの指示

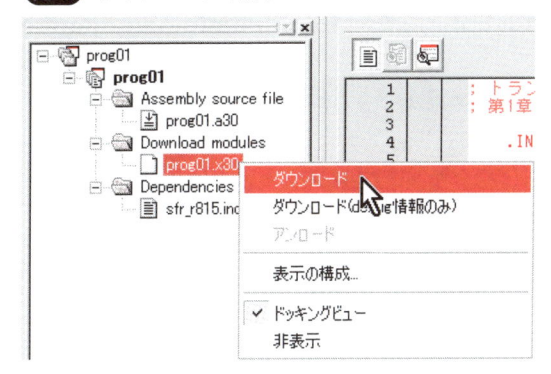

リセット・ベクタの設定を間違ったときの復旧手順 ── column

リスト1の(A)の行を間違いなく書くことは非常に重要です．もしこの行を次のように書いて，そのプログラムをビルドしてダウンロードしてしまうと，マイコン・ボードはHEWから制御できなくなります．

```
  .SECTION    FIXVECTOR, ROMDATA
  .ORG        0FFFCh
Reset:
  .LWORD      Start
```

これはリセットや電源の再投入では直らず，M16C Flash Starterを使ってマイコン・ボードのフラッシュ・メモリの消去を行って復旧する必要があります．

● 正しいプログラムの作成手順
① (A)の行を直したソースを用意する
② HEWをReleaseモードに切り替える
③ オプションを設定する．メニューの[ビルド]-[Renesas M16C Standard Toolchain...]を選択すると，ダイアログが開く．左側のコンフィグレーションがReleaseになっていることを確認する．右側のタブではロード・モジュール・コンバータを選択して，カテゴリからコードを選択する．その下にある，[-ID] IDコードチェック機能のIDコードを設定するをチェックする．その下にある入力欄は空欄にする．
④ ビルドし直す．

● マイコンへの書き込み手順
① HEWを終了する．マイコン・ボードは，ブート・モードに設定して，リセットする．
② M16C Flash Starterを起動する．M16C Flash Starterはマイコン・ボードの説明書の手順に従ってインストールする．
③ 起動するとプログラム選択画面が開くので，Select ProgramはInternal flash memory，RS232Cは使用するポートを指定する．
④ 次に，IDチェック画面が表示される．FilePathは，[Refer]ボタンでファイル選択ダイアログを開き，先ほど作成したプログラムを指定する(ファイルの拡張子は，.mot)．これにより，IDの欄に自動的に値が入り，MCU TypeはR8Cが選ばれる．
⑤ 以上の設定が終わるとメイン画面が開く．この画面で「Erase」を選択すると，マイコンのフラッシュ・メモリの内容が消去される．
⑥ ダイアログが出てEraseが成功すれば，Flash Starterを終了し，付録マイコンをリセットして，HEWからマイコンに接続可能であることを確認する．

10-6 統合開発環境HEWを用いてプログラムを実行する
プログラムのステップ実行とマイコン単体での動作

● HEWでプログラムを実行する方法

プログラムの準備ができれば実行しましょう．

まず，HEWを使ってプログラムを単純に実行してみます．マイコンを用いた機器では通常，電源投入時にパワー・オン・リセットがかかります．これに相当することを行うために，HEWのメニューから，マイコンをリセットします．つまり，マイコン・ボードのリセット・スイッチを押すのではなく，HEWからリセットします．

HEWのメニューから［デバッグ］-［CPUのリセット］の順に選択して，マイコンをリセットします．HEWの画面上では，**図22**のようにプログラム内の最初に実行する命令のところに，黄色い矢印が出ると思います．これが，次に実行する命令を示します．

本書では，これ以後でも特に断らない限り，プログラムをダウンロードして実行する前に，この手順で必ずリセットするようにしてください．

次に，同じくメニューから［デバッグ］-［実行］を選択すると，プログラムが実行されます．このメニューを選択すると，即座にプログラムが実行されて，二つのLEDが点灯します．

動作が確認できれば，メニューから［デバッグ］-［プログラムの停止］を選択してください．

また，プログラムの実行を停止した状態で，再度メニューからマイコンをリセットすると，LEDが両方とも消灯することも確認してください．

図22 リセット後の画面

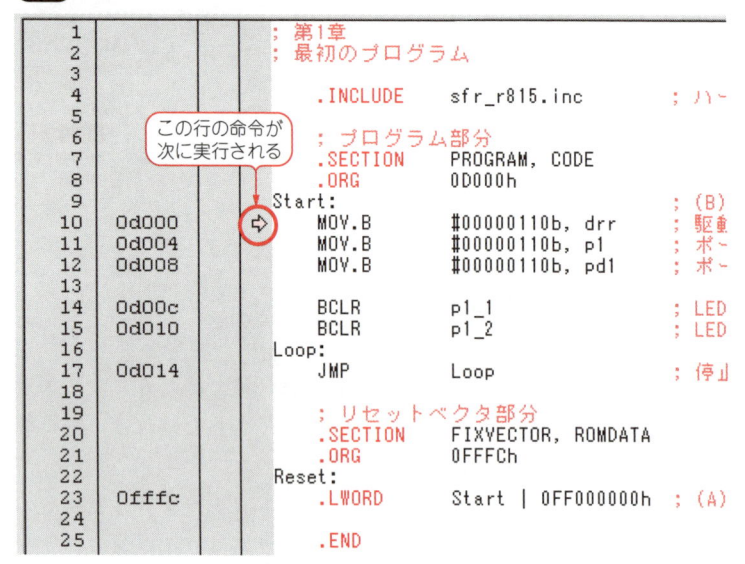

```
 1            ; 第1章
 2            ; 最初のプログラム
 3
 4                    .INCLUDE    sfr_r815.inc       ; ハー
 5
 6            ; プログラム部分      ← この行の命令が
 7                    .SECTION    PROGRAM, CODE        次に実行される
 8                    .ORG        0D000h
 9            Start:                                  ; (B)
10  0d000  ⇨         MOV.B       #00000110b, drr    ; 駆動
11  0d004             MOV.B       #00000110b, p1     ; ポ～
12  0d008             MOV.B       #00000110b, pd1    ; ポ～
13
14  0d00c             BCLR        p1_1               ; LED
15  0d010             BCLR        p1_2               ; LED
16          Loop:
17  0d014             JMP         Loop               ; 停止
18
19            ; リセットベクタ部分
20                    .SECTION    FIXVECTOR, ROMDATA
21                    .ORG        0FFFCh
22          Reset:
23  0fffc             .LWORD      Start | 0FF000000h ; (A)
24
25                    .END
```

● ステップ実行してみる

最初の実行方法でプログラムの動作自体は確認できましたが，本書の目的であるマイコンを理解するという趣旨から見ると，一瞬で動作してしまうので，何が起こっているのかわかりません．そこで2番目の実行方法として，デバッガのステップ実行を行い，もっと細かく動作を見てみます．

デバッガは，プログラムの不具合（バグ）とその原因を見つけるためのツールです．プログラムが開発者の意図どおりに動作しているかどうか確認するために，プログラムが実行されるようすを確認するいろいろな機能が用意されています．ここでは，1命令ずつ実行する機能である，ステップ実行を用います．

まずCPUをリセットします．ここでも，マイコン・ボードのリセット・スイッチではなく，HEWのリセット機能によりCPUをリセットしてください．

次に，HEWのメニューから，［デバッグ］-［ステップイン］を選択して，ステップ実行を1回行います．ファンクション・キーの［F11］キーでも同じことです．

ステップ実行を行うと，HEWの画面表示で，黄色の矢印が1命令だけ下に移動します．これは，最初に矢印が指していた命令が実行され，次に実行する命令が一つ進んだことを意味します．

ステップ実行を繰り返すと，最初の3回は黄色の矢印が移動するだけですが，4回目に，

BCLR p1_1

と書かれた行でステップ実行すると，LED_1が点灯します．この命令でLED_1を点灯していることがわかります．

図23 ダウンロード確認ダイアログ

> **確認要求**
> はいボタンを押すとC:¥WorkSpace¥TR0504¥prog01¥prog01¥Debug¥prog01.x30をダウンロードします．
> □ 今後表示しない(D)
> [はい(Y)] [いいえ(N)] [すべてはい(E)] [すべていいえ(O)] [キャンセル]

　次に5回目のステップ実行で，今度はLED$_2$が点灯します．それ以後は，ステップ実行を何回繰り返しても，次に実行される命令は変わりません．

　このように，ステップ実行を行うことで，どの命令を実行するとどのような動作が行われるのかについて，1命令ずつ確認できます．

● **接続状態でビルドする場合**

　デバッガを使って不具合を見つけた場合，通常はその不具合を修正してビルドし直すと思います．HEWでは，そのときに自動的にダウンロードまで実行することができます．

　セッションが「Session M16C_R8C_FoUSB_UART」の状態でプログラムを修正してビルドを行い，エラーがなければ，次に**図23**のようなダイアログが表示されます．ここで「はい」を選択すると，ビルドしてできたプログラムがダウンロードされます．

　なお，セッションが「Default Session」の場合にはHEWとマイコンがソフトウェア的に接続されていないので，自動的にダウンロードする機能は働きません．

　また，小規模なプログラムであればこの機能は便利ですが，大規模なプログラムになると，これはおすすめしません．いったんセッションを「Default Session」に変更してビルドし，再度セッションを「Session M16C_R8C_FoUSB_UART」に変更して，最初に行ったようにダウンロードしてください．

● **マイコン単体で実行してみる**

　ここまでは，HEWの機能を使ってプログラムを実行してきました．最後に，HEWを使わずにプログラムを実行できることを確認します．本書ではほとんどの場合HEWからプログラムを実行しますが，マイコン単独で動かすのが本来の使い方です．

　まずHEWを終了させますが，その前にセッションを元のDefaultSessionに戻しておきます．HEWのメッセージ表示領域にDisconnectedと表示され，HEWとマイコンが切断されたことがわかります．以降も，HEWを終了する前にはこの操作を行うようにしてください．

　次に，メニューで[ファイル]-[アプリケーションの終了]を選択し，HEWを終了します．

　HEWを使っている間はMODEスイッチをBOOT側にしていましたが，このときはRUN側に変更してください．こうすることで，マイコン・ボードはダウンロードされたプログラムを直接実行するようになります．

　その状態で電源を入れると，LEDが両方点灯すると思います．

　さらに，マイコン・ボードのリセット・スイッチを押している間はLEDが消灯し，離すとLEDが点灯することを確認してください．リセット・スイッチを押している間はマイコンがリセットされた状態になり，離すとその状態が解除されてLEDを点灯するプログラムを実行していることが確認できます．

　HEWを使わずにプログラムを実行できていることから，マイコンにプログラムをダウンロードできていて，開発環境からの支援がなくても動作したことがわかります．

　本誌の1-2節で，マイコンを動かすのに必要な手順として
　①プログラムの作成
　②プログラムの変換
　③プログラムの書き込み
と書きました．

　①には10-4節，②は10-5節，③はこの10-6節が該当します．

　①から③までを行った結果，マイコンの動作を確認できました．

　確認が終わったら，以後の実験のために，MODEスイッチをBOOT側に設定してください．

10-6 統合開発環境HEWを用いてプログラムを実行する

徹底図解★マイコンのしくみと動かし方

第11章
入出力ポートのプログラムによる設定

マイコンでHigh/Lowの信号を入出力してみよう！

11-1　マイコンの内部ハードウェアの動作をプログラムする
プログラミング言語のいろいろ

図1 アセンブリ言語やC言語のソース・コードが機械語プログラムへ変換されるまでの流れ

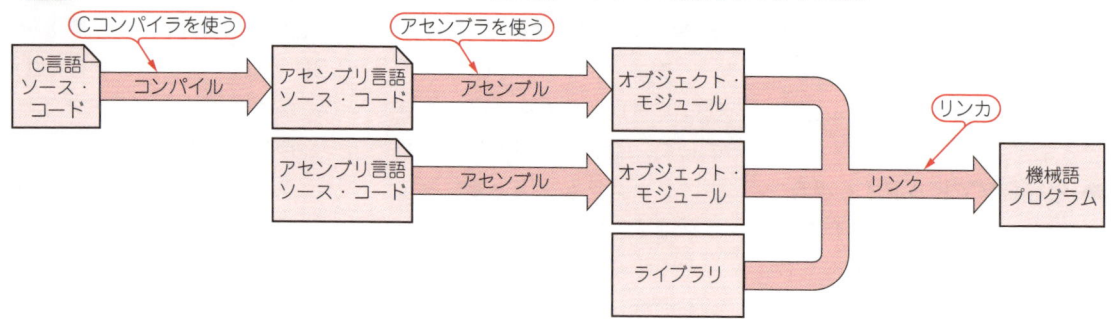

[C言語ソース・コード] →（Cコンパイラを使う）コンパイル→ [アセンブリ言語ソース・コード] →（アセンブラを使う）アセンブル→ [オブジェクト・モジュール] ↘
　　（リンカ）リンク→ [機械語プログラム]
[アセンブリ言語ソース・コード] →アセンブル→ [オブジェクト・モジュール] ↗
　　　　　　　　　　　　　　　　　　　　　　　[ライブラリ] ↗

● マイコンが理解できる機械語(マシン語)

　大半のコンピュータでは，"H"，"L"の2値の電気信号により情報をやり取りしています．この電気信号に'1'と'0'を対応づけることで，情報を2進数で表現できます．

　マイコンは機械語(マシン語)というプログラミング言語で記述されたプログラムを直接解釈して実行します．機械語のプログラムは2進数で表現され，実行時には対応する電気信号として扱われます．機械語はマイコンの種類ごとに異なります．

● 機械語を読みやすくしたアセンブリ言語(アセンブラ)

　機械語とほぼ1対1に対応し，人間にとって機械語よりもう少しわかりやすいアセンブリ言語があります．アセンブラと呼ぶことが多いと思いますが，処理系とプログラミング言語を区別するため，ここではアセンブリ言語と呼びます．

　アセンブリ言語で記述されたプログラムは，
- 機械語に対応しマイコンが実行する命令
- アセンブラへの指示など直接はマイコンが実行しない疑似命令

からなります．疑似命令は，例えばC言語の#include, #define, #pragmaなどに似たものと考えてもよいでしょう．

　図1に示すように，アセンブリ言語で書かれたソース・コードはいったんオブジェクト・モジュールに変換され，次にリンカによって実行可能な機械語プログラムに変換されます．ソース・コードが複数ある場合は，それぞれをオブジェクト・モジュールに変換し，リンカでそれらをまとめて一つのプログラムに変換します．

　アセンブリ言語は機械語に対応する言語なので，詳細はマイコンの種類ごとに異なります．

● マイコンの種類に依存しないC言語

　マイコンのプログラム開発で，もっともよく使われているのがC言語でしょう．基本的にマイコンの種類に依存せず，大規模なアプリケーション・プログラムも記述できる言語です．

　C言語で記述されたプログラムも，図1の流れで変換(コンパイル)されます．C言語とアセンブリ言語を混ぜて記述することもできます．

　本章以降は，主にアセンブリ言語を使って解説します．

11-2 LED点灯プログラムの処理内容
マイコンに"L"や"H"を出力させる

1 第10章で作成したLED点灯プログラムの処理の流れ

図2 LED点灯・消灯のイメージ

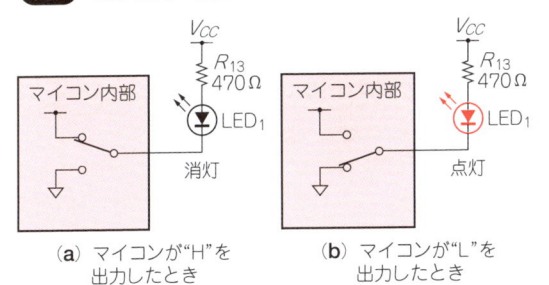

(a) マイコンが"H"を出力したとき — 消灯
(b) マイコンが"L"を出力したとき — 点灯

図3 ポートと端子の関係(イメージ)

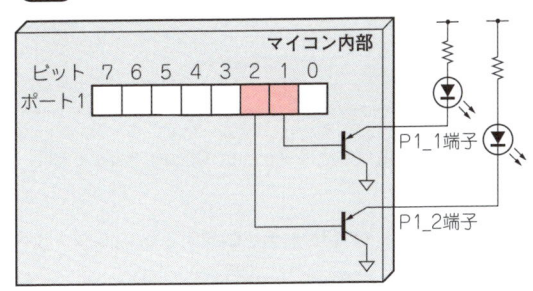

図4 第10章で作成したLED点灯プログラムの処理の流れ

リセット → ポートの駆動能力の設定 → ポートの出力値の設定 → ポートの入出力方向の設定 → P1_1に出力 → P1_2に出力 → 無限ループ

第10章で動かしたプログラムを例に,プログラムされたマイコンの動きを追ってみましょう.

このプログラムをステップ実行したときにわかったように,最初は消灯していたLEDが,ある命令を実行すると点灯しました.命令を実行することで,マイコンの内部状態が変化し,それがLEDの点灯として現れています.

● 出力端子を"L"にするとLEDは点灯する

マイコン・ボードでは,図2(a)に示すようにマイコンが"H"を出力しているときはLEDが消灯し,図2(b)のように"L"を出力しているときはLEDが点灯します.プログラムで"H","L"のどちらを出力するかによって,LEDの点灯・消灯を制御できます.

このプログラムでは,リセット後にこのプログラムの先頭からマイコンが実行を始めるようにしています..INCLUDEや.SECTIONなど,ピリオドで始まる命令は疑似命令です.疑似命令の意味については,この節の最後にまとめて説明します.

● LEDが接続されている端子

マイコン・ボードでは,LED_1をマイコンのP1_1端子(R8C/15マイコンの22番ピン),LED_2をP1_2端子(21番ピン)に接続しています.これらの端子に"L"を出力すると,接続しているそれぞれのLEDが点灯します.

この二つの端子は,R8C/15マイコンのポート1に接続されています.P1_1はポート1のビット1,P1_2はビット2を表します.ポートと端子の関係のイメージを図3に示します.

● プログラムの流れ

ポート1の端子は入出力端子として利用することができます.初期設定として,駆動能力の設定,出力する値の設定,ポートを出力にする設定を行います.この段階では,LEDは消灯しています.

次に,LEDを点灯するようにポートに出力します.最後に,無限ループに入ってプログラムの実行を止めます.以上の処理の流れを図4に示します.

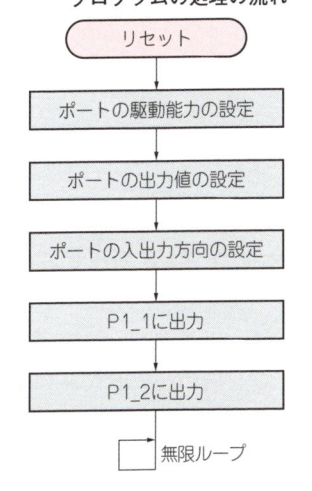

● 駆動能力の設定とは

駆動能力の設定とは,出力ポートに流れ込む電流を増やす機能があるので,それを有効にするかどうかの設定です.

R8C/15マイコンでは,ポートP1_0からP1_3だけ,Lレベルを出力したときにマイコンに流れ込む電流を増やせる機能があります.これらのポートには,出力ポートの下側トランジスタに,もう一つ並列接続されたトランジスタが準備されています.これを使うことで,より大きな電流を流せます.

2 個々の命令の処理内容

表1 [5] R8C/15マイコンの入出力ポートの定格(抜粋)

記号	項目		測定条件	規格値			単位
				最小	標準	最大	
$I_{OL(peak)}$	"L"尖頭出力電流	P1_0～P1_3以外	—	—	—	10	mA
		P1_0～P1_3	駆動能力HIGH	—	—	30	mA
			駆動能力LOW	—	—	10	mA
$I_{OL(avg)}$	"L"平均出力電流	P1_0～P1_3以外	—	—	—	5	mA
		P1_0～P1_3	駆動能力HIGH	—	—	15	mA
			駆動能力LOW	—	—	5	mA

注1：指定のない場合は，$V_{CC} = AV_{CC} = 2.7V～5.5V$，$T_{opr} = -20℃～85℃ / -40℃～85℃$
注2：平均出力電流は100 msの期間内での平均値

図5 [7] ポート1の駆動能力を制御するDRRレジスタの内容

b7	b6	b5	b4	b3	b2	b1	b0
0	0	0	0				

シンボル	アドレス	リセット後の値
DRR	00FEh番地	00h

ビット・シンボル	ビット名	機能
DRR0	P1_0の駆動能力	P1のNチャネル出力トランジスタの駆動能力設定を行う 0：Low 1：High
DRR1	P1_1の駆動能力	
DRR2	P1_2の駆動能力	
DRR3	P1_3の駆動能力	
(b7～b4)	予約ビット	'0'にする

注▶読むとビットの状態が読め，書くと有効なデータになる

❶ マイコンを初期化するリセット

マイコンをリセットすると，マイコン内のハードウェアの主要部分がある決まった状態に初期化されます．これはプログラムを何回実行しても，同じ動作を行うようにするために重要なことです．

リセットを解除すると，R8C/15マイコンの場合，プログラムで指定された位置から実行が開始されます．

第10章のリスト1では，(A)の部分で実行を開始する位置を指定しています．すなわち，「Start」という位置からプログラムが実行されます．

この「Start」は(B)の位置にあります．(A)の指定を行っているので，マイコンはリセットされた後，(B)の直後の命令から実行を始めることになります．プログラムの実行は，基本的にプログラムの上から下に向かって進みます．ただし，実行の流れを変えたいときのための分岐命令もあります．

❷ 入出力ポートの駆動能力を設定する

Startから実行を開始すると，まず駆動能力の設定を行っています．

`MOV.B #00000110b, drr`

ここで使用するマイコン・ボードでは，LEDが点灯すると7 mA程度の電流が流れます．R8C/15マイコンの場合，**表1**からわかるように，何も指定しなければ流せる電流$I_{OL(avg)}$は最大5 mAです．LEDを接続しているP1_1やP1_2は駆動能力HIGHを設定でき，その場合の$I_{OL(avg)}$は最大15 mAです．そこで，LEDを接続したポートについては，駆動能力をHIGHに設定します．その他のポートは通常どおりの設定です．

駆動能力は**図5**のDRRレジスタで設定します．駆動能力を高めたいポートに対応するビットを'1'にします．**図5**のリセット後の値を見ると，00hになっていることから，リセット後はすべて駆動能力はLOWになっています．

なお，00hのように後ろにhを付けた数値は，16進数で表現されていることを意味します．同様に，後ろにbを付けると2進数で表現されていることを意味します．

このプログラムではP1_1とP1_2の駆動能力を高めたいので，ビット2とビット1を'1'に，それ以外は'0'にします．

図7 (7) ポート1に対応するP1レジスタの内容

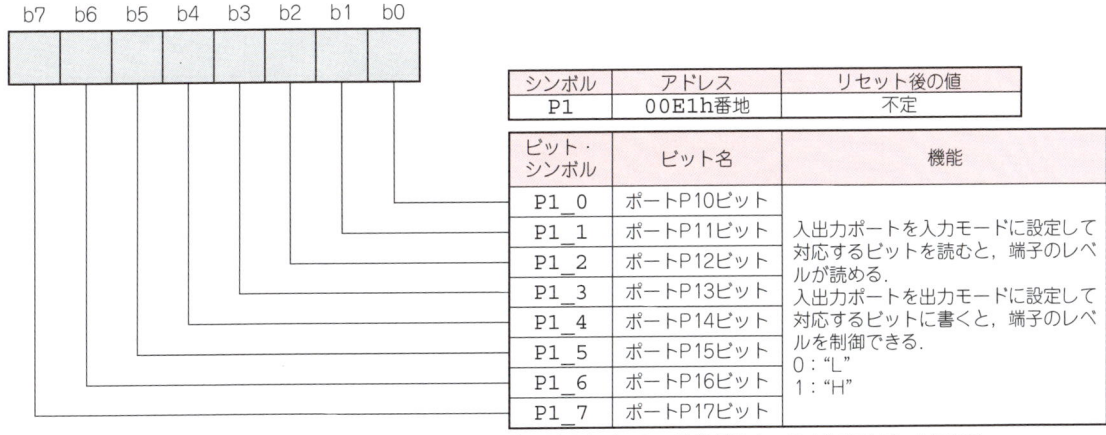

シンボル	アドレス	リセット後の値
P1	00E1h番地	不定

ビット・シンボル	ビット名	機能
P1_0	ポートP10ビット	入出力ポートを入力モードに設定して対応するビットを読むと，端子のレベルが読める．入出力ポートを出力モードに設定して対応するビットに書くと，端子のレベルを制御できる． 0 : "L" 1 : "H"
P1_1	ポートP11ビット	
P1_2	ポートP12ビット	
P1_3	ポートP13ビット	
P1_4	ポートP14ビット	
P1_5	ポートP15ビット	
P1_6	ポートP16ビット	
P1_7	ポートP17ビット	

注▶読むとビットの状態が読め，書くと有効データになる

図6 (10) データ転送を行うMOV命令の構文と操作内容

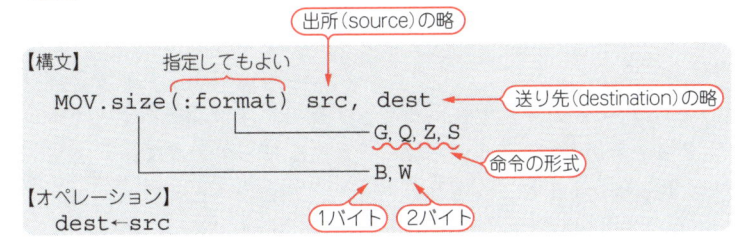

【構文】
MOV.size(:format)　src, dest
　　　　　　　　　　　　　　G, Q, Z, S
　　　　　　　　　　　　　　B, W
指定してもよい／出所(source)の略／送り先(destination)の略／命令の形式／1バイト／2バイト

【オペレーション】
dest←src

　DRRレジスタへの設定は，MOV命令を使って行います．MOV命令は，図6に示すように二つのオペランド（いわば命令の引数）srcとdestをもち，srcオペランドの値をdestオペランドにコピーします．

　第10章のリスト1では，srcオペランドには設定する値を2進数で表現した00000110b，destオペランドにはDRRレジスタを意味するdrrを指定しているので，この一つの命令によりDRRレジスタに00000110bが設定されます．その結果，P1_1とP1_2の駆動能力がHIGHになり，それ以外はLOWになります．

　なお，MOV命令のsizeには，転送するデータ・サイズを指定します．BはByte（1バイト），WはWord（2バイト）を意味します．formatはアセンブラが自動的に判断するので，今回は指定していません．

❸ **ポートの"L"/"H"を決めるレジスタに値を入れる**

　次に，ポートに出力する値を設定します．まずここで設定する値によりLEDを消灯しておき，後で実行する命令によってLEDを点灯します．

```
MOV.B  #00000110b, p1
```

ポートに出力する値を設定するには，ポートごとに用意されたレジスタに値を設定します．ここではLEDが接続されたポート1に出力したいので，それに対応するP1レジスタに設定します．図3のポート1が，P1レジスタのイメージです．

　ここでは使いませんが，R8C/15マイコンにはポート3に対応するP3レジスタや，ポート4に対応するP4レジスタも用意されています．

　図7にP1レジスタを示します．LEDを消灯するためには"H"を出力します．"H"を出力するにはそのビットに'1'を設定します．駆動能力と同様P1_1とP1_2に設定したいのでビット1とビット2を'1'にします．つまり，P1レジスタには00000110bを設定します．

❹ **ポートの入出力方向の設定**

　ポートの設定の最後は，ポートを出力ポートにする設定です．出力ポートとして設定した瞬間に，設定した駆動能力で設定した値が端子に出力されます．

```
MOV.B  #00000110b, pd1
```

　ポートを入力ポートにするか出力ポートにするかを，ポートの方向と呼びます．ポートの方向は，ポートごとに用意されたレジスタで設定します．ポート1に対応するレジスタは図8に示すPD1レジスタ端子に対応するビットを'1'にすると出力ポート，'0'にすると入力ポートになります．

　このレジスタはマイコンをリ

図8[(7)] ポート1の方向を設定するPD1レジスタの内容

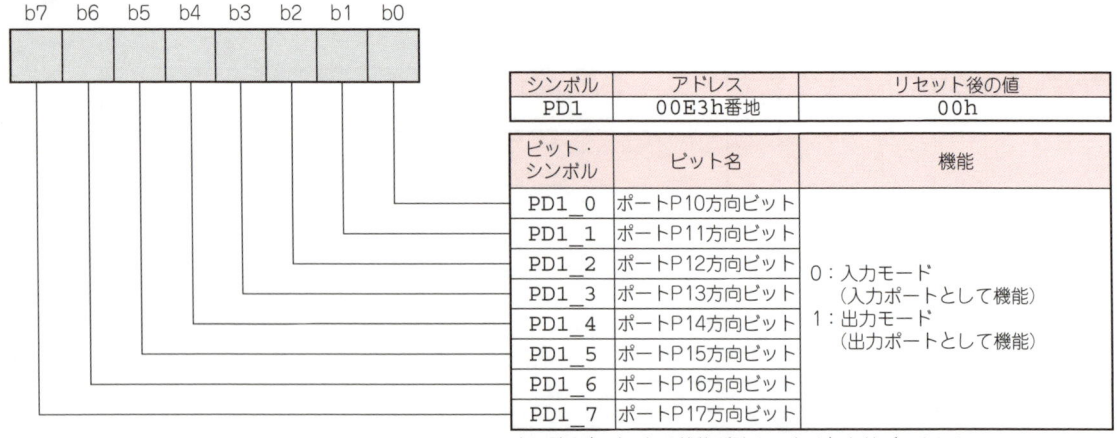

シンボル	アドレス	リセット後の値
PD1	00E3h番地	00h

ビット・シンボル	ビット名	機能
PD1_0	ポートP10方向ビット	0：入力モード（入力ポートとして機能） 1：出力モード（出力ポートとして機能）
PD1_1	ポートP11方向ビット	
PD1_2	ポートP12方向ビット	
PD1_3	ポートP13方向ビット	
PD1_4	ポートP14方向ビット	
PD1_5	ポートP15方向ビット	
PD1_6	ポートP16方向ビット	
PD1_7	ポートP17方向ビット	

注▶読むとビットの状態が読め，書くと有効データになる

セットすると全ビットが'0'になり，つまり全端子が入力ポートになります．

LEDがつながったP1_1とP1_2端子を出力にしたいので，対応するビット1とビット2を'1'にします．PD1レジスタには2進数で00000110bを設定します．

以上でポートの設定は終了です．マイコンをリセットしてここまでプログラムを実行しても見た目は変わりません．リセット直後はポートが入力になっているため結果的にLEDが消灯していたのが，ここまでの設定によって明示的に消灯が出力されるように変わります．

❺ LEDを点灯する

ここまでの設定が終われば，ポートに出力する値を変えるだけでLEDを点灯できます．

このプログラムでは二つのLEDを順に一つずつ点灯しています．ここまで使ってきたMOV命令を使うこともできますが，ここでは1ビットずつ操作する専用命令であるビット操作命令を使っています．

```
BCLR    p1_1
BCLR    p1_2
```

R8C/15マイコンには多くのビット操作命令が備わっています．ここでは，もっとも基本的なBCLR命令を使っています．BCLR命令は，**図9**に示すように，一つのオペランドをとります．このオペランドで，どのビットを操作するのかを指定します．BCLR命令を実行すると，オペランドで指定されたビットの値を'0'にします．

LEDを点灯するには，P1レジスタのLEDに対応するビットを'0'にします．このプログラムでは，二つのLEDを順に点灯するために，BCLR命令によりP1_1，P1_2の値を順に'0'にします．

❻ 無限ループ

以上で実行したいLED点灯処理は完了です．しかしこのプログラムを見るとわかるように最後にJMP命令があります．

```
Loop:
    JMP    Loop
```

マイコンは基本的に，動作している間はプログラムを実行し続けます．ここで作成したような，LEDを点灯して動作を完了したいプログラムであっても，その後も引き続き何か命令を実行する必要があります．

プログラム・リストを見ると，プログラムの最後に.ENDと書いてあるのでここで終わりに見えます．しかし，これはアセンブラに対して「プログラムがここまで」と指示する擬似命令であって，マイコンへの指示ではありません．

マイコンの動作を停止するた

リセット後にLEDが消灯する理由   column

入力ポートの特性は，5-3節で説明したようにHレベル，Lレベルのどちらが入力されてもほとんど電流が流れません．一方，LEDはある程度の電流が流れないと点灯しません．リセット直後はポートの方向が入力になっているのでポートに電流が流れず，接続したLEDは消灯します．

図9 (10) ビット・クリアを行うBCLR命令の構文と操作

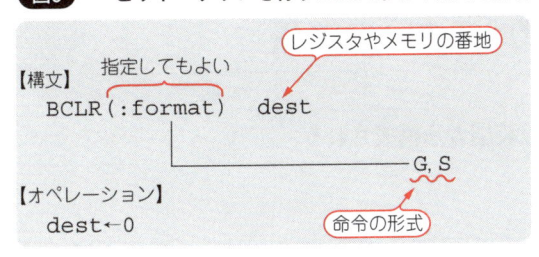

【構文】
BCLR(:format) dest
- 指定してもよい → (:format) [命令の形式] G,S
- レジスタやメモリの番地 → dest

【オペレーション】
dest←0

図10 (10) 無条件分岐を行うJMP命令の構文と操作

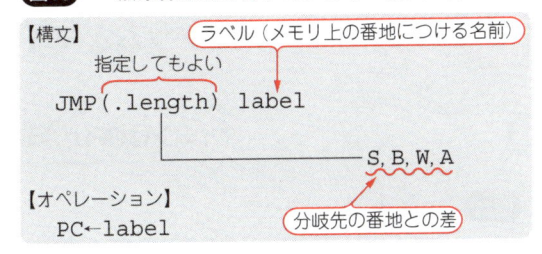

【構文】
JMP(.length) label
- 指定してもよい → (.length) S,B,W,A
- ラベル（メモリ上の番地につける名前） → label

【オペレーション】
PC←label
- 分岐先の番地との差

めに，ここではJMP命令（ジャンプ命令）を使っています．JMP命令は，プログラム実行の流れを変える分岐命令の一つです．

JMP命令は **図10** に示すように，オペランドを一つ指定します．このオペランドには次に実行する命令の位置を指定します．

ここで作成したプログラムでは，オペランドに「Loop」というレベルを指定しています．Loopの示す位置は，JMP命令のすぐ上です．JMP命令を実行すると，プログラムの流れはJMP命令の直前に移り，次に実行する命令は同じJMP命令になります．

マイコンがプログラムを実行してこのJMP命令まで来ると，次に実行する命令は必ずそのJMP命令自身になります．マイコンとしてはプログラムを実行し続けているものの，外から見ると止まって見えることになります．

● アセンブラに対する指示を行う疑似命令

このプログラムには，いくつかの基本的な疑似命令が使われています．疑似命令はアセンブラやリンカなどの処理系に対する指示です．

最初に.INCLUDE疑似命令が使われています．これはC言語の#includeと同じ働きであり，指定されたファイルの内容を，その箇所に取り込むことを意味します．このプログラムではsfr_r815.incファイルを取り込んでいます．このファイルは，R8CマイコンのSFR (Special Function Register)のアドレス（drrであれば00FEh）などを定義しています．マイコンでは，DRRレジスタやP1レジスタなどマイコンの内蔵モジュールの制御レジスタを，SFRと呼びます．SFRは，DRRやP1などのレジスタの総称です．

次に，.SECTION疑似命令が使われています．この疑似命令はプログラムを構成する要素である，セクションの始まりを表します．このプログラムは，実行するプログラムの部分のセクションと，リセット・ベクタのセクションからなります．プログラム中の.SECTION疑似命令から，次の疑似命令までが，一つのセクションです．

セクションには3種類あり，第2オペランドで指定します．これがCODEの場合は実行するプログラム，ROMDATAの場合はROMに格納する（書き換えない）データの領域，DATAの場合はRAMに格納するデータの領域のセクションであることを意味します．

.ORG疑似命令は.SECTION疑似命令の直後に書き，そのセクションがどのアドレスに位置するのかを指定します．セクションの種類がCODEやROMDATAの場合にはROMのアドレスを指定し，DATAの場合はRAMのアドレスを指定します．

.LWORD疑似命令は，4バイト長の固定データをROMに格納するためのものです．

最後に.END疑似命令は，ここでプログラムが終了であることを意味します．

プログラムの実行停止のしかた　　　　　　　　　　　　　　　　　　　　　　　　　　　　　column

JMP命令でプログラムの実行を止める方法はわかりやすく確実ですが，CPUは動作しています．CPUまで止めることはできるのでしょうか．

R8C/15マイコンには，WAIT命令によるウェイト・モード，全クロック停止によるストップ・モードという2通りの実行停止方法があります．ウェイト・モードはCPUを停止することができ，ストップ・モードではCPUだけでなく周辺装置も停止することができます．どちらも使い方に注意が必要なので，使用時にはマニュアルを参照してください．

11-3 プログラムとマイコンのふるまいの関係
プログラムで操作したものは？

1　マイコンはCPU/メモリ/周辺装置から構成される

図11 R8C/15のブロック図

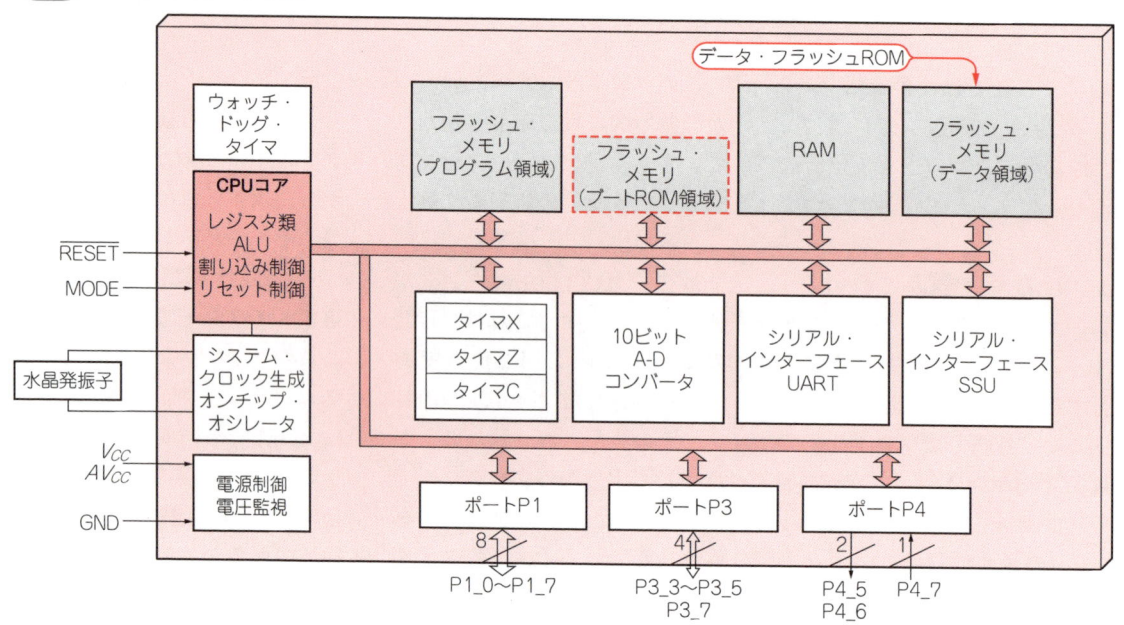

（図中ラベル：ウォッチ・ドッグ・タイマ／CPUコア　レジスタ類　ALU　割り込み制御　リセット制御／システム・クロック生成　オンチップ・オシレータ／電源制御　電圧監視／フラッシュ・メモリ（プログラム領域）／フラッシュ・メモリ（ブートROM領域）／RAM／フラッシュ・メモリ（データ領域）／データ・フラッシュROM／タイマX　タイマZ　タイマC／10ビットA-Dコンバータ／シリアル・インターフェースUART／シリアル・インターフェースSSU／ポートP1／ポートP3／ポートP4／RESET／MODE／水晶発振子／V_{CC}　AV_{CC}　GND／P1_0〜P1_7（8）／P3_3〜P3_5　P3_7（4）／P4_5　P4_6（2）／P4_7（1）)

　第10章で作成したLEDの点灯プログラムでは，三つのレジスタDRR，P1，PD1を命令で操作しました．ところで，これらの命令は，実際には何を操作したのでしょうか．

　R8Cマイコン内部の概要から順に説明します．**図11**にR8C/15マイコン内部のブロック図を，**表2**にR8C/15マイコンのバリエーションを示します．

● マイコンの管理機能

　CPU（CPUコア）が動作する基準となるクロックや，プログラムの異常動作を検出する機能の一つであるウォッチ・ドッグ・タイマ，電源電圧が極端に低下した場合にマイコンが異常動作するのを防ぐための電圧監視，といったマイコンの管理機能があります．

● 周辺装置（周辺機能）

　タイマやA-Dコンバータ，入出力ポートがあります．

　これらの機能と各種メモリの間は，太い矢印で示されたバスで接続されています．バスについては後述します．

● メモリ

　このマイコンには4種類のメモリが搭載されています．そのうち，フラッシュ・メモリはROMに分類されます．

① フラッシュ・メモリのプログラム領域には，マイコンが実行するプログラムとそのデータが格納されます．

② フラッシュ・メモリのブートROM領域には，マイコンを起動したときに自動的に実行されるプログラムが格納されます．この領域はプログラムから書き換えられません．

③ RAMは，マイコンの動作中に，一時的な値を保管します．

④ フラッシュ・メモリのデータ領域は，主に設定データなどを格納します．

表2[5] R8C/15マイコンのバリエーション（抜粋）

型名	ROM容量		RAM容量
	プログラム領域	データ領域	
R5F21152SP	8Kバイト	1Kバイト×2	512バイト
R5F21153SP	12Kバイト	1Kバイト×2	768バイト
R5F21154SP	16Kバイト	1Kバイト×2	1Kバイト

（マイコン・ボードに搭載）

2 読み出し，書き込みの空間を指定

図12 マイコンが指定できるアドレスの範囲（アドレス空間）とメモリなどの割り付けを示すメモリ・マップ

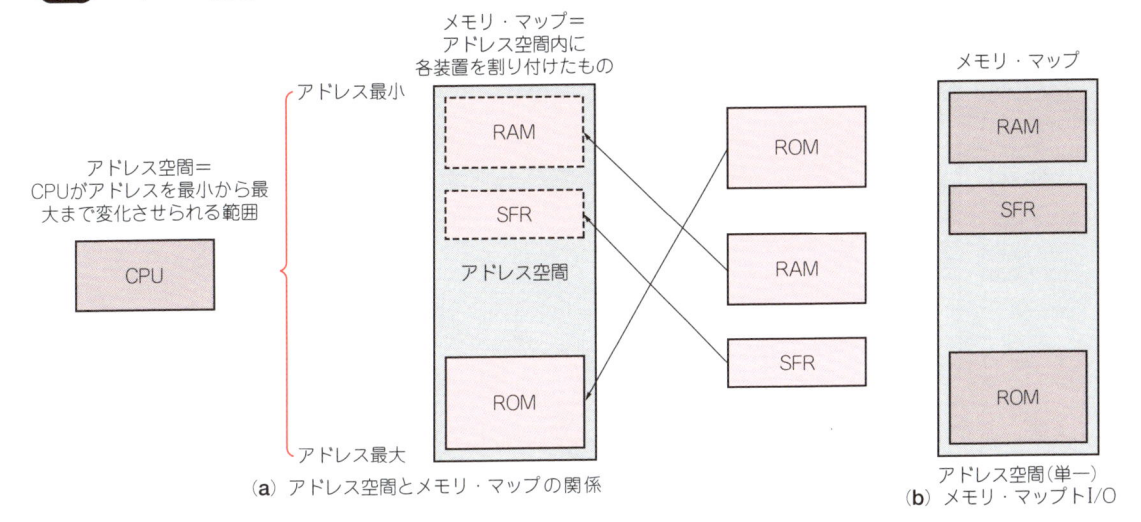

(a) アドレス空間とメモリ・マップの関係
(b) メモリ・マップI/O
(c) I/OマップI/O 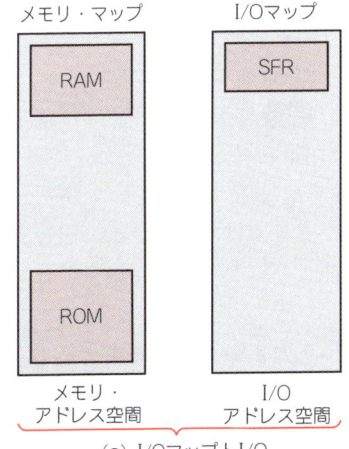

● アドレス，アドレス空間，メモリ・マップ

CPUは，メモリからプログラムの命令を読み出し，その命令に従って処理を行います．CPUがメモリから読み出す際，メモリ内のどの位置にある命令を読み出すのかを指定する必要があります．この位置はアドレス（番地）と呼ばれ，CPUはアドレスを指定してプログラムを読み出します．

図12に示すように，CPUがアドレスを変化させて指定できる範囲は，アドレス空間と呼ばれます．CPUからメモリや入出力装置用のレジスタ（SFR）にアクセスするために，アドレス空間内にメモリやSFRを割り付ける必要があります．アドレス空間にどのようにメモリなどを割り付けたのかを示すものは，メモリ・マップ（またはI/Oマップ）と呼ばれます．

マイコンの種類によって，一つのアドレス空間にメモリやSFRをすべて割り付けたマイコンや，メモリとSFRを別のアドレス空間に分けたマイコン，プログラムなど読み出し専用のメモリ向けアドレス空間と書き込み可能なメモリ，SFR向けアドレス空間を分けたマイコンなどがあります．

R8C/15マイコンでは，一つのアドレス空間にメモリもSFRも割り付けられています．このマイコンのメモリ・マップを図13に示します．

本書の前半で説明した仮想マイコンでは8000番地以降にSFRを割り付けましたが，R8C/15マイコンではSFRはアドレス空間の0番地以降に割り付けられています．

そのほかにもRAMやプログラム領域のROM，データ領域のROMがあります．

● メモリ・マップ内のすき間の役割

図13の実際のメモリ・マップ例からわかるように，メモリ・マップ内には結構すき間があります．このようにすき間を空ける理由の一つは拡張性です．例えばこの図では，RAMは16進数で00400番地から007FF番地まで（1Kバイト）です．マイコンのバリエーションを増やして，RAMの容量が2Kバイトや4Kバイトのマイコンを作る場合を考えてみましょう．

このようにすき間を空けておけば，RAMの領域が2Kバイトであれば00400番地から00BFF番地まで，4Kバイトであれば00400番地から013FF番地までにRAMを割り付けるこ

11-3 プログラムとマイコンのふるまいの関係

図13[(7)] 実際のメモリ・マップにはすき間がある

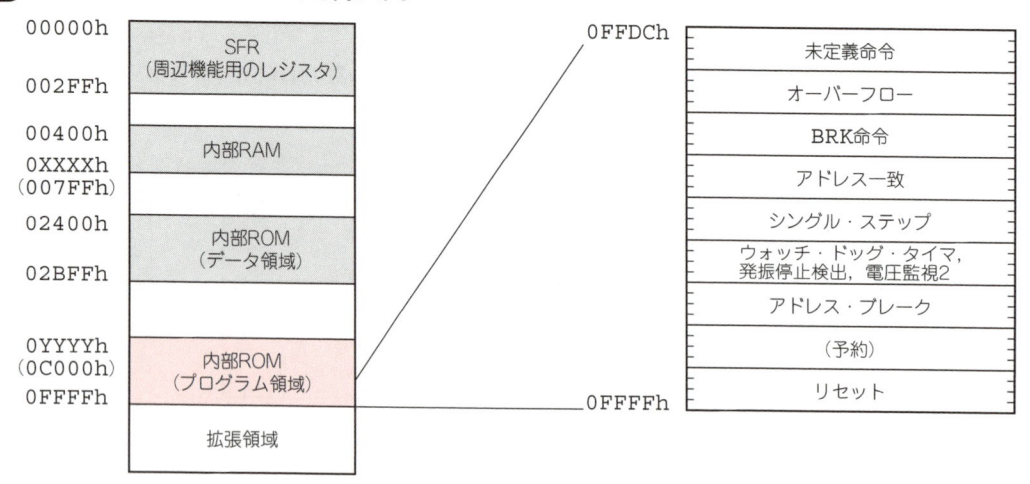

```
00000h ┌─────────────────┐         0FFDCh ┌─────────────────┐
       │ SFR             │                │ 未定義命令       │
       │ (周辺機能用の    │                ├─────────────────┤
       │  レジスタ)      │                │ オーバーフロー    │
002FFh ├─────────────────┤                ├─────────────────┤
       │                 │                │ BRK命令          │
00400h ├─────────────────┤                ├─────────────────┤
0XXXXh │ 内部RAM         │                │ アドレス一致     │
(007FFh)├────────────────┤                ├─────────────────┤
       │                 │                │ シングル・ステップ│
02400h ├─────────────────┤                ├─────────────────┤
       │ 内部ROM         │                │ ウォッチ・ドッグ・タイマ,│
       │ (データ領域)    │                │ 発振停止検出, 電圧監視2│
02BFFh ├─────────────────┤                ├─────────────────┤
       │                 │                │ アドレス・ブレーク│
0YYYYh ├─────────────────┤                ├─────────────────┤
(0C000h)│ 内部ROM         │                │ (予約)           │
       │ (プログラム領域) │                ├─────────────────┤
0FFFFh ├─────────────────┤         0FFFFh │ リセット         │
       │ 拡張領域         │                └─────────────────┘
       └─────────────────┘
```

とができます．

もしすき間がなければ，RAMを分断して配置することになり，使い勝手が悪くなります．ROMの場合も同様です．

図13においてSFRは連続した領域になっていますが，ROMやRAMと違ってひとかたまりではありません．周辺機能ごとにレジスタが用意されています．R8C/15マイコンでは，例えば入出力ポートには，入出力ポート・レジスタP1，方向レジスタPD1，駆動能力制御レジスタDRRなどがあります．

マイコンによっては，メモリ・マップ上の範囲よりメモリやSFRの容量のほうが大きいものがあります．その解決法の一つとしてバンク切り替えがあります．

メモリ・バンクとは，一つのアドレスに複数割り当てられたメモリです．SFRの設定で使用するバンクを切り替えれば，選択されたバンクがメモリ・マップ上に現れます．別のバンクにアクセスするには，SFRの設定でバンクを切り替えてからアクセスする必要があります．

入力ポートに値を書き込むとどうなる？　出力ポートを読み出すとどうなる？　column

ポート1がすべて出力ポートの場合，P1レジスタに書き込んだ値が出力されます．逆にポート1がすべて入力ポートの場合は，P1レジスタを読み出すと，各端子に入力された値を読み出せます．**表A**にポートの設定とRead/writeの関係を示します．

R8C/15マイコンでは，ポートはビットごとに入力・出力のどちらにするのかを設定できます．例えば，ポート1の上位4ビットを入力ポート，下位4ビットを出力ポートに設定できます．その場合，P1レジスタを読み出すと，下位4ビットには何が読めるでしょうか．またP1レジスタに書き込むと，上位4ビットはどうなるでしょうか．

出力ポートに設定した場合，P1レジスタに値を書き込むと，その値がレジスタに保持されるとともに，対応する端子にも出力されます．またP1レジスタを読み出すと，P1レジスタに書き込まれた値が読み出せます．

入力ポートに設定した場合，P1レジスタに書き込むと単にそれが保持されます．しかし，その値は出力されません．またP1レジスタを読み出すと，P1レジスタに保持されている値ではなく，対応する端子に入力されている値が読めます．

このように，入力ポートに設定していると，P1レジスタに書き込んだ値は使われません．しかし，その状態でポートの方向を出力にすれば，P1レジスタに書き込まれた値が出力されます．

表A ポートの設定とRead/Writeの関係

ポートの設定		Read	Write
	入力	端子への入力が読める	P1レジスタに書き込むだけ
	出力	P1レジスタの値が読める	P1レジスタに書き込むとともに端子にも出力する

3 指定アドレスやデータのやり取りは共有回路を使う

マイコンを構成する各要素は，専用の回路で接続するのではなく，共有の回路，すなわちバス(bus)で接続します．例えばCPUがメモリから読み出すときも，出力ポートに書き込むときも，同じバスを使います．

● バスの種類

図14のようにバスは大きく分けて，アドレス・バス，データ・バス，制御バスからなります．アドレス・バスではアドレス(番地)を指定します．データ・バスには読み書きするデータが流れます．制御バスは，読み込みか書き込みかといった情報など，バスを共有してうまく使うための情報が流れています．

● バスを使った情報の読み書き

▶ メモリから読み出すとき

① 図15のように読み出したいメモリの番地をCPUがアドレス・バスに出力します．制御バスでは読み出しであることを出力します．

② メモリをはじめ，バスに接続された各機能は常にバスを監視しています．アドレス・バスの値がどの機能の何の動作を指定しているのかを判断します．

メモリから読み出す場合はCPUがメモリの番地を出力するので，その番地の値からメモリが指定されていることがわかります．また制御バスから動作の指定は読み出しであることがわかります．

③ メモリはアドレス・バスで指定された番地の内容を，データ・バスに出力します．

④ CPUはデータ・バスの値を読み取ると，アドレス・バスと制御バスへの出力を取りやめます．

⑤ メモリはアドレス・バスがメモリの番地を指さなくなるので，データ・バスへの出力を取りやめます．

▶ メモリに書き込むとき

図14 マイコンの構成要素を接続するバス

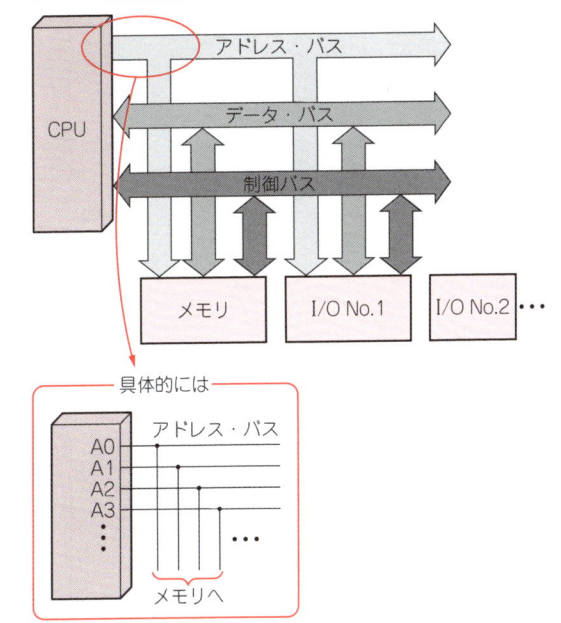

---

column　入出力ポートの設定の順番

入出力ポートを設定するときは，ポートを出力ポートにする前に，出力する値と駆動能力の設定を行います．

あるポートを出力ポートとして設定すると，当然ですが，その設定を行った瞬間から出力されます．もし出力する値を設定する前に，ポートを出力ポートにしてしまうと，出力する値が設定されるまでの間，ポート・レジスタに入っている意図しない値が出力される可能性があります．

今回の実験基板では，"H"，"L"のどちらが出力されても問題ありませんが，そうではない場合もあるはずです．あるポートが出力ポートになった瞬間から意図した値を出力するためには，まず出力する値を設定し，次にポートを出力にする，という順序で設定する必要があります．

もちろん，出力する値を変える場合など，出力ポートに設定した後で出力する値を設定するのは問題ありません．注意する必要があるのは，出力ポートに設定した瞬間に，どのような値が出力されるかについてです．

駆動能力についても同様に，出力ポートに設定した瞬間から設定した駆動能力が発揮できるよう，前もって駆動能力の設定を行います．

図15 メモリからデータを読み出すときの動作

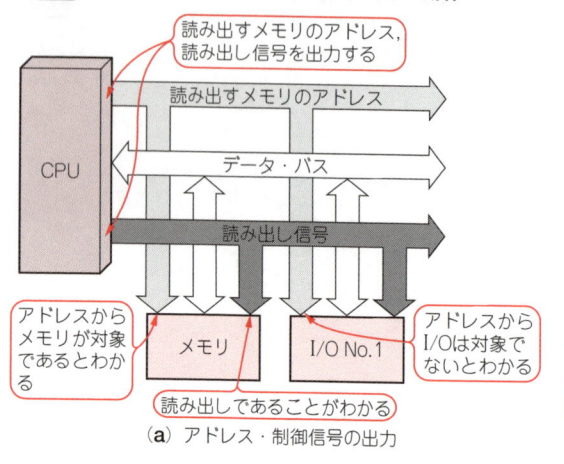

（a）アドレス・制御信号の出力

- 読み出すメモリのアドレス，読み出し信号を出力する
- 読み出すメモリのアドレス
- データ・バス
- 読み出し信号
- アドレスからメモリが対象であるとわかる
- 読み出しであることがわかる
- アドレスからI/Oは対象でないとわかる

（b）メモリからデータの出力

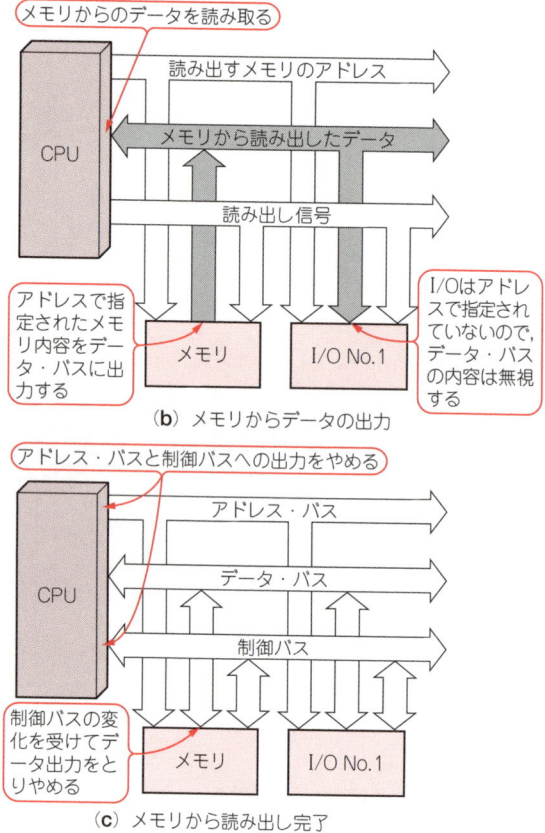

- メモリからのデータを読み取る
- 読み出すメモリのアドレス
- メモリから読み出したデータ
- 読み出し信号
- アドレスで指定されたメモリ内容をデータ・バスに出力する
- I/OはアドレスでI指定されていないので，データ・バスの内容は無視する

（c）メモリから読み出し完了

- アドレス・バスと制御バスへの出力をやめる
- アドレス・バス
- データ・バス
- 制御バス
- 制御バスの変化を受けてデータ出力をとりやめる

メモリへの書き込み動作を **図16** に示します．

① CPUは，アドレス・バスに書き込みたいメモリのアドレスを出力します．またデータ・バスには，書き込む値を出力し，制御バスには書き込みを求める信号を出力します．

メモリはアドレス・バスを監視しており，アドレスからメモリが操作対象であることがわかります．また制御バスから書き込みであり，データ・バスから書き込む値がわかります．メモリは指定されたアドレスに指定された値を書き込みます．

② CPUはバスへの出力を取りやめます．

図14 に示すアドレス・バスの具体例のように，バスからメモリへの分岐が単純に配線で接続できるのは，アドレスを出力するのがCPUだけだからです．

ほかのバス，例えばデータ・バスではこうはいきません．データ・バスの場合，CPU，メモリ，あるいは周辺装置のどれもが出力する可能性があり，ただ接続するだけでは出力が衝突してしまいます．そこで，各装置からデータ・バスへの出力はハイ・インピーダンス状態を作ることができる3ステート・バッファになっています．

制御バスをシンプルな回路で構成できるワイアードOR　column

制御バスの信号の中には二つ以上の装置が同時に通知してよい信号がありえます．その場合，ワイアードORという方法が用いられます．

ワイアードORの接続を **図A** に示します．**図A** ですべての装置が'H'を出力しようとすれば，すべてのトランジスタがOFFになるので，信号線は抵抗によりHレベルになります．一つでも'L'を出力する装置があれば，信号線はLレベルになります．複数の装置が同時にLレベルを出力しても，問題ありません．ワイアードORは出力が衝突することなく，バス接続で使用できます．

図A ワイアードOR接続

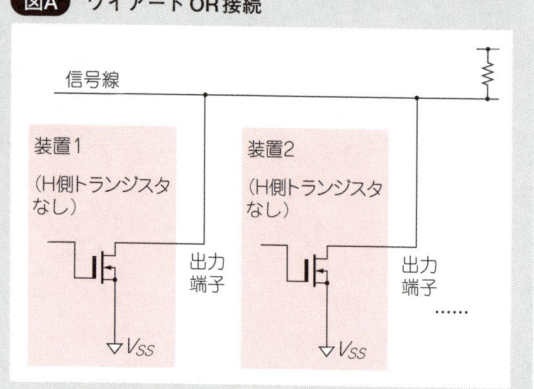

- 信号線
- 装置1（H側トランジスタなし）　出力端子
- 装置2（H側トランジスタなし）　出力端子
- V_{SS}

図16 メモリへデータを書き込むときの動作

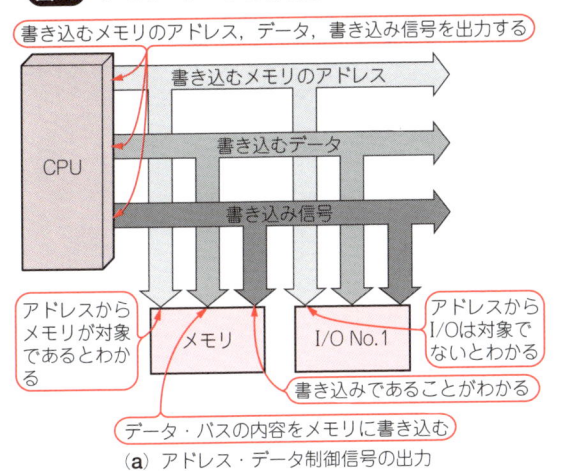

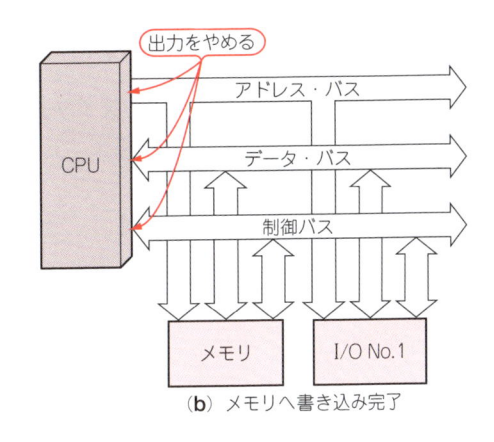

(a) アドレス・データ制御信号の出力

(b) メモリへ書き込み完了

● DRRレジスタ書き込み時のマイコンの動作

SFRは周辺装置の一部であり，その制御レジスタです．SFRを操作することにより周辺装置を操作できます．SFRを介して周辺装置から外部に出力でき，また同様にSFRを介して外部から入力できます．

R8C/15マイコンはメモリ・マップI/O方式であり，SFRはメモリ空間に割り付けられています．CPUから見ると，SFRはメモリと同様に扱うことができます．メモリは単にデータを格納するだけなのに対して，SFRはその先に入出力を行う機構がつながったメモリのようなイメージです．あるいは，図3のポート1をP1レジスタと読み替えたほうが，よりイメージしやすいかもしれません．

最初に作ったプログラムで，ポートの駆動能力を設定するために周辺装置に対してMOV命令を実行したときも，マイコン内部ではメモリ・アクセスと同じような動作が行われています．図5のDRRレジスタを見ると，アドレス00FEh番地と書かれています．00FEh番地にはメモリは存在せず，SFRの一つであるDRRレジスタが存在します．

LEDを点灯するプログラムで，

MOV #00000110b, drr

を実行したとき，マイコン内部では次のような動作が行われています．

① CPUは，アドレス・バスにDRRレジスタのアドレスである00FEhを出力します．またデータ・バスには，DRRレジスタに書き込む値である00000110bを出力し，制御バスには書き込み要求を出力します．

② SFRはアドレス・バスを監視しており，00FEhが出力されればDRRレジスタが対象であることがわかります．制御バスから書き込みであること，データ・バスからその値は00000110bであることがわかるので，DRRレジスタに00000110bが書き込まれます．

③ CPUはバスへの出力を取りやめます．DRRレジスタに00000110bを書き込んだことから，P1_1とP1_2が高駆動能力に設定されます．

● SFR用の領域は0h〜02FFH

R8C/15マイコンでは，SFR用の領域として0h番地から02FFh番地までの範囲が確保されています．さらにその領域のうち，DRRレジスタのアドレス周辺は表3のようになっています．入出力するデータを保持するP1レジスタや，ポートの方向を示すPD1レジスタもあることがわかります．

R8C/15マイコンをリセットすると，SFRに含まれるレジスタの内容も，レジスタごとに決まった値になります．レジスタによっては値が不定のものもあります．

表3 SFR一覧（一部）

番地	レジスタ	シンボル	リセット後の値
00E1h	ポートP1レジスタ	P1	XXh
00E3h	ポートP1方向レジスタ	PD1	00h
00FCh	プルアップ制御レジスタ0	PUR0	00XX0000b
00FDh	プルアップ制御レジスタ1	PUR1	XXXXX0Xb
00FEh	ポートP1駆動能力制御レジスタ	DRR	00h

11-4 外部からの信号でマイコンの制御内容を変更
スイッチのON/OFFでLEDを点滅させる

1 スイッチON期間中にLEDを点灯する

図17 P1レジスタと端子の関係（イメージ）

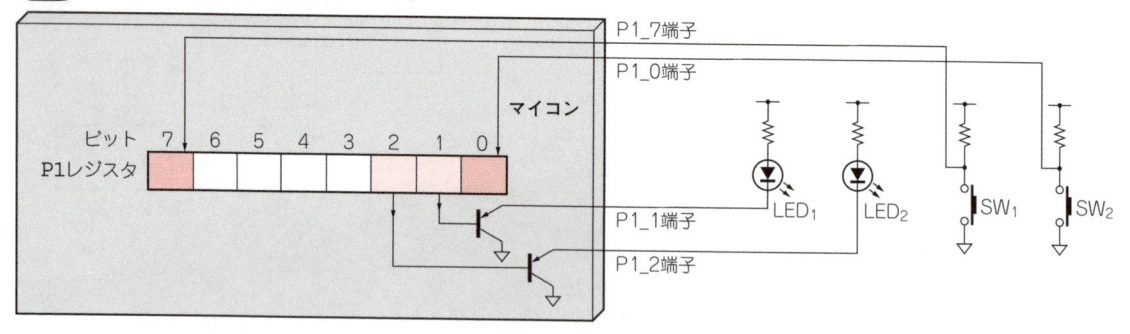

リスト1 LED点灯スイッチ入力プログラム
SW₁がONのときLED₁が点灯する

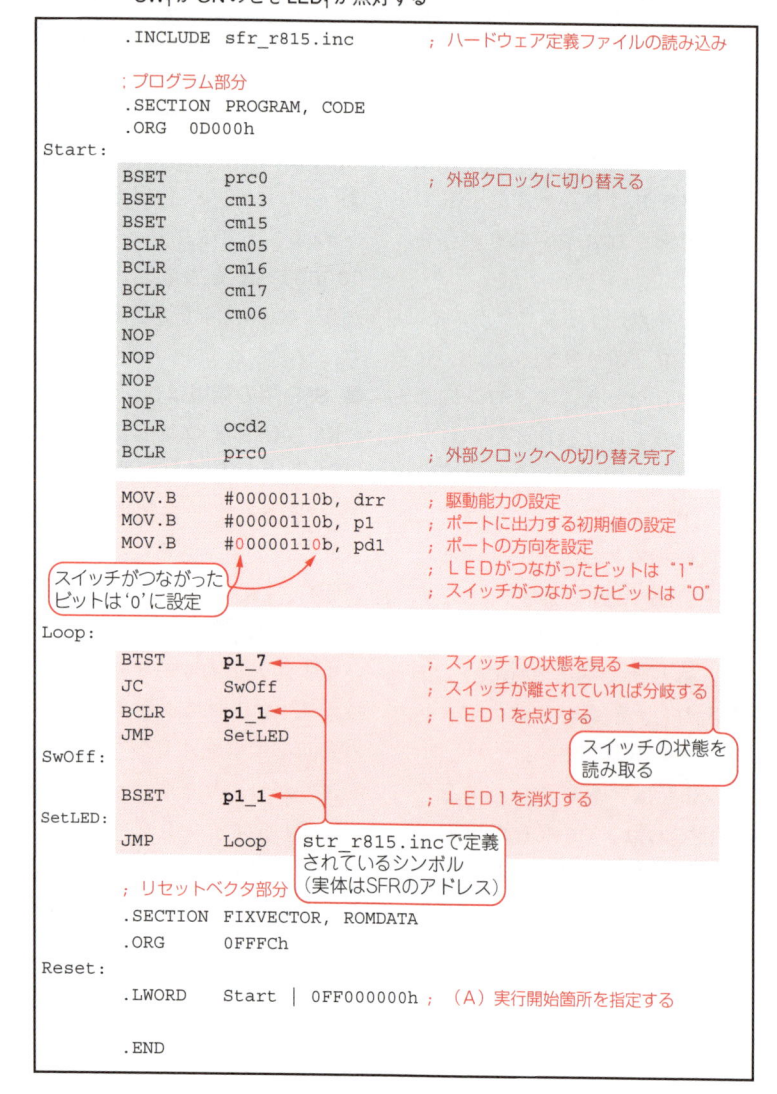

```
            .INCLUDE    sfr_r815.inc        ; ハードウェア定義ファイルの読み込み

            ; プログラム部分
            .SECTION    PROGRAM, CODE
            .ORG        0D000h
Start:
            BSET        prc0                ; 外部クロックに切り替える
            BSET        cm13
            BSET        cm15
            BCLR        cm05
            BCLR        cm16
            BCLR        cm17
            BCLR        cm06
            NOP
            NOP
            NOP
            NOP
            BCLR        ocd2
            BCLR        prc0                ; 外部クロックへの切り替え完了

            MOV.B       #00000110b, drr     ; 駆動能力の設定
            MOV.B       #00000110b, p1      ; ポートに出力する初期値の設定
            MOV.B       #00000110b, pd1     ; ポートの方向を設定
                                            ; LEDがつながったビットは"1"
                                            ; スイッチがつながったビットは"0"
            ; スイッチがつながった
            ; ビットは'0'に設定

Loop:
            BTST        p1_7                ; スイッチ1の状態を見る
            JC          SwOff               ; スイッチが離されていれば分岐する
            BCLR        p1_1                ; LED1を点灯する
            JMP         SetLED
SwOff:
            BSET        p1_1                ; LED1を消灯する
SetLED:
            JMP         Loop
            ; str_r815.incで定義
            ; されているシンボル
            ; (実体はSFRのアドレス)

            ; リセットベクタ部分
            .SECTION    FIXVECTOR, ROMDATA
            .ORG        0FFFCh
Reset:
            .LWORD      Start | 0FF000000h  ; (A) 実行開始箇所を指定する

            .END
```

図18[(10)] ビット・テストを行う BTST命令の構文と操作

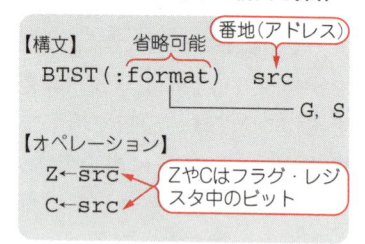

【構文】
BTST(:format) src
省略可能　　番地(アドレス)
　　　　　　G, S

【オペレーション】
Z ← $\overline{src}$
C ← src

ZやCはフラグ・レジスタ中のビット

スイッチが押されている間，LEDを点灯するプログラムを考えます．

マイコンを使ってLEDをON/OFFする方法はわかっているので，スイッチからの入力方法がここでのポイントです．

マイコン・ボードのスイッチは入出力ポートにつながっています．ここでは，ポートP1_7につながっているSW₁と，ポートP1_1につながっているLED₁を使うことにします．

LEDをON/OFFするポートの方向は出力にしましたが，**スイッチの場合はポートの方向を入力にします**．あとは，スイッチがつながったポート1でP1レジスタのビット7を読めば，SW₁の状態を読み取ることができます．**図17**に，P1レジスタ

図19[(7)] フラグ・レジスタの内容

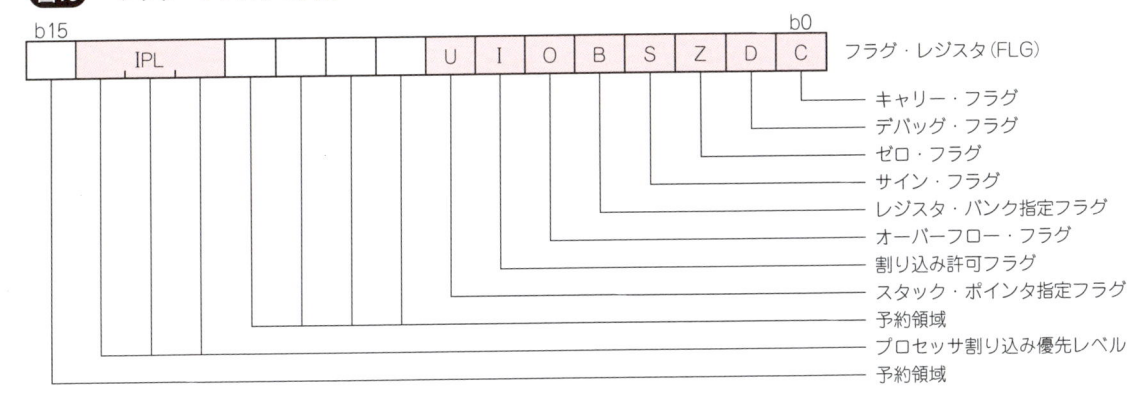

```
b15                                              b0
┌──┬─IPL─┬──┬──┬──┬U┬I┬O┬B┬S┬Z┬D┬C┐  フラグ・レジスタ(FLG)
└──┴─────┴──┴──┴──┴─┴─┴─┴─┴─┴─┴─┴─┘
                                    │ │ │ │ │ │ │ └─ キャリー・フラグ
                                    │ │ │ │ │ │ └─── デバッグ・フラグ
                                    │ │ │ │ │ └───── ゼロ・フラグ
                                    │ │ │ │ └─────── サイン・フラグ
                                    │ │ │ └───────── レジスタ・バンク指定フラグ
                                    │ │ └─────────── オーバーフロー・フラグ
                                    │ └───────────── 割り込み許可フラグ
                                    └─────────────── スタック・ポインタ指定フラグ
                                                     予約領域
                                                     プロセッサ割り込み優先レベル
                                                     予約領域
```

と端子の関係のイメージを示します．

ビットの読み取りは，**図18**に示す BTST 命令を使います．この命令を実行すると，オペランドで指定されたビットの状態がフラグ・レジスタのCフラグ(後述)に転送され，ビットの状態の反転がZフラグに転送されます．

マイコン・ボードでは，入力端子はスイッチを押すと"L"，離すと"H"になり，ポートを読むとそれぞれ'0'，'1'になります．

次のJC命令は条件分岐命令と呼ばれるものの一つで，Cフラグの値が'1'ならオペランドの位置へジャンプ(分岐)し，'1'でないなら次の命令に進みます．

スイッチが押されていれば端子への入力は"L"でCフラグの値は'0'です．分岐せずBCLR命令を実行します．つまり，LED₁が点灯します．

スイッチが離されていればCフラグの値は'1'なので，SwOffに分岐して，LED₁を消灯します．

これらをまとめたプログラムを **リスト1** に示します．

● フラグと条件分岐

フラグという言葉を先に出してしまいましたが，フラグは「旗」という意味で，一般的にはCPUが演算を実行した結果の状態を表すものです．

R8C/15マイコンのフラグ・レジスタを **図19** に示します．

例えば減算をするSUB命令を実行したときは，**図20** のようにフラグが変化します．値が0かどうかといったおおまかな状態がここに示されます．

フラグにより分岐するかどうか決まる条件分岐命令を使うと，演算結果により処理を変えることができます．書式を **図21** に示します．先ほど使ったJC命令も，このJCnd命令の一つです．

JCnd命令は **表4** のようにさまざまな条件によって分岐する命令をまとめた呼び方です．

表4 の条件は日本語で書いてありますが，実際にはフラグの組み合わせで判断しています (p.112のコラム参照)．

図21[(10)] 条件分岐を行うJCnd命令の構文と操作

【構文】
JCnd label ← ラベル

【オペレーション】
if true then jump label

図20[(10)] SUB命令のフラグ変化

フラグ	U	I	O	B	S	Z	D	C
変化	—	—	○	—	○	○	—	○

条件

- O：符号付き演算の結果，＋32767(.W)または－32768(.W)，＋127(.B)または－128(.B)を越えると'1'，それ以外のとき'0'になる
- S：演算の結果，MSBが'1'になると'1'，それ以外のとき'0'になる
- Z：演算の結果が0のとき'1'，それ以外のとき'0'になる
- C：符号なし演算の結果，0に等しいかまたは0より大きいとき'1'，それ以外のとき'0'になる

表4 条件分岐命令(JCnd命令)のいろいろ(一部)

命令	分岐条件
JNZ	演算結果≠0なら分岐
JZ	演算結果＝0なら分岐
JGEU	符号なし数を比較して等しいか大きければ分岐
JGTU	符号なし数を比較して大きければ分岐
JLTU	符号なし数を比較して小さければ分岐
JLEU	符号なし数を比較して等しいか小さければ分岐
JGE	符号付き数を比較して等しいか大きければ分岐
JGT	符号付き数を比較して大きければ分岐
JLT	符号付き数を比較して小さければ分岐
JLE	符号付き数を比較して等しいか小さければ分岐

11-4 スイッチのON/OFFでLEDを点滅させる

2 使う命令によってプログラムを簡略化できる

リスト2 リスト1をBMC命令を使って簡略化したスイッチ入力プログラム
SW₁がONのときLED₁が点灯する

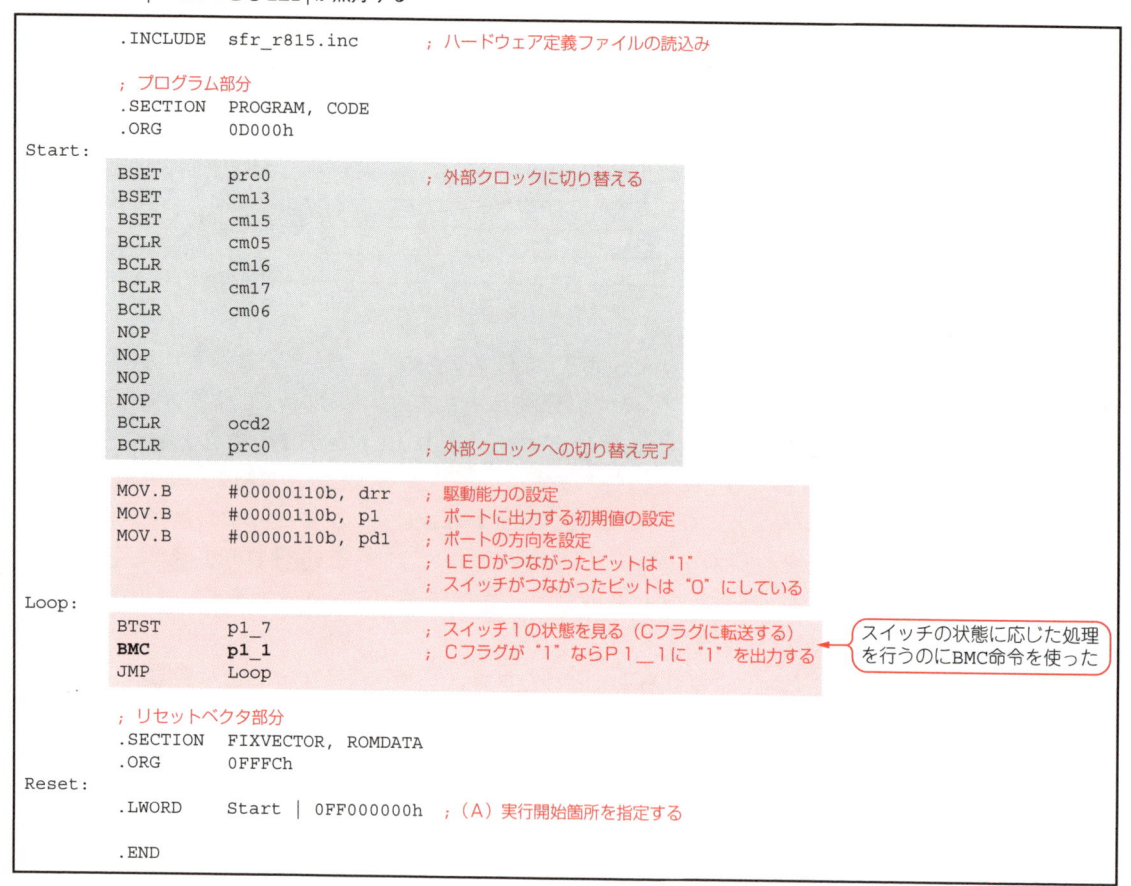

```
        .INCLUDE   sfr_r815.inc        ; ハードウェア定義ファイルの読込み

        ; プログラム部分
        .SECTION   PROGRAM, CODE
        .ORG       0D000h
Start:
        BSET       prc0                ; 外部クロックに切り替える
        BSET       cm13
        BSET       cm15
        BCLR       cm05
        BCLR       cm16
        BCLR       cm17
        BCLR       cm06
        NOP
        NOP
        NOP
        NOP
        BCLR       ocd2
        BCLR       prc0                ; 外部クロックへの切り替え完了

        MOV.B      #00000110b, drr     ; 駆動能力の設定
        MOV.B      #00000110b, p1      ; ポートに出力する初期値の設定
        MOV.B      #00000110b, pd1     ; ポートの方向を設定
                                       ; LEDがつながったビットは"1"
                                       ; スイッチがつながったビットは"0"にしている
Loop:
        BTST       p1_7                ; スイッチ1の状態を見る（Cフラグに転送する）
        BMC        p1_1                ; Cフラグが"1"ならP1_1に"1"を出力する
        JMP        Loop

        ; リセットベクタ部分
        .SECTION   FIXVECTOR, ROMDATA
        .ORG       0FFFCh
Reset:
        .LWORD     Start | 0FF000000h  ;（A）実行開始箇所を指定する
        .END
```

スイッチの状態に応じた処理を行うのにBMC命令を使った

R8C/15マイコンには，条件によって，'1'と'0'のどちらの信号を転送するかを決めるBM*Cnd*命令があります．

先ほど条件によって分岐するかどうかが決まる条件分岐命令J*Cnd*命令を解説しました．BM*Cnd*命令は，分岐する代わりにビット操作を行う命令です．

BM*Cnd*命令も条件が異なるさまざまな命令から構成されます．BM*Cnd*命令の書式を**図22**に示します．

リスト1のプログラムをCフラグの値が'1'なら'1'を転送するBMC命令を使って書き直すと，**リスト2**のように簡略化

図22(10) 条件ビット転送を行うBM*Cnd*命令の構文と操作

【構文】
  BM*Cnd*   dest
【オペレーション】
  if true then   dest←1
  else   dest←0

できます．

ハーバード・アーキテクチャ   column

11-3節で紹介したバスは，フォンノイマン・アーキテクチャと呼ばれる，プログラムとデータを同じ種類のものとして扱う方式に基づきます．

プログラムとデータを分ける方式もあり，ハーバード・アーキテクチャと呼ばれています．マイクロチップ・テクノロジー社のPICマイコンやアトメル社のAVRマイコンなどで用いられています．この方式では，プログラム用とデータ用で2系統のバスが必要です．プログラムを読み取りながら同時にデータにアクセスできるので，高速化が図れます．

3 SW₁とSW₂の両方がONの間だけLEDを点灯させる

表5 ビット間論理演算命令(一部)

(a) BAND命令

入力スイッチ		Cフラグ	
		'0'	'1'
'0'	スイッチON	'0' LED点灯	'0' LED点灯
'1'	スイッチOFF	'0' LED点灯	'1' LED消灯

(b) BOR命令

入力スイッチ		Cフラグ	
		'0'	'1'
'0'	スイッチON	'0' LED点灯	'1' LED消灯
'1'	スイッチOFF	'1' LED消灯	'1' LED消灯

(c) BXOR命令

入力スイッチ		Cフラグ	
		'0'	'1'
'0'	スイッチON	'0' LED点灯	'1' LED消灯
'1'	スイッチOFF	'1' LED消灯	'0' LED点灯

R8C/15マイコンには，ビット間の論理演算を行う命令があります．これを使って，二つのスイッチを両方押している間だけ，LEDを点灯するプログラムを作ってみます．

R8C/15マイコンのビット間論理演算命令の一部を**表5**に示します．これらの命令は，オペランドで指定されたビットとCフラグの論理演算を行います．

マイコン・ボードではスイッチを押すと'0'が入力され，また'0'を出力すればLEDが点灯します．両方のスイッチを押したときだけLEDを点灯する処理はBOR命令を使えば実現できることがわかります．

マイコン・ボードでは，スイッチはポートP1_7のほかポートP1_0につながっています．

プログラムを**リスト3**に示します．まずBTST命令でポートP1_7を読み取り，Cフラグに格納します．次にBOR命令でポートP1_0を読み取り，Cフラグとのロ演算を行い，結果をCフラグに格納します．最後にBMC命令でCフラグの内容を出力します．このプログラムの動作を確認できれば，BOR命令をBANDやBXORなどほかのビット間の論理演算命令に置き換えて，それぞれ動作を確認してみてください．

リスト3 ビット間論理演算を使ったスイッチ入力プログラム
SW₁とSW₂が同時にONしている間だけLED₁が点灯するプログラム

```
        .INCLUDE    sfr_r815.inc        ; ハードウェア定義ファイルの読み込み
        ; プログラム部分
        .SECTION    PROGRAM, CODE
        .ORG        0D000h
Start:
        BSET        prc0                ; 外部クロックに切り替える
        BSET        cm13
        BSET        cm15
        BCLR        cm05
        BCLR        cm16
        BCLR        cm17
        BCLR        cm06
        NOP
        NOP
        NOP
        NOP
        BCLR        ocd2
        BCLR        prc0                ; 外部クロックへの切り替え完了

        MOV.B       #00000110b, drr     ; 駆動能力の設定
        MOV.B       #00000110b, p1      ; ポートに出力する初期値の設定
        MOV.B       #00000110b, pd1     ; ポートの方向を設定
                                        ; LEDがつながったビットは"1"
                                        ; スイッチがつながったビットは"0"にしている
Loop:
        BTST        p1_7                ; スイッチ1の状態を見る
                                              (Cフラグに転送する)
        BOR         p1_0                ; スイッチ2の状態とのORをとり，
                                              結果をCフラグに格納する
        BMC         p1_1                ; Cフラグが"1"ならP1_1に
                                              "1"を出力する
        JMP         Loop

        ; リセットベクタ部分
        .SECTION    FIXVECTOR, ROMDATA
        .ORG        0FFFCh
Reset:
        .LWORD      Start | 0FF000000h  ; (A)実行開始箇所を指定する
        .END
```

数の表現とフラグ column

● 数の表現

マイコンでは数を2進数（1と0だけの数）で表現します．マイコンでは通常8ビット，16ビット，32ビットのレジスタやメモリが使われます．**図B**に示すように，そのまま使うと8ビットなら最大値は255，16ビットなら65535です．負の数を扱う場合は**図C**に示す2の補数を使います．

● 特徴的な演算結果が出るとフラグが立つ

減算した結果がちょうど0になるなど，演算をさせたときに特徴的な結果があれば，フラグが立ちます（フラグを表すビットが'1'になる）．

どんなフラグがあるかはマイコンによって異なります．R8C/15マイコンではキャリ・フラグ，ゼロ・フラグ，サイン・フラグ，オーバーフロー・フラグの四つがあり，それぞれC，Z，S，Oと表記されます．

▶ キャリ・フラグC
演算で指定したメモリやレジスタのビット幅で扱える数を越えた結果になったとき'1'になります．ビット幅で扱える数より大きな数を扱おうとするときに役立ちます．ビット演算にも使われます．

▶ ゼロ・フラグZ
演算結果がゼロになったときに'1'になります．ビットが'0'かどうかを表すためにも使われます．

▶ サイン・フラグS
演算結果が負になると'1'になります．

▶ オーバーフロー・フラグO
加減算で符号が反転した場合，除算の結果が大きすぎて扱える範囲を越えた場合などに'1'になります．

● フラグの使われ方

分岐条件（Cnd）とフラグとの関係を**表B**に示します．CMP命令と組み合わせることで，**表C**のように数値の比較を行うこともできます．

図B　2進数で表した符号なし整数

2進数	10進数
000000000	0
000000001	1
000000010	2
000000011	3
⋮	⋮
111111110	254
111111111	255

8ビットなら256種類のパターンしかないので，0～255しか表せない

図C　2の補数による符号あり整数の表現

（2の補数による表現）（表している数）

2の補数	数
0111	7
0110	6
0101	5
0100	4
0011	3
0010	2
0001	1
0000	0
1111	−1
1110	−2
1101	−3
1100	−4
1011	−5
1010	−6
1001	−7
1000	−8

7−1=6, 6−1=5, …, 0−1=−1（1借りたと考える），…, −7−1=−8
6+1=7, …, −1+1=0（桁あふれは無視する），…, −8+1=−7

表C　符号なし整数を比較した場合のフラグの値

比較の結果	フラグの値
A＞B	(C=1) and (Z=0)
A≧B	C=1
A≦B	(C=0) or (Z=1)
A＜B	C=0
A＝B	Z=1
A≠B	Z=0

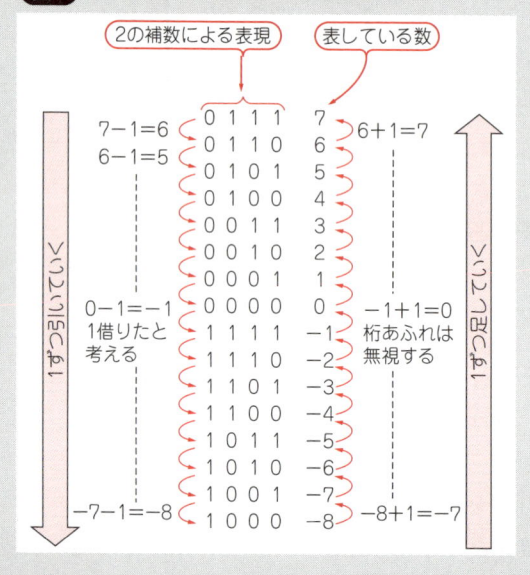

表B　条件分岐命令や条件ビット転送命令に使われる条件とフラグの値

Cnd		条件	式	Cnd		条件	式
GEU/C	C=1	等しいまたは大きい/Cフラグが'1'	≦	LTU/NC	C=0	小さい/Cフラグが'0'	＞
EQ/Z	Z=1	等しい/Zフラグが'1'	=	NE/NZ	Z=0	等しくない/Zフラグが'0'	≠
GTU	C∧Z=1	大きい	＜	LEU	C∧Z=0	等しいまたは小さい	≧
PZ	S=0	正またはゼロ	0≦	N	S=1	負	0＞
GE	S∨O=0	等しい，または符号付きで大きい	≦	LE	(S∨O)∨Z=1	等しい，または符号付きで小さい	≧
GT	(S∨O)∨Z=0	符号付きで大きい	＜	LT	S∨O=1	符号付きで小さい	＞
O	O=1	Oフラグが'1'		NO	O=0	Oフラグが'0'	

注▶ ∨は排他的論理和

徹底図解★マイコンのしくみと動かし方

第12章
時間待ちループの作りかたと実行時間の計算方法

二つのLEDを交互に点滅させてみよう!

12-1 まずはプログラムをマイコンへ入力 プログラムの作成

1 マイコンに書き込むプログラム

まずプログラムを示してしまいます．プログラムの作りかたは第10章を参考にしてください．**リスト1**のプログラムを入力してHEWを使って実行し，LEDが点滅を繰り返すことを確認してください．プログラムの内容は後で説明します．

リスト1 LED点滅プログラム

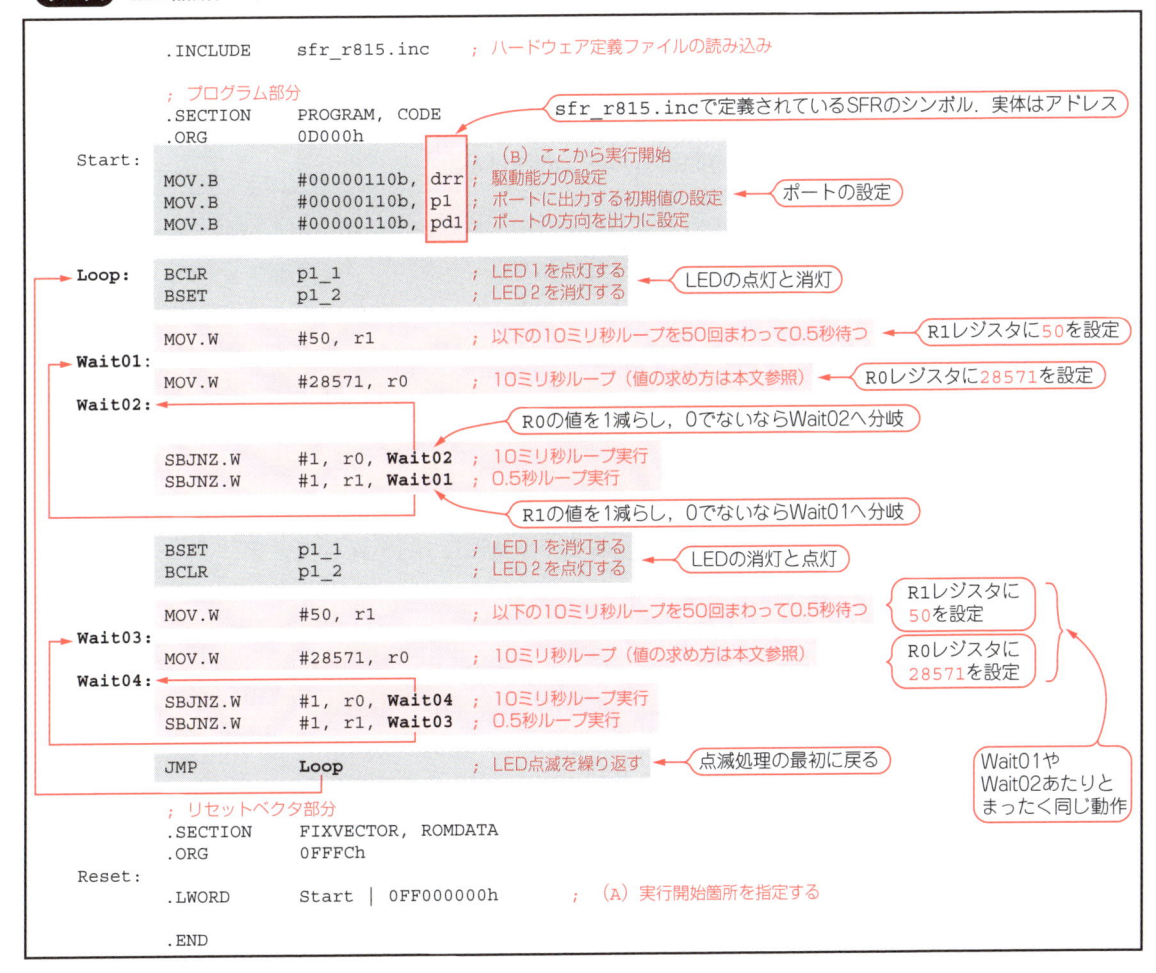

```
              .INCLUDE    sfr_r815.inc        ; ハードウェア定義ファイルの読み込み

              ; プログラム部分
              .SECTION    PROGRAM, CODE
              .ORG        0D000h
  Start:                                      ; (B) ここから実行開始
              MOV.B       #00000110b, drr     ; 駆動能力の設定
              MOV.B       #00000110b, p1      ; ポートに出力する初期値の設定
              MOV.B       #00000110b, pd1     ; ポートの方向を出力に設定

  Loop:       BCLR        p1_1                ; LED1を点灯する
              BSET        p1_2                ; LED2を消灯する

              MOV.W       #50, r1             ; 以下の10ミリ秒ループを50回まわって0.5秒待つ
  Wait01:
              MOV.W       #28571, r0          ; 10ミリ秒ループ（値の求め方は本文参照）
  Wait02:

              SBJNZ.W     #1, r0, Wait02      ; 10ミリ秒ループ実行
              SBJNZ.W     #1, r1, Wait01      ; 0.5秒ループ実行

              BSET        p1_1                ; LED1を消灯する
              BCLR        p1_2                ; LED2を点灯する

              MOV.W       #50, r1             ; 以下の10ミリ秒ループを50回まわって0.5秒待つ
  Wait03:
              MOV.W       #28571, r0          ; 10ミリ秒ループ（値の求め方は本文参照）
  Wait04:
              SBJNZ.W     #1, r0, Wait04      ; 10ミリ秒ループ実行
              SBJNZ.W     #1, r1, Wait03      ; 0.5秒ループ実行

              JMP         Loop                ; LED点滅を繰り返す

              ; リセットベクタ部分
              .SECTION    FIXVECTOR, ROMDATA
              .ORG        0FFFCh
  Reset:
              .LWORD      Start | 0FF000000h  ; (A) 実行開始箇所を指定する

              .END
```

注釈:
- sfr_r815.incで定義されているSFRのシンボル．実体はアドレス
- ポートの設定
- LEDの点灯と消灯
- R1レジスタに50を設定
- R0レジスタに28571を設定
- R0の値を1減らし，0でないならWait02へ分岐
- R1の値を1減らし，0でないならWait01へ分岐
- LEDの消灯と点灯
- R1レジスタに50を設定
- R0レジスタに28571を設定
- 点滅処理の最初に戻る
- Wait01やWait02あたりとまったく同じ動作

12-1 プログラムの作成 113

2　無限ループにするのが基本

作成したプログラムで行う処理の流れを **図1** に示します．
① リセット直後には初期化を行います．初期化の内容は，第1章のプログラムと同じく，ポートの設定です．
② LED₁を点灯し，LED₂を消灯します．
③ その後，0.5s経過するのを待ちます．
④ 今度はLED₁を消灯し，LED₂を点灯します．
⑤ 再度，0.5s経過するのを待ちます．
⑥ ステップ②に戻ります．

第10章のプログラムと比べると，点滅プログラムは大きく二つの点で異なります．一つはプログラムの最後のJMP命令の分岐先で，もう一つは0.5s待つところです．

第10章のプログラムでは，プログラムの最後のJMP命令はそのJMP命令自身に分岐して，結果としてプログラムの実行を停止していました．一方このプログラムでは，プログラムの最後のJMP命令はLED点滅処理の最初（Loop）に分岐し，LEDの点滅を繰り返すようになっています．

どちらのプログラムも，プログラム全体としては無限ループになっています．パソコン上で動作するアプリケーションのように，OS上で動作するプログラムを作るのであれば，処理がすべて完了すればプログラムを終了するように作ります．しかし，このように単体で動くマイコンのプログラムであれば，通常は終了せずに無限ループになるように作ります．

図1 作成するプログラムの流れ

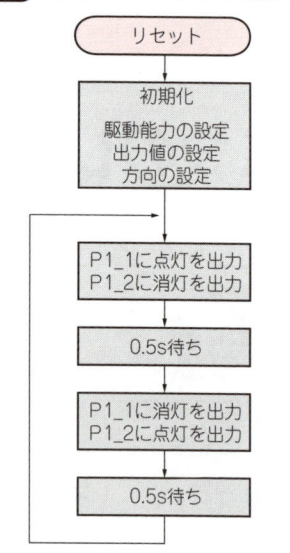

```
   リセット
      ↓
   初期化
   駆動能力の設定
   出力値の設定
   方向の設定
      ↓
 ┌─→ P1_1に点灯を出力
 │   P1_2に消灯を出力
 │      ↓
 │   0.5s待ち
 │      ↓
 │   P1_1に消灯を出力
 │   P1_2に点灯を出力
 │      ↓
 │   0.5s待ち
 └──────┘
```

3　時間待ちループの作りかた

最初のプログラムと異なるもう一つの箇所は，0.5s待つ処理の部分です．この処理では，CPUのレジスタを使っています．処理としては二重のループをぐるぐる回るだけです．
① まず，R1レジスタに値をセットします．このR1レジスタは，SFRではなく，CPUがもっているレジスタです．詳細は後で説明するので，ここではR1という変数があると考えてください．
② 次に，R0レジスタに値をセットします．これもCPUのレジスタです．
③ SBJNZ命令を実行します．この命令は三つのオペランドをとり，第2オペランドから第1オペランドの値を引き，その結果が0でなければ第3オペランドの位置に分岐します．もし結果が0であれば，単に次の命令に移ります．

SBJNZ命令が二つ続いており，まずR0レジスタから1を引きます．これをR0レジスタの値が0になるまで繰り返します．
④ 次にもう一つのSBJNZ命令によりR1レジスタから1を引きます．0でなければ，②のステップに戻り，R0レジスタに値を設定するところに分岐します．

このプログラムが，このような面倒な二重ループになったのは，R0レジスタが保持できる値の範囲の制約のためです．

後で述べますが，必要な時間を稼ぐためにここではSBJNZ命令を28571×50=1428550回実行したいのです．

ところが，R0レジスタは16ビット幅のレジスタなので，繰り返し回数を65535までしか保持できません．そこで，R0レジスタとR1レジスタに分けて実現しています．

これが二重ループになった理由です．

もしR0レジスタが32ビット幅ならば一つのループで実現できます．8ビット幅しかないレジスタを使うなら，レジスタを三つ使って三重ループのプログラムを組むことになります．

12-2 デバッガを使って点滅プログラムを確認
CPU用レジスタの値を見てループの動作を理解しよう

図2 マイコンのCPUのレジスタとその内容を表示するレジスタ・ウィンドウ

```
0 バンク - レジスタ                    ×
Name    Value       Radix
R0      0000        Hex
R1      0000        Hex
R2      0000        Hex
R3      0000        Hex
A0      0000        Hex
A1      0000        Hex
FB      0000        Hex
USP     0000        Hex
ISP     05FF        Hex
PC      00D000      Hex
SB      0000        Hex
INTB    000000      Hex

IPL U I O B S Z D C
 0  0 0 0 0 0 0 0 0
```

リスト2 時間待ちループ回数を減らしてデバッガで確認しやすくしたプログラム

```
        .INCLUDE    sfr_r815.inc    ; ハードウェア定義ファイルの読み込み
        ; プログラム部分
        .SECTION    PROGRAM, CODE
        .ORG        0D000h
Start:
                                    ; (B) ここから実行開始
        MOV.B       #00000110b, drr ; 駆動能力の設定
        MOV.B       #00000110b, p1  ; ポートに出力する初期値の設定
        MOV.B       #00000110b, pd1 ; ポートの方向を出力に設定
Loop:
        BCLR        p1_1            ; LED1を点灯する
        BSET        p1_2            ; LED2を消灯する

        MOV.W       #2, r1          ; デバッガで動作確認するため
                                      回数を減らした
Wait01:
        MOV.W       #3, r0          ; デバッガで動作確認するため
                                      回数を減らした
Wait02:
        SBJNZ.W     #1, r0, Wait02  ; 10ミリ秒ループ実行
        SBJNZ.W     #1, r1, Wait01  ; 0.5秒ループ実行

        BSET        p1_1            ; LED1を消灯する
        BCLR        p1_2            ; LED2を点灯する

        MOV.W       #2, r1          ; デバッガで動作確認するため
                                      回数を減らした
Wait03:
        MOV.W       #3, r0          ; デバッガで動作確認するため
                                      回数を減らした
Wait04:
        SBJNZ.W     #1, r0, Wait04  ; 内側ループ実行
        SBJNZ.W     #1, r1, Wait03  ; 外側ループ実行

        JMP         Loop            ; LED点滅を繰り返す

        ; リセットベクタ部分
        .SECTION    FIXVECTOR, ROMDATA
        .ORG        0FFFCh
Reset:
        .LWORD      Start | 0FF000000h; (A) 実行開始箇所を指定する
        .END
```

（ループ回数を減らしてデバッガで確認しやすくする）

プログラムの動作は文章を読むより，実際にデバッガで実行したほうがわかりやすいと思います．ただし，28000回以上繰り返される時間待ちループをデバッガで実行するのはたいへんなので，**リスト2**のようにループの回数を減らしたプログラムを用意します．変更したのは，R0レジスタ，R1レジスタに設定する値を小さくした点だけです．

ここで，**図2**のようなデバッガのレジスタ・ウィンドウを開きます．もし開いていない場合は，HEWのメニューから［表示］-［CPU］-［レジスタ］の順に選択してください．レジスタ・ウィンドウには，CPUが備えるレジスタとその内容が表示されています．時間待ちループでは，ウィンドウに表示されているレジスタのうち，R0とR1を使っています．

このレジスタに設定する値を変えたプログラムをデバッガでステップ実行してみると，まずSFRの初期化を行い，LED₁を点灯，LED₂を消灯した後，時間待ちループに入ります．

時間待ちループに入ると，まずMOV命令によりR1に2を代入します．この命令を実行すると，レジスタ・ウィンドウのR1のValueのところが赤くなり，値には代入した2が表示されます．次にR0に3を代入すると，同じくレジスタ・ウィンドウのR0の表示が変わります．

次のSBJNZ命令では，R0レジスタの値を1ずつ減らしています．デバッガでステップ実行すると，1回実行するごとにレジスタ・ウィンドウのR0の値が減っていき，0になると次の命令に進むことがわかります．

デバッガのステップ実行により，二つのSBJNZ命令による二重ループの流れを理解してください．

12-3 時間待ちループの実行時間の計算方法
命令実行にかかる時間の求め方

表1 SBJNZ命令のサイクル数

dest	Rn	An	[An]	dsp:8[An]	dsp:8[SB/FB]	dsp:16[An]	dsp:16[SB]	abs16
バイト数/サイクル数	3/3	3/3	3/5	4/5	4/5	5/5	5/5	5/5

▶注1：labelに分岐したとき，表中のサイクル数は4サイクル増加する

図3 9.5秒の待ち時間の作られ方

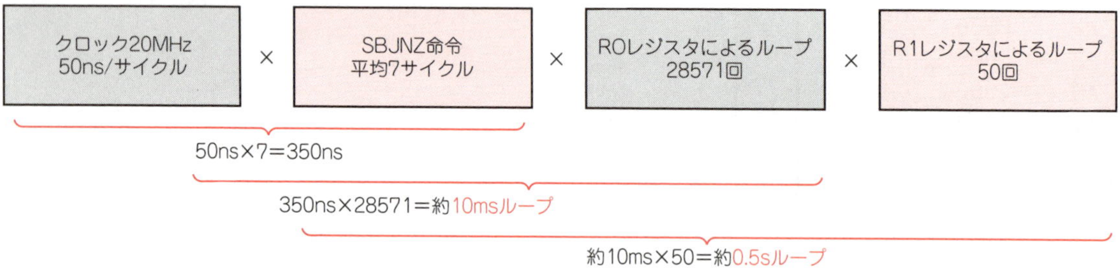

```
┌─────────────┐   ┌─────────────┐   ┌─────────────┐   ┌─────────────┐
│クロック20MHz │ × │ SBJNZ命令   │ × │R0レジスタに │ × │R1レジスタに │
│50ns/サイクル │   │平均7サイクル │   │よるループ    │   │よるループ    │
│             │   │             │   │28571回      │   │50回         │
└─────────────┘   └─────────────┘   └─────────────┘   └─────────────┘
```

50ns×7＝350ns

350ns×28571＝約10msループ

約10ms×50＝約0.5sループ

　HEWで実行した場合，**リスト1**でSBJNZ命令によるループを実行するのに約0.5sかかります．この所要時間はどのように計算すればよいのでしょうか．

　CPUは，クロックに同期して動作しています．CPUが実行する命令は，それぞれ実行するのにクロックのH/Lが何回必要か（以下ではサイクル数と言い換える）が決まっています．

　デバッガで実行するとわかるように，時間待ちループで実行する命令のうち，一番目のSBJNZ命令がもっともよく実行されています．したがって，この命令の実行に必要なサイクル数がわかれば，時間待ちループ全体の実行時間を概算できます．

　この命令を実行するために必要なサイクル数を，**表1**に示します．この命令は，分岐する場合としない場合で，必要なサイクル数が異なります．表の注1にあるように，分岐する場合は，分岐しない場合に加えてさらに4サイクル余分に必要です．今回のプログラムではレジスタR0，R1を使うので，この表のRnの場合になり，分岐しない場合は3サイクル，分岐する場合は7サイクル必要です．SBJNZ命令は'0'でなければ分岐するので，実行時には最後の1回以外は分岐します．つまりこの命令の実行には，ほぼ7サイクル必要になります．

　では，サイクル数から実行時間を計算します．HEWで実行している場合，マイコンは20MHzのクロックで動作しています．したがって，1サイクル当たりの時間は，

$$1/(20 \times 10^6) = 50 \text{ ns}$$

です．

　SBJNZ命令は7サイクルかかるので，20MHzのクロックでは350nsかかります．時間待ちループでは，内側のループでSBJNZ命令を28571回繰り返しており，これで約10msかかります．それを外側のループで50回繰り返すので，**図3**のように最終的には約500ms(0.5s)かかることになります．

プログラムの実行時間の予測は簡単ではない　　　column

　12-3節では，命令実行に必要なサイクル数とクロック速度から命令の実行時間が決まる，という考えに基づいて書かれています．

　単純なマイコンの場合にはそれで正しいのですが，高速化を狙ったマイコンでは命令の実行時間を早めるための工夫がされていて，正確な実行時間を予測することが難しくなります．

　R8C/15マイコンでも，命令キュー・バッファという仕組みで高速化を狙っています．そのために実行時間の予測は難しくなっています．命令キュー・バッファの解説は，このマイコンのソフトウェア・マニュアルに記載されています．

12-4 クロックを切り替える方法

デバッガを使わずに点滅プログラムを実行するには

リスト3 外部クロックへの切り替え処理を追加した点滅プログラム

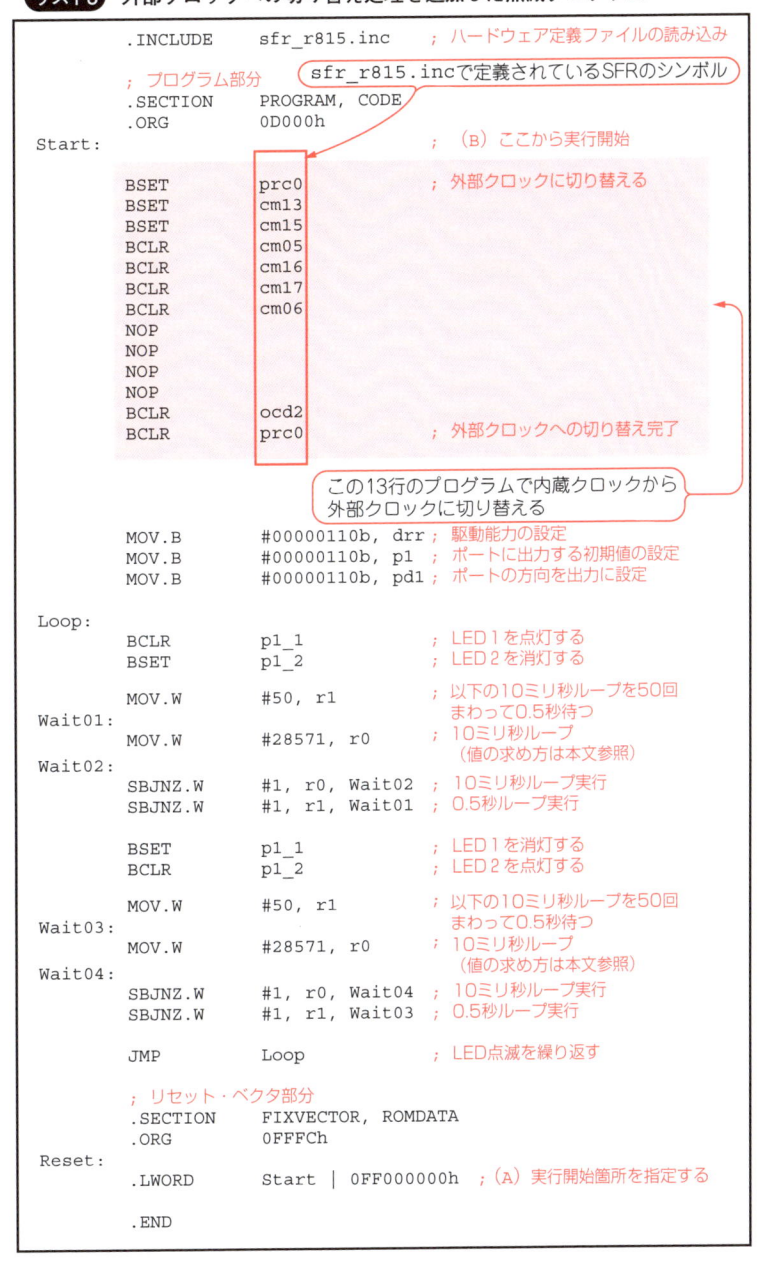

```
        .INCLUDE    sfr_r815.inc     ; ハードウェア定義ファイルの読み込み
; プログラム部分                       （sfr_r815.incで定義されているSFRのシンボル）
        .SECTION    PROGRAM, CODE
        .ORG        0D000h
Start:                                ; （B）ここから実行開始
        BSET        prc0             ; 外部クロックに切り替える
        BSET        cm13
        BSET        cm15
        BCLR        cm05
        BCLR        cm16
        BCLR        cm17
        BCLR        cm06
        NOP
        NOP
        NOP
        NOP
        BCLR        ocd2
        BCLR        prc0             ; 外部クロックへの切り替え完了

                                      この13行のプログラムで内蔵クロックから
                                      外部クロックに切り替える

        MOV.B       #00000110b, drr  ; 駆動能力の設定
        MOV.B       #00000110b, p1   ; ポートに出力する初期値の設定
        MOV.B       #00000110b, pd1  ; ポートの方向を出力に設定
Loop:
        BCLR        p1_1             ; LED1を点灯する
        BSET        p1_2             ; LED2を消灯する

        MOV.W       #50, r1          ; 以下の10ミリ秒ループを50回
                                       まわって0.5秒待つ
Wait01:
        MOV.W       #28571, r0       ; 10ミリ秒ループ
                                       (値の求め方は本文参照)
Wait02:
        SBJNZ.W     #1, r0, Wait02   ; 10ミリ秒ループ実行
        SBJNZ.W     #1, r1, Wait01   ; 0.5秒ループ実行

        BSET        p1_1             ; LED1を消灯する
        BCLR        p1_2             ; LED2を点灯する

        MOV.W       #50, r1          ; 以下の10ミリ秒ループを50回
                                       まわって0.5秒待つ
Wait03:
        MOV.W       #28571, r0       ; 10ミリ秒ループ
                                       (値の求め方は本文参照)
Wait04:
        SBJNZ.W     #1, r0, Wait04   ; 10ミリ秒ループ実行
        SBJNZ.W     #1, r1, Wait03   ; 0.5秒ループ実行

        JMP         Loop             ; LED点滅を繰り返す

; リセット・ベクタ部分
        .SECTION    FIXVECTOR, ROMDATA
        .ORG        0FFFCh
Reset:
        .LWORD      Start | 0FF000000h  ;（A）実行開始箇所を指定する
        .END
```

今度はHEWを終了して，RUNモードでこの点滅プログラムを実行してみます．マイコン・ボードをRUNモードにしてリセットしてみると，LED_1が点灯した状態で止まっているように見えます．しばらく待っても，そのままの状態で変化ありません．

実はR8C/15マイコンは，リセット直後には遅いクロックで動作します．約125 kHzの低速クロックと約8 MHzの高速クロックを内蔵しており，リセット直後は低速クロックをさらに8分周したクロックで動作します．つまり，

125 kHz ÷ 8 ≒ 15.6 kHz

のクロックで動作します．このとき，1サイクル当たりの時間は64 μsです．

一方HEWのデバッガを使って実行した場合は，プログラムで何もしなくても，自動的に外部クロックが使われます．このマイコン・ボードでは外部クロックは20 MHzです．

マイコンが命令を実行するのにかかる時間は，サイクル数で規定されています．SBJNZ命令の実行は7サイクル必要であり，クロックが20 MHzのときにこの命令を実行するのにかかる時間は350 nsであるのに対し，15.6 kHzのときは448 μsです．

つまりクロックが20 MHzから15.6 kHzになると，同じ命令を実行するのに，1280倍の時間がかかります．

20 MHzで実行したとき0.5 sかかる時間待ちループは，クロックが15.6 kHzになると実行するのに1280倍の640 sかかります．

このプログラムをRUNモードで実行すると，LED_1が点灯した状態で止まっているように見えますが，実は時間待ちループを実行しており，約10分ごとにLED_1とLED_2が交互に点灯します．ぜひ試してみてください．マイコンは，まさにクロックに従って動作していることが，体感できるのではないかと思います．

● つねに外部クロックで動作させる

これでは実用的ではないので，RUNモードで実行しても外部クロックを使って，20MHzのクロックで動作するようにしてみます．プログラムの初期化の段階で，使用するクロックとして外部クロックを選択します．変更後のプログラムをリスト3に示します．

これをダウンロードして，RUNモードで実行すると，デバッガで実行したときと同じようにLEDが点滅するのを確認できます．

なお，クロック選択の処理内容については，引用文献に示すハードウェア・マニュアルを参照してください．

この例のように，マイコンには複数のクロックが備わっていることが多くあります．

このマイコンでも，外部クロックは20MHzと高速ですが，クロック回路を実現する部品が必要なうえに，高速動作すると消費電力が増加します．

逆に内部クロックは低速ですが，外付けの部品が不要で消費電力が少なくなります．内部クロックは低速といっても，高速なほうは8MHzなので，十分実用になりそうです．

クロックが複数ある理由は，用途に応じてクロックを選べるようにという配慮でしょう．

次に実行する命令のアドレスを示すプログラム・カウンタ column

プログラムをステップ実行すると，デバッガ画面の黄色い矢印が1命令ずつ動いていきます．この矢印は，次に実行する命令を指しています．

マイコンがプログラムを実行するところを想像すると，プログラムをどこまで実行し，次にどの命令を実行するのかを必ず把握しているはずです．それを実現するために，CPUにはプログラム・カウンタ(Program Counter)が用意されています．プログラム・カウンタは，PCと省略されることもあります．プログラム・カウンタは，次に実行する命令が格納されたメモリのアドレスを保持します．

前の章で，CPUがメモリから読み出す動作について説明しました．CPUがメモリから命令を取得する場合，アドレス・バスにはプログラム・カウンタの値が出力されます．このようにCPUがプログラム・カウンタの値を出力して，命令をメモリから読み出す動作は，フェッチ(fetch)と呼ばれます．フェッチされた命令は，その内容を解析(デコード)され，実行されます．

デバッガに表示される黄色い矢印は，プログラム・カウンタを表現したものです．プログラム・カウンタの働きを，デバッガで確認してみます．

再度リスト3のプログラムを開き，R8C/15にダウンロードしてください．

プログラムを実行しているようすを，図Aに示します．ソース・コードの左側に，その命令が格納されているメモリのアドレスが表示されています．またレジスタ・ウィンドウを開くと，PCのところにプログラム・カウンタの値が表示され，それが黄色い矢印の行のアドレスと一致することが確認できます．

図A レジスタ・ウィンドウを使ってプログラム・カウンタの動きを確認する

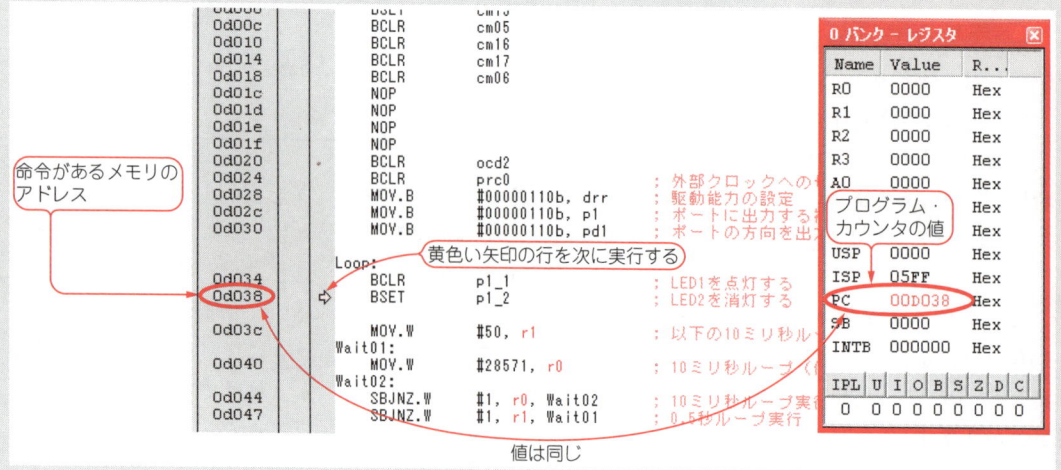

徹底図解★マイコンのしくみと動かし方

第13章
スタックのふるまいとレジスタの退避・復旧のしくみ

サブルーチンの呼び出しと復帰

13-1　何回も使うプログラムをひとかたまりで呼び出す
サブルーチンとスタック

図1 本を読んでいる途中に別のページを参照したくなったら？
前から順に読んでいる途中に「別の場所を参照する」という動作はサブルーチンだといえる．ただし，スタックはしおりのイメージとは異なる

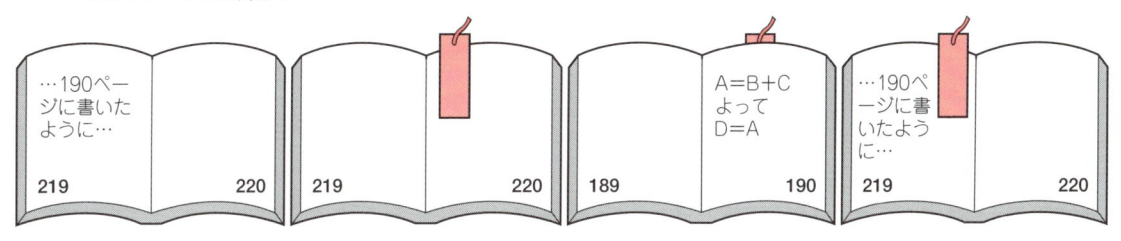

（**a**）ほかのページに移りたいとき…　　（**b**）しおりをはさんで読んでいたページを保って　　（**c**）ほかのページへ移る　　（**d**）しおりをたどれば元のページに戻れる

　プログラムを実行中に，どこまで実行したか覚えておいて，別の処理を一時的に実行したい場合があります．

　図1のように辞書を調べていて，今見ているところと別の項目を調べたいとき，指やしおりを挟んで，別の項目を調べ終えたら戻ってくるイメージです．

　マイコンでは，別の項目を調べることにサブルーチンが対応し，指やしおりにスタックが対応します．

● サブルーチンとは

　サブルーチンは，あるまとまった処理を記述した部分的なプログラムです．共通に使われる処理をまとめたり，大きなプログラムを論理的な単位に分割する場合などに使われます．

　サブルーチンは，主たる処理であるメイン・ルーチンや，ほかのサブルーチンから呼び出されます．呼び出されたサブルーチンから，さらに別のサブルーチンを呼び出すこともできますし，そのサブルーチン自身を呼び出すこと（再帰呼び出し）もできます．サブルーチンの実行が終了すると，呼び出し元に復帰します．

　サブルーチンから呼び出し元に正しく復帰するためには，復帰先の情報を覚えておく必要があります．これには，スタック（stack）と呼ばれるデータ構造が使われます．

● スタックとは

　プログラムを実行中に別の処理を一時的に行う場合，実行中の場所（プログラムカウンタの値）をスタックに保存します．次にプログラム・カウンタに，別の処理（サブルーチン）の命令がある番地を格納すると，CPUはプログラム・カウンタが指し示す命令を実行するので，サブルーチンの実行を始めます．

　サブルーチンの実行が終わったら，スタックに保存してあった値をプログラム・カウンタに戻します．こうするとCPUはプログラム・カウンタが指し示す命令を実行するので，元の処理の実行が再開されます．

　図2では，サブルーチンの中から，さらに別のサブルーチンを実行する場合を描いています．この場合，スタックに値を格納するときは，すでに値が入っていればその上に積み上げるようにします．取り出すときは一番上から取り出します．

13-1　サブルーチンとスタック　119

図2 サブルーチンA, Bを呼び出して復帰するまでのスタックの状態

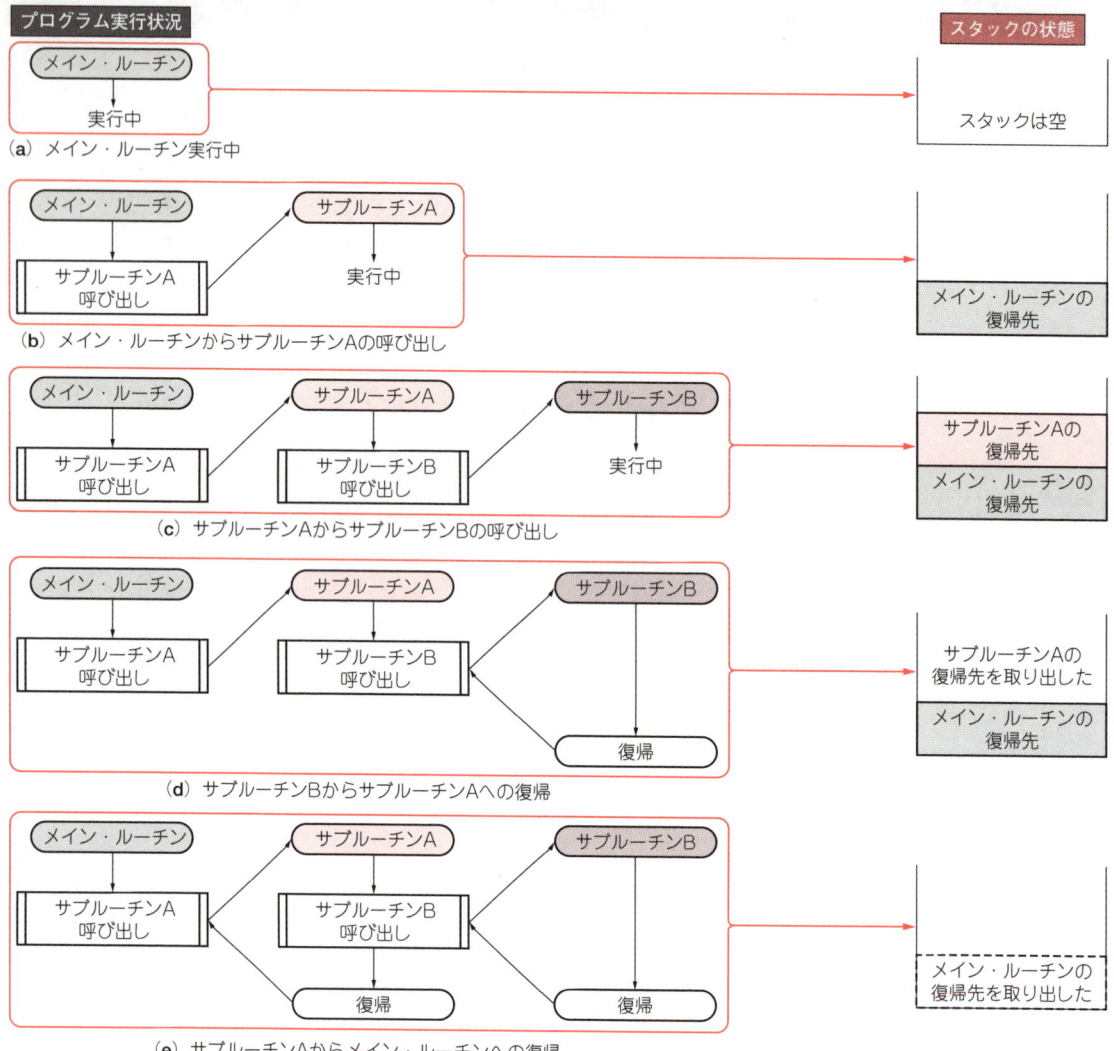

プログラム実行状況　　　　　　　　　　　　　　　　　　　　　　スタックの状態

（a）メイン・ルーチン実行中 — スタックは空

（b）メイン・ルーチンからサブルーチンAの呼び出し — メイン・ルーチンの復帰先

（c）サブルーチンAからサブルーチンBの呼び出し — サブルーチンAの復帰先／メイン・ルーチンの復帰先

（d）サブルーチンBからサブルーチンAへの復帰 — サブルーチンAの復帰先を取り出した／メイン・ルーチンの復帰先

（e）サブルーチンAからメイン・ルーチンへの復帰 — メイン・ルーチンの復帰先を取り出した

　図2に示す例ではメイン・ルーチンからサブルーチンAを呼び出すとき，復帰先をスタックに格納します．サブルーチンAの実行が終了すると，スタックから復帰先を取り出して，そこに分岐します．

　もし呼び出したサブルーチンAから，さらにサブルーチンBを呼び出した場合，そのときの復帰先もスタックに格納します．サブルーチンBが終了したとき，スタックから復帰先を取り出しますが，そのときに取り出したいのは，メイン・ルーチンの復帰先ではなく，後から格納したサブルーチンAの復帰先です．

　このように，サブルーチンの復帰先を取り出すとき，最後に格納した復帰先を最初に取り出すことになります．スタックは，格納した順序と逆の順序でデータを取り出すことができるデータ構造のことです．つまり，**図2**のように最後に格納したデータを最初に取り出せます．

スタック　　　　　　　　　　　　　　　　　　　　　　　　　　　　　　column

　本書ではスタック領域をメモリ上に確保する種類のマイコンについて説明していますが，復帰先を専用の領域に退避するマイコンもあります．

　その種のマイコンでは，スタックのためにわざわざメモリを割く必要はありません．その代わり，専用領域のサイズは限られるので，サブルーチンから別のサブルーチンを呼び出すことを繰り返せる回数（**図1**でいえばしおりの数）は制限されます．

13-2 スタック・ポインタ
メモリの一部をスタックとして利用するしくみ

● スタック構造を実現する専用レジスタ

スタックの実現方法として，一般的にはCPUにあるスタック・ポインタが使われます．スタック・ポインタは，メモリのどこまでデータが格納されているのかを示すレジスタです．次に格納する場所や取り出す場所を指し示します

スタックでは通常，大きいアドレスから小さいアドレスに向かってメモリを使います．

スタックにデータを格納したときと，スタックからデータを取り出したときに，スタック・ポインタがどのようにふるまうのかの一例を図3にまとめます．スタックにデータを格納するときは，スタック・ポインタが示す位置からメモリが空いている方向に向かってデータを格納していきます．逆にスタックからデータを取り出す場合は，スタック・ポインタが示す位置からデータを取り出し，スタック・ポインタの位置を取り出したデータのぶんだけ移動します．

図3 R8C/15マイコンのスタック・ポインタの動作

メモリ上に，アドレス04FFhから小さいアドレスに向かってスタック領域を確保した．
スタック・ポインタには空いている最大アドレス＋1である0500hを設定する

(a) 初期状態
- 04FDh / 04FEh / 04FFh / 0500h
- スタックは空
- スタック・ポインタ＝0500h

スタックにデータを1バイト格納した．まずスタック・ポインタを－1して，次にそれが指すメモリにデータを格納する

(b) スタックに1バイト・データを格納
- 04FDh / 04FEh / 04FFh：1バイト・データ / 0500h
- 1バイト・データをスタックに格納
- スタック・ポインタ＝04FFh

スタックにデータを2バイト格納した．まずスタック・ポインタを－2して，次にそれが指すメモリにデータを格納する

(c) スタックに2バイト・データを格納
- 04FDh：2バイト・データ / 04FEh / 04FFh：1バイト・データ / 0500h
- 2バイト・データをスタックに格納
- スタック・ポインタ＝04FDh

スタックからデータを2バイト取得した．格納時とは逆に，まずスタック・ポインタが指すメモリからデータを取得し，次にスタック・ポインタを＋2する．最後に格納したデータから取得する

(d) スタックから2バイト・データを取得
- 04FDh / 04FEh / 04FFh：1バイト・データ / 0500h
- 2バイト・データをスタックから取得
- スタック・ポインタ＝04FFh

スタックからデータを1バイト取得した．格納時とは逆に，まずスタック・ポインタが指すメモリからデータを取得し，次にスタック・ポインタを＋1する

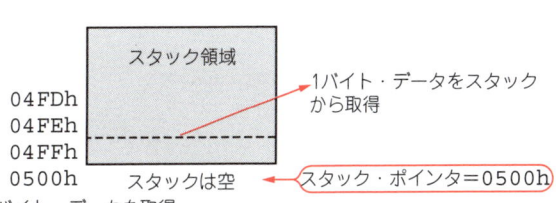

(e) スタックから1バイト・データを取得
- 04FDh / 04FEh / 04FFh / 0500h
- 1バイト・データをスタックから取得
- スタックは空
- スタック・ポインタ＝0500h

13-3 サブルーチンを使ったプログラムの実際
サブルーチンへの分岐と復帰を行う命令とスタックの中身

リスト1は，第12章で作成したLED点滅プログラムをもとに，処理を部分的にサブルーチン化したプログラムです．見た目はずいぶん異なりますが，第12章の**リスト3**と等価なプログラムです．

● スタック・ポインタの設定
まずスタック・ポインタの設定を行います．

スタック・ポインタに，スタックとして使う領域のアドレスを設定します．スタックはメモリ領域のアドレスの大きいほうから小さいほうに向かって使われます．ここでは，スタック領域の最大アドレスを04FFhとして，そのアドレス+1である0500h番地を設定しています．

● サブルーチンの呼び出し
スタック・ポインタの設定が終われば，サブルーチンを呼び出せるようになります．まずSetClock20MHzサブルーチンを呼び出します．

サブルーチン呼び出しには，JSR命令を使用します．このオペランドには，呼び出すサブルーチンの先頭アドレス(ラベル)を指定します．

● サブルーチンを呼び出すとスタックはどうなるか
図4に，サブルーチンSetClock20MHzの呼び出しで，スタックがどうなるのかを示します．

サブルーチン呼び出し前は，スタック・ポインタは0500h番地を指しており，スタックの内容は空です．サブルーチンを呼び出すと，スタックに戻り番地が格納され，格納したデータのサイズだけスタック・ポインタが移動します．

戻り番地は次に実行する命令の番地であり，サブルーチンを呼び出すJSR命令の次の命令に

リスト1 第12章のリスト3をサブルーチンを使って書き換えたLED点滅プログラム

```
            .INCLUDE    sfr_r815.inc    ; ハードウェア定義ファイルの読み込み
; プログラム部分
            .SECTION    PROGRAM, CODE
            .ORG        0D000h
Start:                                  ; (B) ここから実行開始
            LDC         #0500h, isp     ; スタック・ポインタを初期化する
            JSR         SetClock20MHz   ; 外部クロックに切り替えるサブルーチンを
                                        ;   呼び出す
            JSR         InitPort        ; ポートの初期化を行うサブルーチンを呼び出す
            BCLR        p1_1            ; LED1を点灯する
            BSET        p1_2            ; LED2を消灯する
Loop:
            BCLR        p1_1            ; LED1を点灯する
            BSET        p1_2            ; LED2を消灯する
①→         JSR         Wait500mS       ; 0.5秒待ちサブルーチンを呼び出す

            BSET        p1_1            ; LED1を消灯する
            BCLR        p1_2            ; LED2を点灯する
②→         JSR         Wait500mS       ; 0.5秒待ちサブルーチンを呼び出す

            JMP         Loop            ; LED点滅を繰り返す

; 外部クロックに切り替えるサブルーチン
SetClock20MHz:
            BSET        prc0
            BSET        cm13
            :
            中略
            :
            RTS                         ; サブルーチンから復帰する

; ポートの初期化を行うサブルーチン
InitPort:
            MOV.B       #00000110b, drr ; 駆動能力の設定
            MOV.B       #00000110b, p1  ; ポートに出力する初期値の設定
            MOV.B       #00000110b, pd1 ; ポートの方向を出力に設定
            RTS                         ; サブルーチンから復帰する

; 0.5秒待ちサブルーチン
Wait500mS:
            MOV.W       #50, r1                     ←(0.5秒待ちサブルーチン)
Wait500mS_1:
            JSR         Wait10mS        ; 10m秒待ちサブルーチンを呼び出す
            SBJNZ.W     #1, r1, Wait500mS_1
            RTS                         ; サブルーチンから復帰する

; 10m秒待ちサブルーチン
Wait10mS:
            MOV.W       #28571, r0
Wait10mS_1:
            SBJNZ.W     #1, r0, Wait10mS_1
            RTS                         ; サブルーチンから復帰する

; リセットベクタ部分
            .SECTION    FIXVECTOR, ROMDATA
            .ORG        0FFFCh
Reset:
            .LWORD      Start | 0FF000000h  ; (A) 実行開始箇所を指定する
            .END
```

なります．このプログラムでは，戻り番地は0D007h番地です．メモリの004FDh番地から004FFh番地の間に戻り番地が格納されています．

● RTS命令でサブルーチンの呼び出し元に戻る

呼び出されたSetClock20MHzサブルーチンでは，20MHzのクロックを使うように設定した後，RTS命令を実行します．RTS命令は，スタックから戻り先を取り出してスタック・ポインタを元に戻し，戻り先のアドレスをプログラム・カウンタに代入する命令です．この命令を実行すると，呼び出し元に戻ります．

● サブルーチン内でさらにサブルーチンを呼び出す

その後，InitPortサブルーチンを呼び出して，ポートの初期化とLEDの点灯・消灯の設定を行った後，Wait500mSサブルーチンを呼び出します．

このサブルーチン内では，さらにWait10mSサブルーチンを呼び出しています．

Wait10mSサブルーチンが呼び出された時点のスタックのようすを図5(a)に示します．スタックにはWait500mSサブルーチンを呼び出したときの戻り先と，Wait10mSサブルーチンを呼び出したときの戻り先が格納されます．

500ms待ったあと，LEDの点灯・消灯を反転し，再度Wait500mSサブルーチンを呼び出します．さらにWait10mSサブルーチンを呼び出したときのスタックの状態を図5(b)に示します．先ほどの(a)と比較すると，Wait500mSサブルーチンを呼び出したときの戻り先が異なっています．

一つのサブルーチンを複数の場所から呼び出すことができ，サブルーチンから復帰するときはそれぞれの呼び出し元に正しく復帰できます．それはサブルーチン内に復帰先をもっているのではなく，このように呼び出し時にスタックに戻り先を格納することで実現されています．

図4 サブルーチンの呼び出しによるスタックの変化

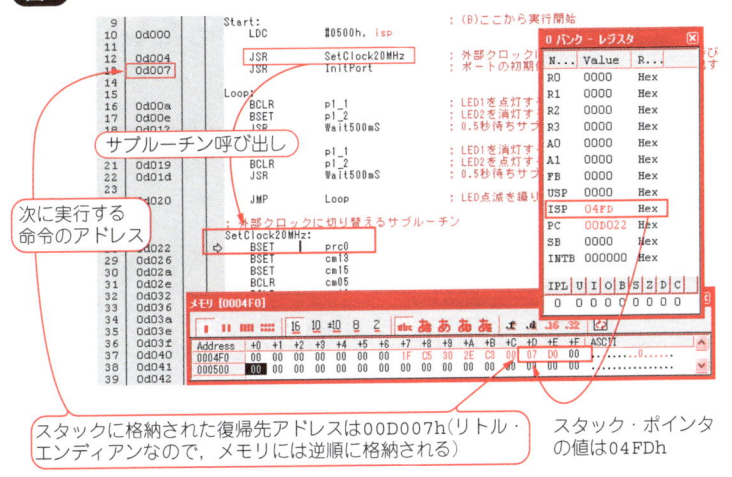

スタックに格納された復帰先アドレスは00D007h（リトル・エンディアンなので，メモリには逆順に格納される）

スタック・ポインタの値は04FDh

図5 Wait10mSサブルーチンが呼び出されたときのスタック

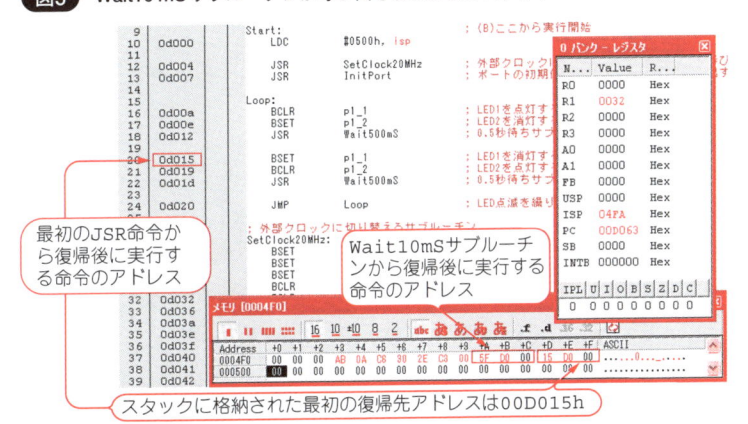

(a) リスト1 ①のJSR命令から復帰直後

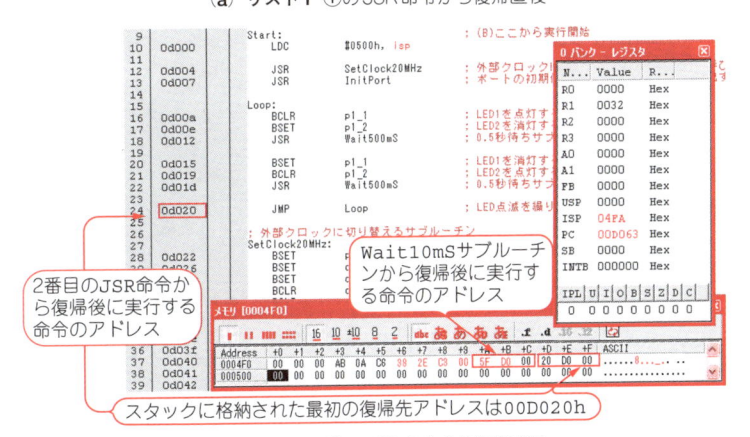

(b) リスト1 ②のJSR命令から復帰直後

スタックに格納された最初の復帰先アドレスは00D015h

スタックに格納された最初の復帰先アドレスは00D020h

13-3 サブルーチンを使ったプログラムの実際　123

13-4 スタックを使う命令とその動作を理解しよう
スタックを使ったレジスタの退避と復旧

リスト2 レジスタの退避と復旧を行うプログラム

```
            .INCLUDE  sfr_r815.inc       ; ハードウェア定義ファイルの読み込み

;  プログラム部分
            .SECTION  PROGRAM, CODE
            .ORG      0D000h
Start:
            LDC       #0500h, isp        ; (B) ここから実行開始
            JSR       SetClock20MHz      ; 外部クロックに切り替えるサブルーチンを
                                         ;   呼び出す
            JSR       InitPort           ; ポートの初期化を行うサブルーチンを
                                         ;   呼び出す
            BCLR      p1_1               ; LED1を点灯する
            BSET      p1_2               ; LED2を消灯する
Loop:
            JSR       Wait500mS          ; 0.5秒待ちサブルーチンを呼び出す

            BNOT      p1_1               ; LED1を反転する
            BNOT      p1_2               ; LED2を反転する

            JMP       Loop               ; LED点滅を繰り返す
;  外部クロックに切り替えるサブルーチン
SetClock20MHz:
            BSET      prc0
            BSET      cm13
            BSET      cm15
            BCLR      cm05
            BCLR      cm16
            BCLR      cm17
            BCLR      cm06
            NOP
            NOP
            NOP
            NOP
            BCLR      ocd2
            BCLR      prc0
            RTS                          ; サブルーチンから復帰する
;  ポートの初期化を行うサブルーチン
InitPort:
            MOV.B     #00000110b, drr    ; 駆動能力の設定
            MOV.B     #00000110b, p1     ; ポートに出力する初期値の設定
            MOV.B     #00000110b, pd1    ; ポートの方向を出力に設定
            RTS                          ; サブルーチンから復帰する
;  0.5秒待ちサブルーチン                              ┌─ R1レジスタの退避と復旧
Wait500mS:
            PUSH.W    r1                 ; R1レジスタを退避する
            MOV.W     #50, r1
Wait500mS_1:
            JSR       Wait10mS           ; 10m秒待ちサブルーチンを呼び出す
            SBJNZ.W   #1, r1, Wait500mS_1
            POP.W     r1                 ; R1レジスタをサブルーチン呼び出し前の
                                         ;   値に復旧する
            RTS                          ; サブルーチンから復帰する
;  10m秒待ちサブルーチン                              ┌─ R0レジスタの退避と復旧
Wait10mS:
            PUSH.W    r0                 ; R0レジスタを退避する
            MOV.W     #28571, r0
Wait10mS_1:
            SBJNZ.W   #1, r0, Wait10mS_1
            POP.W     r0                 ; R0レジスタをサブルーチン呼び出し前の
                                         ;   値に復旧する
            RTS                          ; サブルーチンから復帰する
;  リセットベクタ部分
            .SECTION  FIXVECTOR, ROMDATA
            .ORG      0FFFCh
Reset:
            .LWORD    Start | 0FF000000h ; (A) 実行開始箇所を指定する

            .END
```

● レジスタの退避と復旧の役割

スタックにはサブルーチンの戻り先以外にも，さまざまな種類の値を格納できます．その一つに，**CPUのレジスタを退避・復旧する用途があります**．

例えば **リスト1** で，Wait500mSサブルーチンを呼び出すと，R0レジスタとR1レジスタの値が書き換えられます．このプログラムではそれを織り込んで作成していますが，それでは問題がある場合には，呼び出し元かサブルーチン内でレジスタを退避・復旧します．

この例では，サブルーチン内で退避・復旧するのがよいでしょう．そのように書き直したプログラムを **リスト2** に示します．Wait500mSサブルーチンに入ってすぐにR1レジスタの値をスタックに退避し，Wait10mSサブルーチンに入るとR0レジスタを退避します．それぞれのサブルーチンから復帰するときには，スタックに格納した値をそれぞれのレジスタに復旧します．

● レジスタの値はPUSH命令でスタックへ退避，POP命令で復旧

スタックへの退避は **図6** の **PUSH命令** を使用します．PUSH命令は，オペランドで指定された値をスタックに格納します．

逆にスタックからの復旧には **図7** の **POP命令** を使用します．POP命令はスタックから取り出した値を，オペランドで指定される領域に格納します．

スタックは最後に格納した値が最初に取り出されるので，復旧するときは順番と数，サイズに気をつける必要があります．例えばR0レジスタ，R1レジスタの順に退避したとすると，R1，R0の順に復旧する必要があります．復旧の順番をまちがえるとレジスタの値が入れ替わってしまい，復旧の数やサイズをまちがえるとスタックの状態が異常になり暴走する場合があります．

このプログラムを実行し，Wait10mSサブルーチンに入ったときのスタックの状態を 図8 に示します．スタックには，Wait500mSサブルーチンからの戻り先，退避したR1レジスタ，Wait10mSサブルーチンからの戻り先，退避したR0レジスタの順に格納されています．

R8C/15マイコンではCPUの複数のレジスタを1命令で退避・復旧する PUSHM，POPM命令 が用意されています．

この命令の便利な点は複数のレジスタを一度に扱えるだけでなく，退避・復旧の順番を考えなくてよいところにあります．ただし，同じ数のレジスタを退避・復旧しないと，スタックの状態が異常になります．

● PUSH，POPによる退避・復旧は同じサブルーチン内で使う

最後に，一つ注意を書いておきます．PUSH，POPによりスタックに退避して復旧できるのは，同じサブルーチン内などに限ります．サブルーチン呼び出し前にスタックに値を退避し，呼び出されたサブルーチン内で

図6　スタックへの退避を行うPUSH命令の構文と操作

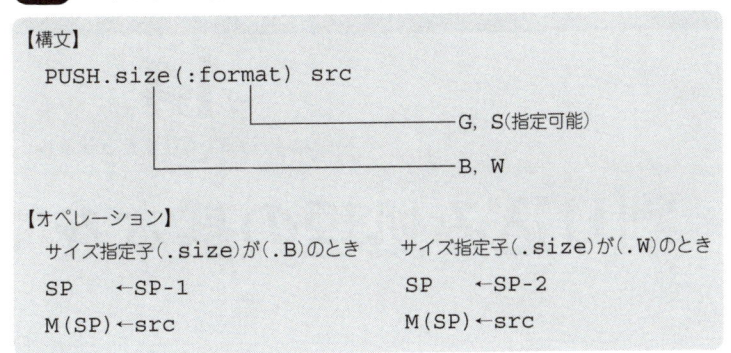

【構文】
PUSH.size(:format) src
　　　　　　　　　　　　　── G, S(指定可能)
　　　　　　　　　── B, W

【オペレーション】

サイズ指定子(.size)が(.B)のとき
SP　←SP-1
M(SP)←src

サイズ指定子(.size)が(.W)のとき
SP　←SP-2
M(SP)←src

図7　スタックからの復旧を行うPOP命令の構文と操作

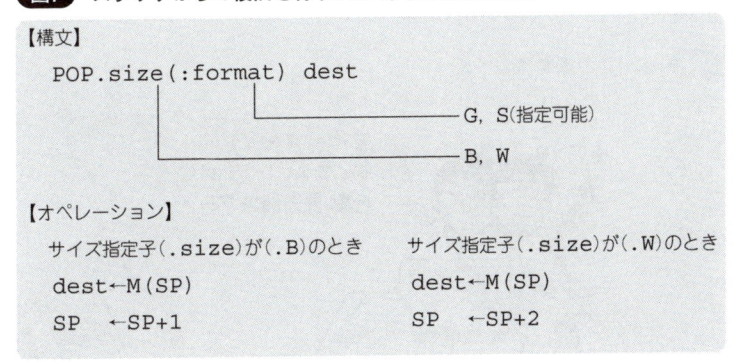

【構文】
POP.size(:format) dest
　　　　　　　　　　　　── G, S(指定可能)
　　　　　　　── B, W

【オペレーション】

サイズ指定子(.size)が(.B)のとき
dest←M(SP)
SP　←SP+1

サイズ指定子(.size)が(.W)のとき
dest←M(SP)
SP　←SP+2

図8　レジスタを退避したときのスタック

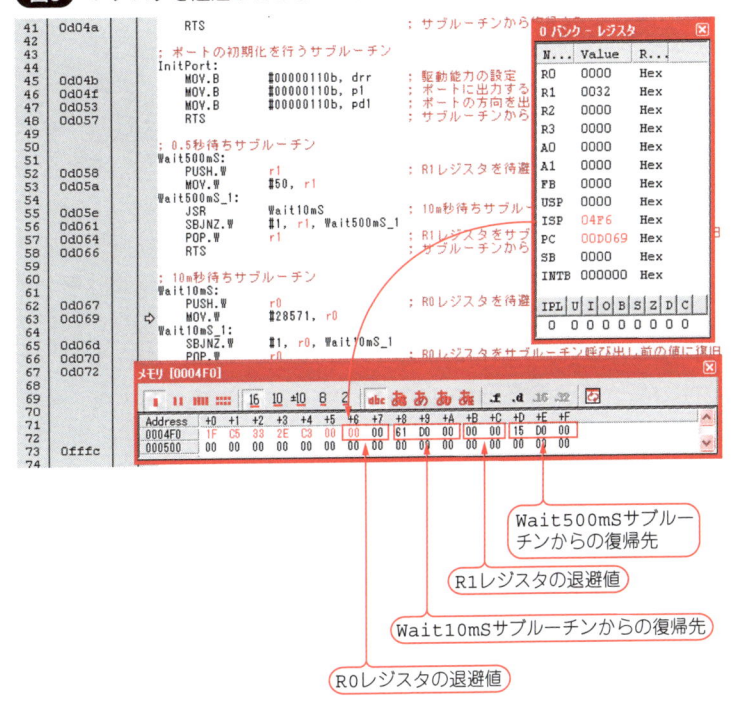

その値を復旧することは，単純なPUSH，POP命令ではできません．

徹底図解★マイコンのしくみと動かし方

第14章
マイコンに効率よく仕事をさせるしくみ

割り込み処理の基本をマスタしよう

14-1 処理に優先順位をつけたい… 割り込みとは何か

図1 割り込みの有無のイメージ

（a）着信で光る電話の場合（割り込みなしのイメージ）　　（b）着信で音が出る電話の場合（割り込みありのイメージ）

割り込みは第6章でも説明しましたが，もう一度説明します．

割り込みがある場合とない場合をイメージすると，**図1**のようになるでしょう．

これは，電話がかかってきたとき，**図1（a）**のように呼び出し音が鳴らずランプが点滅するだけの場合と，**図1（b）**のように呼び出し音が鳴る場合を比べたものです．

● 割り込みを使わないと動作変更が必要かどうかチェックし続ける必要がある

ランプが点滅するだけの場合は，仕事中に電話がかかっているかどうかひんぱんに電話機を見てチェックする必要があり，仕事の効率が落ちます．あるいは，ランプの点滅を見落とすこ

ともあるかもしれません．

第6章の例でいえば，プログラムで10秒間のタイマを起動し，10秒経過したかどうかをループで確認し続けるプログラムに対応します．確認のループに時間かかってしまうプログラムの場合，処理が遅れたり，変化を取りこぼしたりして，不具合の元になります．

● 割り込みは動作変更が必要なときに知らせる

一方，呼び出し音が鳴る場合は，仕事に専念していても，即座に電話に対応できます．

これは，プログラムでタイマを起動した後，別の処理を実行していても，10秒後に割り込みで通知されるイメージです．

信号があることを検出すると

割り込んで処理を行うので，処理が遅れるおそれも，信号を取りこぼすおそれも少なくなります．

これにより，割り込みを使うことで効率的なプログラムを書くことが可能になります．

● 割り込みを使うときの課題

ただし，割り込みを使う場合は，割り込みを使わない場合と比較してプログラムが複雑になります．

割り込みを使わない場合は，プログラムに書いたとおりの順序で処理が行われます．

それに対して割り込みを使う場合は，プログラムの実行と関係なく割り込みが発生します．いつ割り込まれてもよいようにプログラムを作る必要があります．

14-2 どんな問題が起きるのか
割り込みを使わないと損

　割り込みを使う場合と比較するために，まず **リスト1** の割り込みを使わないプログラムを作ります．2秒ごとにLED_1の点灯/消灯を繰り返し，SW_2が押されたことを一度でも検出するとLED_2を点灯します．SW_2が押されているかどうかは，LED_1を点灯する直前に判定しています．したがって，それ以外のタイミングでSW_2を押しても，LED_2は点灯しません．最悪の場合，4秒近くSW_2を押し続けないとLED_2が点灯しません．

　このプログラムを実行したときは，一度LED_2が点灯すると元に戻す手段がありません．再実行するには開発環境HEWからリセットしてやり直してください．マイコン・ボードのリセット・スイッチは使わないようにしてください．

　SW_2が押されると，プログラムはメモリにあらかじめ確保してあるLED2On領域に '1' を書きます．この領域は最初に '0' に初期化しているので，その値が '1' になっていれば一度でもスイッチが押されたことになります．

　値が '1' かどうかの判定には，CMP命令を使っています．この命令は二つの値を比較（減算と同じ）し，フラグだけに結果を残します．LED2Onと '1' を比較しているので，もしLED2Onが '1'（スイッチが押されたことがある）であればZフラグが '1' になり，そうでなければZフラグが '0' になります．

リスト1 割り込みを使わない（ポーリングを使った）プログラム

```
        .INCLUDE   sfr_r815.inc     ; ハードウェア定義ファイルの読み込み
;  プログラム部分
        .SECTION   PROGRAM, CODE
        .ORG       0D000h
Start:                              ; (B) ここから実行開始
        LDC        #0500h, isp
        JSR        SetClock20MHz    ; 外部クロックに切り替えるサブルーチンを呼び出す
        JSR        InitPort         ; ポートの初期化を行うサブルーチンを呼び出す
        MOV.B      #0, LED2On       ; スイッチ押下フラグをクリアする
Loop:
        BTST       p1_0             ; スイッチ押下チェック
        JC         SwOff            ; スイッチが押されていない場合に分岐
        MOV.B      #1, LED2On       ; スイッチ押下フラグをセットする
SwOff:
        CMP.B      #1, LED2On       ; スイッチが押下されたことがあるか
        BMNZ       p1_2             ; LED2に出力する

        BCLR       p1_1             ; LED1を点灯
        JSR        Wait2S           ; 2秒待ちサブルーチンを呼び出す

        BSET       p1_1             ; LED1を消灯
        JSR        Wait2S           ; 2秒待ちサブルーチンを呼び出す

        JMP        Loop             ; LED点滅を繰り返す

;  外部クロックに切り替えるサブルーチン
SetClock20MHz:
        BSET       prc0
                   中略
        RTS                         ; サブルーチンから復帰する

;  ポートの初期化を行うサブルーチン
InitPort:
        MOV.B      #00000110b, drr  ; 駆動能力の設定
        MOV.B      #00000110b, p1   ; ポートに出力する初期値の設定
        MOV.B      #00000110b, pd1  ; ポートの方向を出力に設定
        RTS                         ; サブルーチンから復帰する

;  2秒待ちサブルーチン
Wait2S:
        MOV.W      #200, r1
Wait2S_1:
        JSR        Wait10mS
        SBJNZ.W    #1, r1, Wait2S_1
        RTS

;  10m秒待ちサブルーチン
Wait10mS:
        PUSH.W     r0               ; R0レジスタを退避する
        MOV.W      #28571, r0
Wait10mS_1:
        SBJNZ.W    #1, r0, Wait10mS_1
        POP.W      r0               ; R0レジスタをサブルーチン呼び出し前の値に復旧する
        RTS                         ; サブルーチンから復帰する

;  データ（作業領域）部分
        .SECTION   WORK, DATA
        .ORG       0400h
LED2On:
        .BLKB      1                ; LED2Onという名前のメモリ領域を確保
;  リセットベクタ部分
        .SECTION   FIXVECTOR, ROMDATA
        .ORG       0FFFCh
Reset:
        .LWORD     Start | 0FF000000h   ; (A) 実行開始箇所を指定する
        .END
```

（CMP.B #1, LED2Onの箇所：スイッチが押されたかチェック）

14-3 割り込みを使って動作を改良した例
優先順位をつけたスマートな制御

　割り込みを使って**リスト1**と同様の機能を実現したプログラムを**リスト2**に示します．まずは，このプログラムを実行してみてください．LED$_1$が点滅し，SW$_2$を押すとLED$_2$が点灯します．

　実行してみるとわかりますが，SW$_2$を押した瞬間にLED$_2$が点灯します．

　リスト1のプログラムでは，SW$_2$が押されたかどうかを判定する処理を実行したときに，スイッチが押されていることを検出できます．

　それに対して**リスト2**では，SW$_2$が押されると割り込みが発生するように設定しているので，わざわざ判定する処理を行わなくても，SW$_2$が押された瞬間にそれがわかります．

リスト2 割り込みを使ったプログラム

```
            .INCLUDE    sfr_r815.inc        ; ハードウェア定義ファイルの読み込み

            ; プログラム部分
            .SECTION    PROGRAM, CODE
            .ORG        0D000h
Start:                                      ; (B) ここから実行開始
            LDC         #0500h, isp         ; スタック・ポインタの設定
            LDINTB      #VarVector          ; 可変ベクタ・テーブルの場所をセット

            JSR         SetClock20MHz       ; 外部クロックに切り替えるサブルーチンを呼び出す
            JSR         InitPort            ; ポートの初期化を行うサブルーチンを呼び出す
            JSR         InitKeyInputIntr    ; キー入力割り込みを初期化

            MOV.B       Dummy, r0h          ; タイミング調整用
            FSET        i                   ; 割り込みを許可

Loop:
            BCLR        p1_1                ; LED1を点灯
            JSR         Wait2S              ; 2秒待ちサブルーチンを呼び出す

            BSET        p1_1                ; LED1を消灯
            JSR         Wait2S              ; 2秒待ちサブルーチンを呼び出す

            JMP         Loop                ; LED点滅を繰り返す

; 外部クロックに切り替えるサブルーチン
SetClock20MHz:
            BSET        prc0
            BSET        cm13
            BSET        cm15
            BCLR        cm05
            BCLR        cm16
            BCLR        cm17
            BCLR        cm06
            NOP
            NOP
            NOP
            NOP
            BCLR        ocd2
            BCLR        prc0
            RTS                             ; サブルーチンから復帰する

; ポートの初期化を行うサブルーチン
InitPort:
            MOV.B       #00000110b, drr     ; 駆動能力の設定
            MOV.B       #00000110b, p1      ; ポートに出力する初期値の設定
            MOV.B       #00000110b, pd1     ; ポートの方向を出力に設定
            RTS                             ; サブルーチンから復帰する

; キー入力割り込みの初期化を行うサブルーチン
InitKeyInputIntr:
            BCLR        ki0pl               ; 立ち下がりエッジで割り込み
            BSET        ki0en               ; キー入力割り込みを許可
            MOV.B       #01h, kupic         ; 割り込み優先レベル1を設定
            RTS

; 2秒待ちサブルーチン
Wait2S:
            MOV.W       #200, r1
```

注釈:
- スタック・ポインタの設定と可変ベクタ・テーブルの設定
- 外部クロックの使用／ポートの設定／キー入力割り込みの初期化
- 割り込みを許可する
- この短い部分がメイン・ルーチン
- キー入力信号の立ち下がりエッジで割り込みが発生するよう設定
- 割り込みレベルを1に設定
- 割り込みを許可

これは 図1 で，電話がかかっているかどうかを目で確認したときだけ判定できる場合（リスト1）と，電話が鳴った瞬間にわかる場合（リスト2）の違いに相当します．

● 割り込みを使うメリット

割り込みを使えば，知りたい事象（このプログラムの場合はスイッチが押されたこと）が起こったときに，それを即座に知ることができます．

また，メイン・ルーチンを見てわかるように，割り込みがない限りは，スイッチの状態を調べるような余計な処理を行わず，実行したい処理（LEDの点滅）に専念できます．

割り込みを使わない場合，さまざまな処理を順番に行う長いプログラムになってしまうことがあります．割り込みをうまく使うと，一つの長い処理をいくつかのシンプルな処理に分解できる場合もあります．

● 割り込みを使うデメリット

割り込みの初期化や可変ベクタ・テーブルの記述など，プログラム全体としては複雑化していることがわかります．

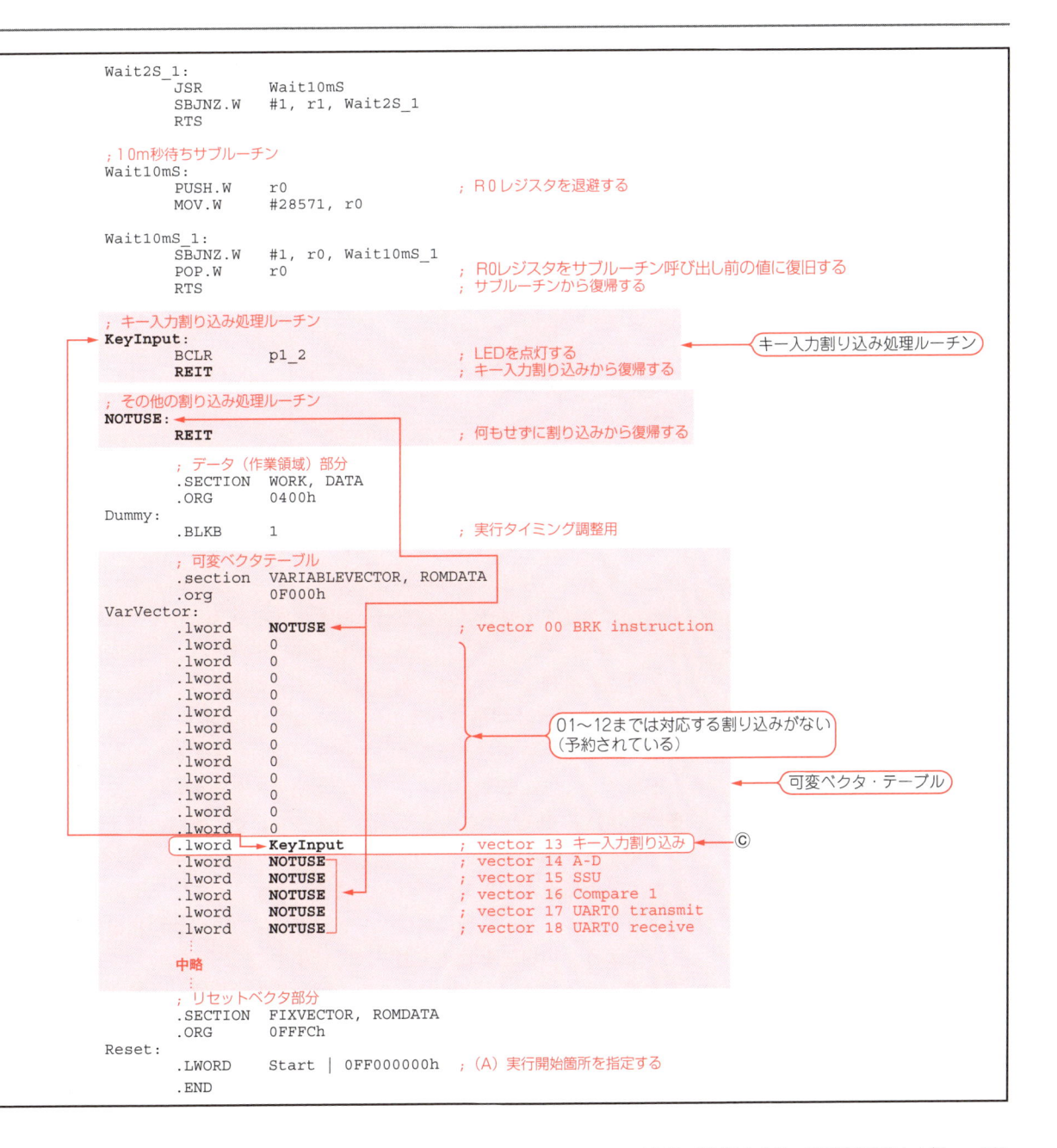

```
Wait2S_1:
        JSR     Wait10mS
        SBJNZ.W #1, r1, Wait2S_1
        RTS

;10m秒待ちサブルーチン
Wait10mS:
        PUSH.W  r0                      ; R0レジスタを退避する
        MOV.W   #28571, r0

Wait10mS_1:
        SBJNZ.W #1, r0, Wait10mS_1
        POP.W   r0                      ; R0レジスタをサブルーチン呼び出し前の値に復旧する
        RTS                             ; サブルーチンから復帰する

; キー入力割り込み処理ルーチン                                    ← キー入力割り込み処理ルーチン
KeyInput:
        BCLR    p1_2                    ; LEDを点灯する
        REIT                            ; キー入力割り込みから復帰する

; その他の割り込み処理ルーチン
NOTUSE:
        REIT                            ; 何もせずに割り込みから復帰する

        ; データ（作業領域）部分
        .SECTION        WORK, DATA
        .ORG            0400h
Dummy:
        .BLKB           1               ; 実行タイミング調整用

        ; 可変ベクタテーブル
        .section        VARIABLEVECTOR, ROMDATA
        .org            0F000h
VarVector:
        .lword          NOTUSE          ; vector 00 BRK instruction
        .lword          0
        .lword          0
        .lword          0
        .lword          0
        .lword          0
        .lword          0               01〜12までは対応する割り込みがない
        .lword          0               （予約されている）
        .lword          0
        .lword          0                                    ← 可変ベクタ・テーブル
        .lword          0
        .lword          0
        .lword          0
        .lword          KeyInput        ; vector 13 キー入力割り込み     ← Ⓒ
        .lword          NOTUSE          ; vector 14 A-D
        .lword          NOTUSE          ; vector 15 SSU
        .lword          NOTUSE          ; vector 16 Compare 1
        .lword          NOTUSE          ; vector 17 UART0 transmit
        .lword          NOTUSE          ; vector 18 UART0 receive
中略
        :
        ; リセットベクタ部分
        .SECTION        FIXVECTOR, ROMDATA
        .ORG            0FFFCh
Reset:
        .LWORD          Start | 0FF000000h      ; (A) 実行開始箇所を指定する
        .END
```

14-4 可変ベクタ・テーブルの設定と割り込み設定の初期化
割り込みを利用するための初期設定

1 割り込み処理の動作

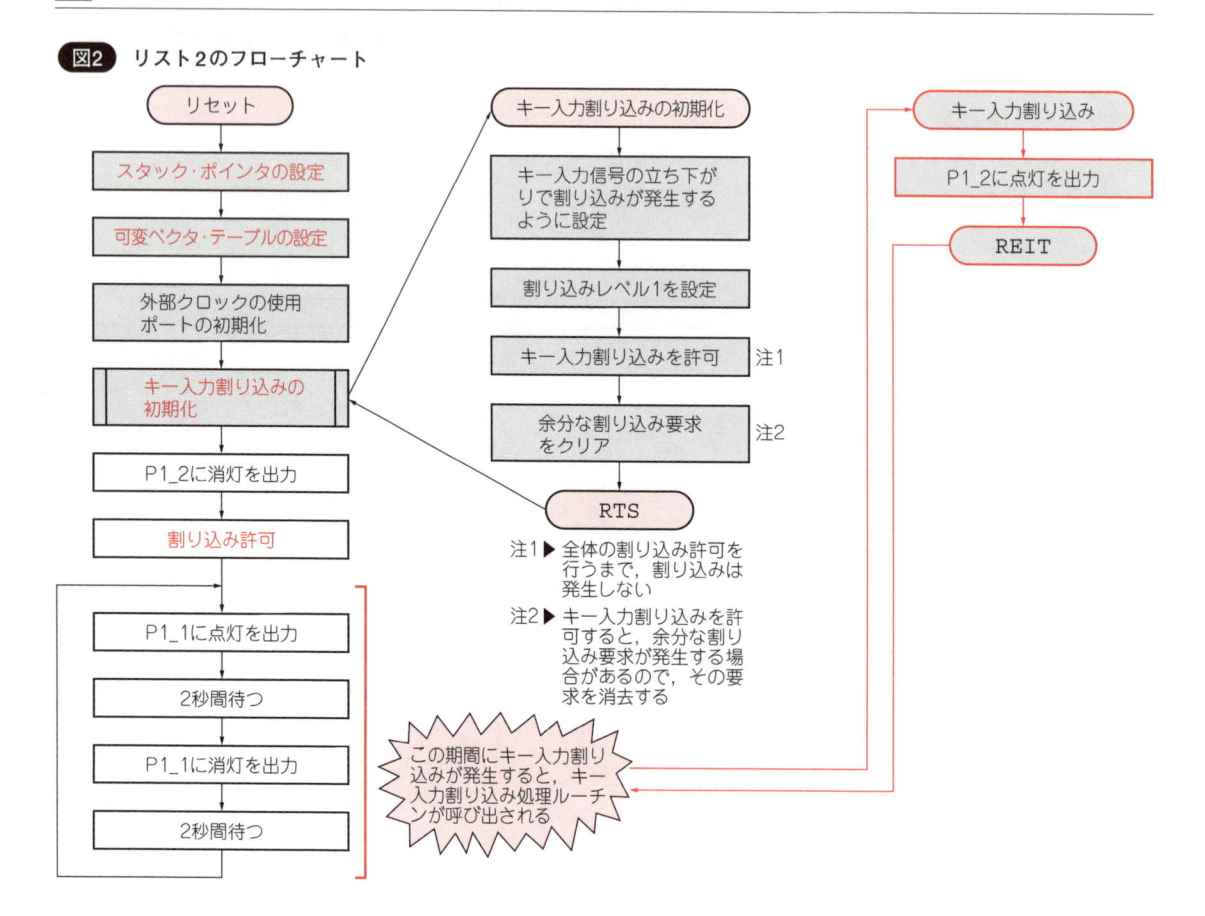

図2 リスト2のフローチャート

```
リセット
  ↓
スタック・ポインタの設定
  ↓
可変ベクタ・テーブルの設定
  ↓
外部クロックの使用
ポートの初期化
  ↓
キー入力割り込みの
初期化 ──────────────→ キー入力割り込みの初期化
  ↓                        ↓
P1_2に消灯を出力            キー入力信号の立ち下がりで割り込みが発生するように設定
  ↓                        ↓
割り込み許可                割り込みレベル1を設定
  ↓                        ↓
┌─ P1_1に点灯を出力         キー入力割り込みを許可  注1
│   ↓                       ↓
│  2秒間待つ                余分な割り込み要求をクリア  注2
│   ↓                       ↓
│  P1_1に消灯を出力         RTS
│   ↓
│  2秒間待つ
└──
```

注1▶ 全体の割り込み許可を行うまで，割り込みは発生しない

注2▶ キー入力割り込みを許可すると，余分な割り込み要求が発生する場合があるので，その要求を消去する

```
キー入力割り込み
  ↓
P1_2に点灯を出力
  ↓
REIT
```

この期間にキー入力割り込みが発生すると，キー入力割り込み処理ルーチンが呼び出される

割り込みを使うには，あらかじめ設定することがいろいろあります．**リスト2**で，その内容を詳しく見ていきます．

● 割り込み処理ルーチンは特殊なサブルーチン

リスト2の処理概要を**図2**に示します．プログラムを実行すると，初期化を行った後，LED点滅処理を行い続けます．これがメイン・ルーチンです．

SW_2が押されると割り込みが発生し，そのときに行っている処理を中断して，割り込み処理ルーチンに制御が移ります．この割り込み処理では，LED_2を点灯します．割り込み処理が終われば，再び元の処理に戻ります．

割り込み処理ルーチンは，割り込みによって呼び出される，特殊なサブルーチンと考えることができると思います．

● 割り込み処理ではスタック・ポインタISPを使う

割り込み処理ルーチンが呼び出されるとき，元の処理に復帰できるよう，復帰先を覚えておく必要があります．これには，サブルーチンの場合と同様にスタックが使われます．

R8C/15マイコンでは，スタックにメモリを使います．スタックに使ったメモリ・アドレスを保持するレジスタがスタック・ポインタです．R8C/15マイコンには二つのスタック・ポインタがありますが，割り込みでは使うスタック・ポインタが決まっており，普通の割り込みではスタック・ポインタISPが使われます．そこで，このプログラムではISPの初期化を行っています．

割り込み発生時，スタックに戻り番地とともにフラグ・レジスタの内容が退避されます．

2 ジャンプ先を指定するベクタ・テーブル

表1 固定ベクタ・テーブル

割り込み要因	ベクタ番地 番地(L)～番地(H)	備考
未定義命令	0FFDCh～0FFDFh	UND命令で割り込み
オーバーフロー	0FFE0h～0FFE3h	INTO命令で割り込み
BRK命令	0FFE4h～0FFE7h	0FFE7h番地の内容がFFhの場合は可変ベクタ・テーブル内のベクタが示す番地から実行
アドレス一致	0FFE8h～0FFEBh	
シングル・ステップ	0FFECh～0FFEFh	開発サポート・ツール専用
ウォッチ・ドッグ・タイマ, 発振停止検出, 電圧監視2	0FFF0h～0FFF3h	
アドレス・ブレーク	0FFF4h～0FFF7h	開発サポート・ツール専用
(予約)	0FFF8h～0FFFBh	
リセット	0FFFCh～0FFFFh	

表2 可変ベクタ・テーブル

割り込み要因	ベクタ番地(注1) 番地(L)～番地(H)	ソフトウェア 割り込み番号	割り込み要因	ベクタ番地(注1) 番地(L)～番地(H)	ソフトウェア 割り込み番号
BRK命令(注2)	＋0～＋3 (0000h～0003h)	0	タイマZ	＋96～＋99 (0060h～0063h)	24
―(予約)		1～12	$\overline{INT1}$	＋100～＋103 (0064h～0067h)	25
キー入力	＋52～＋55 (0034h～0037h)	13	$\overline{INT3}$	＋104～＋107 (0068h～006Bh)	26
A-D変換	＋56～＋59 (0038h～003Bh)	14	タイマC	＋108～＋111 (006Ch～006Fh)	27
SSU	＋60～＋63 (003Ch～003Fh)	15	コンペア0	＋112～＋115 (0070h～0073h)	28
コンペア1	＋64～＋67 (0040h～0043h)	16	$\overline{INT0}$	＋116～＋119 (0074h～0077h)	29
UART0送信	＋68～＋71 (0044h～0047h)	17	―(予約)		30
UART0受信	＋72～＋75 (0048h～004Bh)	18	―(予約)		31
―(予約)		19	ソフトウェア(注2)	＋128～＋131 (0080h～0083h) ～ ＋252～＋255 (00FCh～00FFh)	32～63
―(予約)		20			
―(予約)		21			
タイマX	＋88～＋91 (0058h～005Bh)	22			
―(予約)		23			

注1▶ INTBレジスタが示す番地からの相対番地
注2▶ Iフラグによる禁止はできない

リスト2ではスタック・ポインタの初期化後LDINTB命令を使っています．可変ベクタ・テーブルの設定を行う命令です．

R8C/15マイコンがリセットされると，0FFFCh番地から4バイトの領域に書かれたアドレスからプログラムの実行を行います．このアドレスは，リセット・ベクタと呼ばれます．ほかにも，何かイベントが起こったときに呼び出すアドレスは"な

んとかベクタ"と呼ばれます．

リセット・ベクタやいくつかの割り込みベクタは，それを格納する領域が決まったアドレスにあります．**表1**に，そのようなベクタの集まりである固定ベクタ・テーブルを示します．

スイッチ入力のような割り込みの場合も，割り込みベクタで指定される場所からプログラムの実行を行います．

スイッチ入力などの割り込みは，割り込みベクタが書き込まれる領域のある番地を変更できます．LDINTB命令は，この割り込みベクタを書く領域をどこにするのかマイコンに指定する命令です．

領域を変更できる割り込みベクタを集めたものを，可変ベクタ・テーブルと呼びます．**表2**に可変ベクタ・テーブル内にある割り込みベクタ一覧を示します．

3 キー入力割り込みと割り込み許可フラグ

図3 キー入力割り込みブロック図

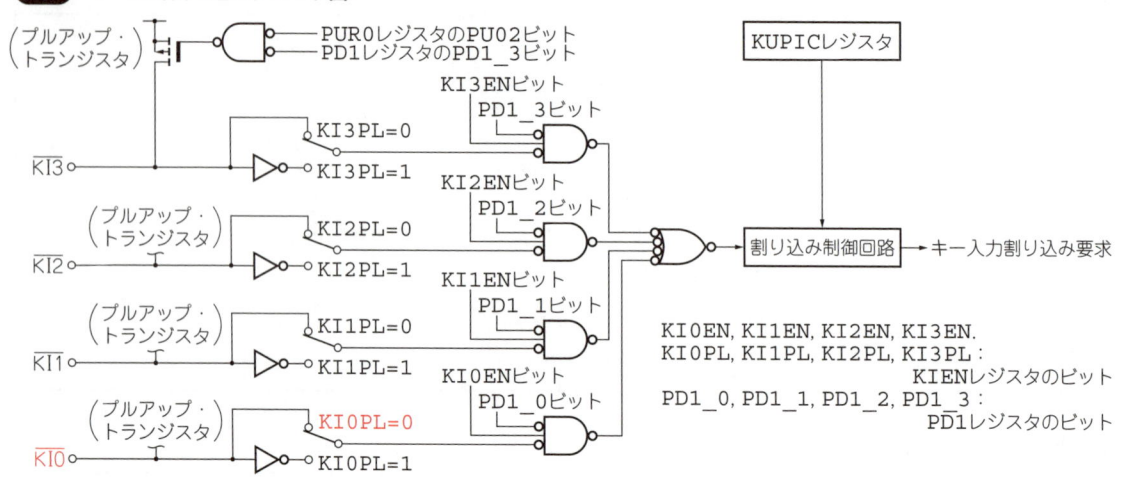

```
(プルアップ・         ─ PUR0レジスタのPU02ビット
 トランジスタ)        ─ PD1レジスタのPD1_3ビット
                              KI3ENビット
                              PD1_3ビット
         ─○ KI3PL=0
 KI3 ─┤>○─○ KI3PL=1
                              KI2ENビット
                              PD1_2ビット
(プルアップ・
 トランジスタ)  ─○ KI2PL=0                              ┌─────────┐
 KI2 ─┤>○─○ KI2PL=1                              │KUPICレジスタ│
                              KI1ENビット              └────┬────┘
                              PD1_1ビット                   │
(プルアップ・                                               ▼
 トランジスタ)  ─○ KI1PL=0                        ┌─────────┐
 KI1 ─┤>○─○ KI1PL=1                        │割り込み制御回路│→ キー入力割り込み要求
                              KI0ENビット         └─────────┘
                              PD1_0ビット
(プルアップ・
 トランジスタ)  ─○ KI0PL=0
 KI0 ─┤>○─○ KI0PL=1
```

KI0EN, KI1EN, KI2EN, KI3EN,
KI0PL, KI1PL, KI2PL, KI3PL:
　　　　　　　　　　　KIENレジスタのビット
PD1_0, PD1_1, PD1_2, PD1_3:
　　　　　　　　　　　PD1レジスタのビット

● **キー入力割り込みの設定**

リスト2ではクロックやポートの初期化を行った後に，`InitKeyInputIntr`サブルーチンで割り込みの設定を行っています．

R8C/15マイコンは，リセット直後の状態では，スイッチ入力があっても割り込みが発生しません．`InitKeyInputIntr`サブルーチンでは，スイッチが押されると，このマイコンのキー入力割り込みが発生するように設定します．

R8C/15マイコンの23番ピンはP1_0/KI0/AN8/CMP0_0という名称になっています．P1_0，KI0，AN8，CMP0_0という四つの機能に使うことができる端子という意味です．P1_0は今まで扱ってきたポート1のビット0です．次のKI0が，ここで取り上げるキー入力割り込みです．

R8C/15マイコンはピン数が少ないので，一つの端子に複数の機能が割り当てられています．ここで作るプログラムでは，23番ピンをキー入力割り込みで使います．

キー入力割り込みは，端子に入力される信号のエッジで発生する割り込みです．立ち上がりエッジ，立ち下がりエッジのどちらで割り込みを発生させるか，指定することができます．

マイコン・ボードでは，スイッチが押されると"L"になるので，KI0PLビットで立ち下がりエッジを選択しています．次に，KI0ENビットでキー入力割り込みが発生するよう設定します．

▶**割り込み優先レベルの設定**

割り込みには優先レベルがあります．後述しますが，割り込みが同時に発生した場合や，多重割り込みへの対応を設定します．

今回は使う割り込みが一つだけなので，もっとも低い優先レベルである1をKUPICレジスタに設定しています．

図3にキー入力割り込みのブロック図，図4にキー入力割り込みの有効・無効を決める

レジスタであるKIENレジスタ，図5にキー入力割り込み制御レジスタであるKUPICレジスタを示します．

● **割り込み許可フラグの設定**

初期化の最後に，FSET命令でCPUのフラグ・レジスタにあるIフラグに'1'を設定しています．このフラグでは，割り込みを許可するかどうかを指定します．これを'1'にすることで，割り込みが許可されます．逆にこのフラグが'0'の場合，キー入力割り込みが発生するよう設定してスイッチが押されても，その割り込みは発生しません．

R8C/15マイコンには，キー入力割り込み以外にもタイマ割り込みやシリアル・ポート受信割り込みなどがあります．Iフラグでは，これらすべての割り込み発生を一括して許可するかどうかを指定します．

どの割り込み機能を使っているかに関係なく，プログラムのその時点で割り込みを受け付けていいかどうかを設定します．

図4 キー入力許可レジスタ KIENレジスタ

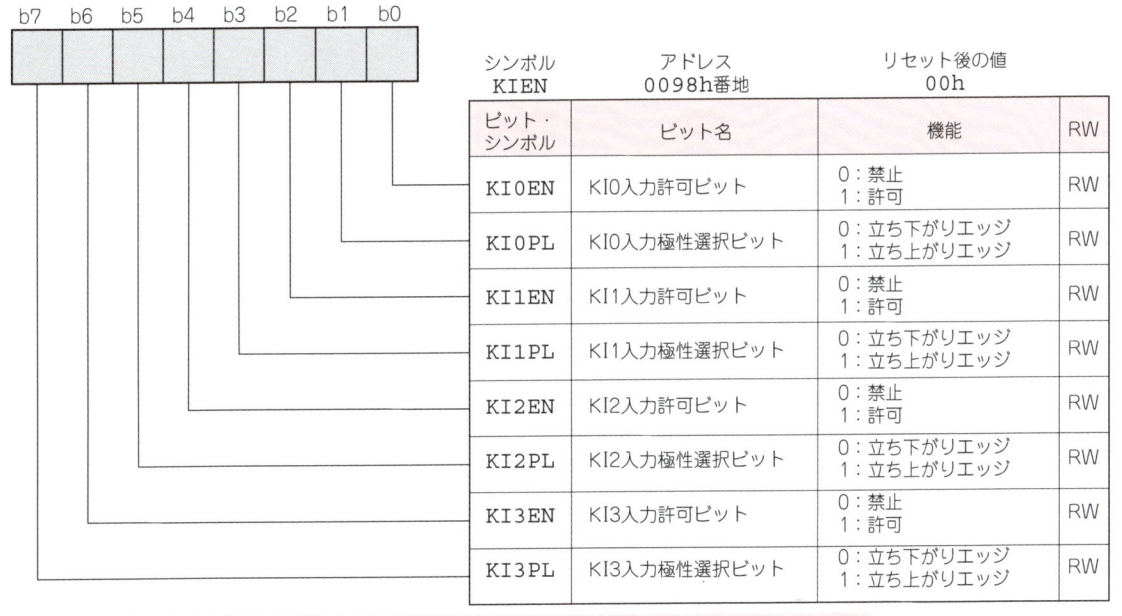

ビット・シンボル	ビット名	機能	RW
KI0EN	KI0入力許可ビット	0:禁止 1:許可	RW
KI0PL	KI0入力極性選択ビット	0:立ち下がりエッジ 1:立ち上がりエッジ	RW
KI1EN	KI1入力許可ビット	0:禁止 1:許可	RW
KI1PL	KI1入力極性選択ビット	0:立ち下がりエッジ 1:立ち上がりエッジ	RW
KI2EN	KI2入力許可ビット	0:禁止 1:許可	RW
KI2PL	KI2入力極性選択ビット	0:立ち下がりエッジ 1:立ち上がりエッジ	RW
KI3EN	KI3入力許可ビット	0:禁止 1:許可	RW
KI3PL	KI3入力極性選択ビット	0:立ち下がりエッジ 1:立ち上がりエッジ	RW

シンボル:KIEN アドレス:0098h番地 リセット後の値:00h

KIENレジスタを変更すると,KUPICレジスタのIRビットが '1'(割り込み要求あり)になることがある

図5 キー入力割り込み制御レジスタ KUPIC レジスタ

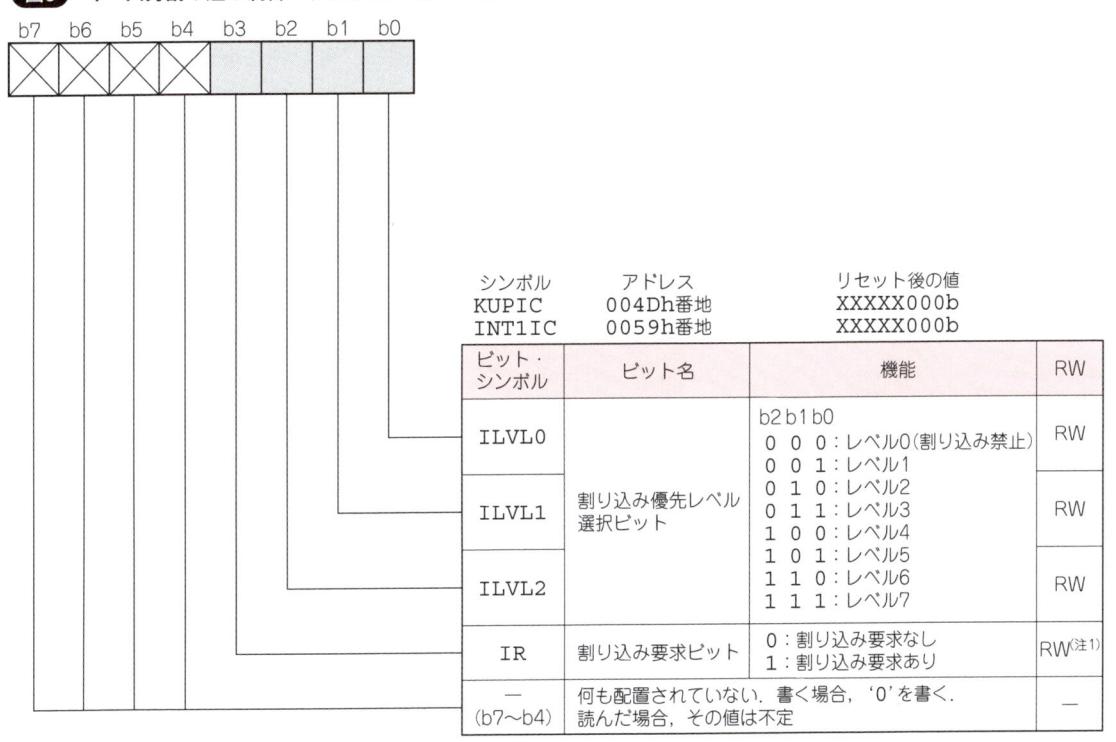

シンボル:KUPIC アドレス:004Dh番地 リセット後の値:XXXXX000b
シンボル:INT1IC アドレス:0059h番地 リセット後の値:XXXXX000b

ビット・シンボル	ビット名	機能	RW
ILVL0	割り込み優先レベル選択ビット	b2 b1 b0 0 0 0:レベル0(割り込み禁止) 0 0 1:レベル1 0 1 0:レベル2 0 1 1:レベル3 1 0 0:レベル4 1 0 1:レベル5 1 1 0:レベル6 1 1 1:レベル7	RW
ILVL1			RW
ILVL2			RW
IR	割り込み要求ビット	0:割り込み要求なし 1:割り込み要求あり	RW(注1)
― (b7〜b4)	何も配置されていない.書く場合,'0'を書く.読んだ場合,その値は不定		―

割り込み制御レジスタの変更は,そのレジスタに対応する割り込み要求が発生しない箇所で行う
注1▶IRビットは,'0'だけ書ける.'1'を書かない

14-4 割り込みを使うための初期設定

14-5 割り込みの処理手順
サブルーチンとの違いをよく認識しておこう

1 割り込みによる呼び出しと復帰

図6 スタックに退避されるデータ

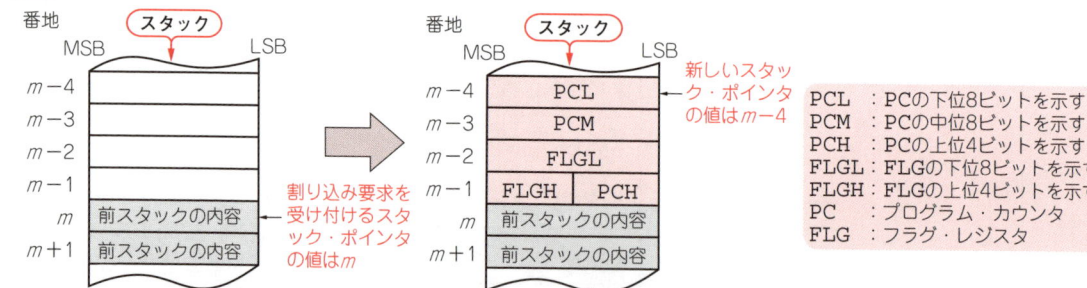

(a) 割り込み要求受け付け前のスタックの状態
(b) 割り込み要求受け付け後のスタックの状態

番地 スタック MSB / LSB

(a)
- $m-4$
- $m-3$
- $m-2$
- $m-1$
- m : 前スタックの内容 ← 割り込み要求を受け付けるスタック・ポインタの値は m
- $m+1$: 前スタックの内容

(b)
- $m-4$: PCL ← 新しいスタック・ポインタの値は $m-4$
- $m-3$: PCM
- $m-2$: FLGL
- $m-1$: FLGH | PCH
- m : 前スタックの内容
- $m+1$: 前スタックの内容

PCL ：PCの下位8ビットを示す
PCM ：PCの中位8ビットを示す
PCH ：PCの上位4ビットを示す
FLGL：FLGの下位8ビットを示す
FLGH：FLGの上位4ビットを示す
PC ：プログラム・カウンタ
FLG ：フラグ・レジスタ

● メイン・ルーチン

 初期化が終わると，**リスト2**のプログラムはLED$_1$の点滅処理に入ります．**リスト2**を見てわかるように，それ以外の処理はいっさい行っていません．

 SW$_2$が押されると，キー入力割り込みが発生して対応する割り込み処理が自動的に実行されます．それが終わると，再びこのメイン・ルーチンに復帰します．

● 割り込み処理ルーチンが呼ばれるしくみ

 キー入力割り込みが発生すると，KeyInput割り込み処理ルーチンが呼び出されます．これが呼び出されるのは，可変ベクタ・テーブル（p.131の**表2**）で，キー入力割り込み（vector 13）に対してKeyInput割り込みハンドラを設定しているからです．

 割り込みが発生すると，その割り込みに対応する割り込み処理ルーチンが呼び出されます．割り込みの種類と割り込み処理ルーチンの対応付けは，割り込みの種類によって，固定ベクタ・テーブルか可変ベクタ・テーブルで行います．ここで使っているキー入力割り込みでは，可変ベクタ・テーブルです．

 可変ベクタ・テーブルの**表2**を見ると，割り込み要因に「キー入力」があります．これがキー入力割り込みです．その行の右端にあるソフトウェア割り込み番号を見ると，ここにベクタ番号13が書かれています．**リスト2**の可変ベクタ・テーブルで，割り込みベクタがベクタ0から順に並んでいて，⒞のところがベクタ番号13にあたります．ここに，割り込み処理ルーチンであるKeyInputが書かれています．

 R8C/15マイコンは，キー入力割り込みが発生すると，可変ベクタ・テーブルのベクタ番号13のところを見て，そこに書かれたKeyInput割り込み処理ルーチンを呼び出します．

● 割り込み処理からの復帰はREIT命令を使う

 KeyInput割り込み処理ルーチンで行っている処理は，LED$_2$を点灯するだけです．その後，割り込み処理ルーチンから復帰する命令であるREIT命令を実行しています．

 サブルーチンの場合は，呼び出し元に復帰するためにRTS命令を使いました．割り込み処理ルーチンの場合は，復帰するためにREIT命令を使います．

 サブルーチンでは，スタックには戻り先の番地だけが退避されていました．それに対して割り込みが発生すると，スタックには戻り先の番地とともにフラグ・レジスタの値が退避されています．RTS命令とREIT命令の違いは，スタックから何を取り出すかの違い，ということができます．

 図6に，割り込み発生時にスタックへ自動的に退避されるデータを示します．これを見ると，復帰する先のアドレスだけでなく，フラグ・レジスタも退避されていることがわかります．復帰命令を実行すると，これらのデータはスタックから取り出されます．

2 時系列で見る割り込み動作

図7 割り込みシーケンス

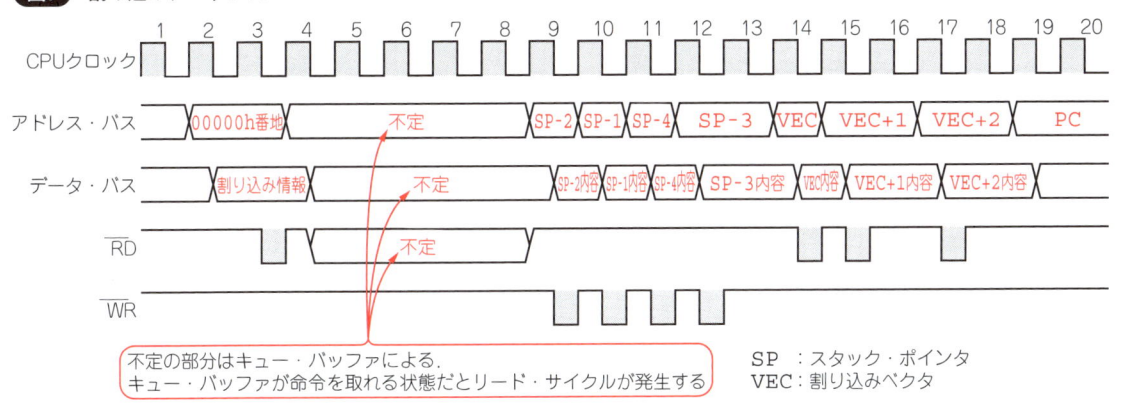

CPUクロック	1 2 3 4 5 6 7 8 9 10 11 12 13 14 15 16 17 18 19 20
アドレス・バス	00000h番地 / 不定 / SP-2 / SP-1 / SP-4 / SP-3 / VEC / VEC+1 / VEC+2 / PC
データ・バス	割り込み情報 / 不定 / SP-2内容 / SP-1内容 / SP-4内容 / SP-3内容 / VEC内容 / VEC+1内容 / VEC+2内容
RD	(アクティブ) / 不定 / (アクティブ)
WR	(アクティブ)

不定の部分はキュー・バッファによる．
キュー・バッファが命令を取れる状態だとリード・サイクルが発生する

SP：スタック・ポインタ
VEC：割り込みベクタ

割り込みは，前の章までの内容に比べて，かなり複雑です．ここでもう一度まとめておきます．

● 割り込みが受け付けられるまで

ポートに入力された値にもとづき，キー入力割り込みを有効にするかどうかをKI0ENビットで指定します．キー入力割り込みが有効であれば，KI0PLビットで指定したエッジが検出されるのを待ちます．エッジが検出されれば，KUPICレジスタに指定した優先レベルで，キー入力割り込み要求を，後述する優先順位判定回路に出力します．

優先順位判定回路では，その時点で出されているすべての割り込み要求の優先レベルを比較し，もっともレベルが高い割り込みを選びます．さらに，その優先レベルとフラグ・レジスタのIPL（Interrupt Priority Level）の値を比較します．もしレベルが等しいか，IPLの値のほうが大きければ，その割り込みは受け付けられません．

最後に，フラグ・レジスタのIフラグが'1'であれば，その割り込みが受け付けられます．

● 割り込み受け付け時の動作

割り込みが受け付けられると，CPUはそのときに実行しているプログラムを中断して，割り込みシーケンスに入ります．割り込みシーケンスでは，**図7**に示す，次のような処理を行います．

①フラグ・レジスタをCPU内部で一時的に退避する
②Iフラグを'0'（割り込み禁止），Uフラグを'0'（スタック・ポインタはISPを使用）にする
③CPU内で退避したフラグ・レジスタ［②で変更する前の値］と，プログラム・カウンタをスタックに退避する
④IPLに，受け付けた割り込み優先レベルをセットする
⑤受け付けた割り込みに対応する割り込みベクタを特定し，そこに書かれた割り込み処理ルーチン先頭アドレスを読んでそこに分岐する

⑤では，**リスト2**でキー入力割り込みを使っていたので，可変ベクタ・テーブル（**表2**）のベクタ番号13番にある割り込みベクタが選択されます．

割り込み処理ルーチンの最後で，REIT命令を実行すると，スタックからフラグ・レジスタとプログラム・カウンタが復旧されます．割り込みシーケンスでフラグ・レジスタの値を書き換えましたが，この時点で元の値に戻ります．また，プログラム・カウンタが復旧することから，中断していた元のプログラムの実行が再開します．

図7からわかるように，割り込みを開始するにはCPUクロックで20サイクル程度が必要です．

SBJNZ命令が7サイクルだったことを考えると，分岐命令で動作を変更するよりも割り込みを使うほうが少し余計に時間がかかることがわかります．それでも多数の処理をするなら割り込みのほうが効率的になります．

14-5 割り込みの処理手順

14-6 レジスタの退避
サブルーチンと同様な処理が必要になる

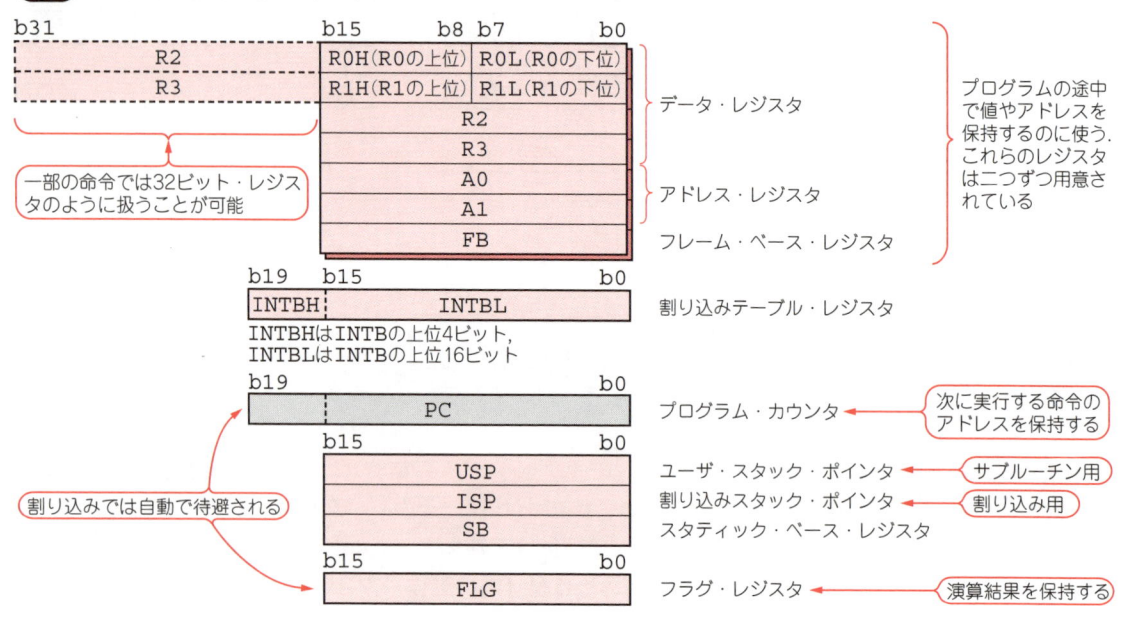

図8 R8C/15のCPUがもつレジスタ

```
b31              b15    b8 b7     b0
┌─────────────┬───────────┬───────────┐
│     R2      │ R0H(R0の上位)│R0L(R0の下位)│  データ・レジスタ
│     R3      │ R1H(R1の上位)│R1L(R1の下位)│
              │        R2         │
              │        R3         │
              │        A0         │  アドレス・レジスタ
              │        A1         │
              │        FB         │  フレーム・ベース・レジスタ
```

一部の命令では32ビット・レジスタのように扱うことが可能

プログラムの途中で値やアドレスを保持するのに使う．これらのレジスタは二つずつ用意されている

```
b19 b15              b0
┌──┬─────────────────┐
│INTBH│    INTBL      │  割り込みテーブル・レジスタ
```
INTBHはINTBの上位4ビット，
INTBLはINTBの上位16ビット

```
b19                  b0
│        PC           │  プログラム・カウンタ ← 次に実行する命令のアドレスを保持する

 b15                 b0
│        USP          │  ユーザ・スタック・ポインタ ← サブルーチン用
│        ISP          │  割り込みスタック・ポインタ ← 割り込み用
│        SB           │  スタティック・ベース・レジスタ

 b15                 b0
│        FLG          │  フラグ・レジスタ ← 演算結果を保持する
```

割り込みでは自動で待避される

● **割り込み発生によるレジスタ内データの破壊を避ける**

R8C/15マイコンのレジスタを**図8**に示します．サブルーチンと同様に，割り込み処理ルーチン内では，レジスタなどの値を破壊されないように退避する必要があります．

サブルーチンは自分で呼び出すので，サブルーチン内でレジスタの値を書き換えてしまっても，呼び出し元へ復帰したときに，それに対処するようプログラムを作ることができます．

しかし割り込み処理ルーチンではいつ割り込みが発生するかわからないので，どのタイミングで割り込みが発生しても，レジスタ破壊などの問題がないようにする必要があります．

プログラム・カウンタとフラグ・レジスタは，自動的に退避・復旧処理が行われるので問題ありません．それ以外のすべてのレジスタ，メモリ，SFRのうち，メイン・ルーチンと割り込み処理ルーチンの両方からアクセスする部分については注意が必要です．

CPUのレジスタ（R0～R3，A0，A1，FB，SB）については，PUSHM・POPM命令によって，これらのレジスタの任意の組み合わせの退避・復旧を一度に行えます．割り込み処理ルーチン内で値を書き換えるレジスタをすべて一度に退避・復旧できます．

● **高速にレジスタの退避・復旧を行うレジスタ・バンク**

このマイコンでは**図8**に示すように二重にもっているレジスタがあり，レジスタ・バンクと呼ばれています．バンクの選択はフラグ・レジスタのBビットで瞬時に行えます．

レジスタ・バンクは選択しているほうだけを操作できます．隠れているバンクは値が保持されるだけで操作できません．

このレジスタ・バンクを使うことで，高速にこれらのレジスタを退避・復旧できます．例えばメイン・ルーチンではバンク0のレジスタを使い，割り込み処理ルーチンではバンク1のレジスタを使います．スタック，つまりメモリを使う場合に比べてかなり高速にレジスタの退避・復旧ができます．

ただしこの方法は，後で出てくる多重割り込みのような，割り込み処理中に別の割り込み処理が発生する場合には使えません．

14-7 割り込みを受け付けたくないときは
割り込み許可フラグを操作して割り込みをマスクする

図9 割り込まれては困るときの割り込みマスク

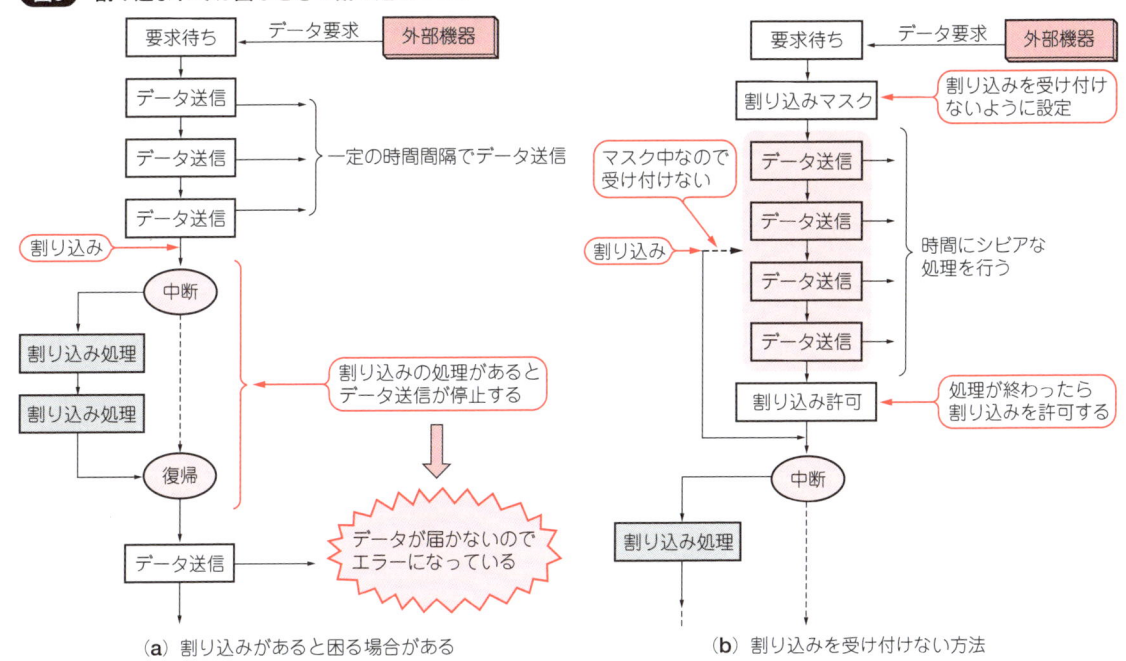

(a) 割り込みがあると困る場合がある

(b) 割り込みを受け付けない方法

　割り込み処理における値の破壊以外に，処理内容によっては割り込みのタイミングにより，プログラマが意図しない動作をすることがあります．

　例えば，出力ポートにある機器がつながっており，その機器には一定時間以内に複数のデータを順に送る必要があったとしましょう．また，これをメイン・ルーチンで実行したとします．割り込みがなければ，これは単に作成したプログラムの実行時間だけの問題なので，サイクル数を計算することで問題の有無を確認できます．

　しかし，割り込みが発生し，その割り込み処理ルーチンで長々と処理を続けた場合，**図9(a)** に示すように機器へのデータ送信が間に合わなくなるかもしれません．

　このように，処理の途中で割り込みが発生して欲しくない場合には，割り込みを禁止します．割り込みを禁止することは割り込みマスクとも呼ばれます．

　具体的には，フラグ・レジスタのIフラグを'0'にすることで，割り込みを禁止できます．ここで考えた例の場合，**図9(b)** のように機器へのデータ転送を開始する直前で割り込みを禁止し，すべてのデータの転送が完了した時点で割り込みを許可します．

　割り込みを禁止すると，割り込み要求を出しても，その要求は受け付けられません．割り込みを許可された時点で，それまでの割り込み要求が優先順位に従って受け付けられます．

　ただし，割り込みを禁止する期間はできる限り短くします．

　この章の最初に作った，割り込みを使うプログラムを思い出してください．スイッチを押すと即座にLEDが点灯しました．割り込み禁止期間を長くしていくと，この応答性がどんどん失われていくことになります．

　図9 の例では，割り込み処理を長々と行っていることにも問題がありそうです．

　それに対処する方法の一つとして，割り込み処理では最小限の処理を行ったうえでメイン・ルーチンに通知し，メイン・ルーチンは通知があるかどうかポーリングで確認して，通知があれば残りの処理を行う，という方法があります．とはいえ，これですべて解決するわけではなく，ある期間は絶対に割り込み禁止，という場合もあります．

14-8 複数の割り込みが必要な場合
割り込み処理の行われる順番を把握しよう

1 複数の割り込みを設定する方法

スイッチ入力を待ちながら，タイマで時間待ちをしながら，A-D変換完了待ちも行う…，といったように，一つのプログラムの中に複数の割り込みがあることは珍しくありません．むしろ，複数の割り込みがあるプログラムのほうが多いはずです．

複数の割り込みがある場合，どのような動作になるのでしょうか．

● スイッチによる割り込みをもう一つ加えてみる

リスト2のとき，SW$_2$がつながっている端子はP1_0/KI0/AN8/CMP0_0なので，これをKI0として使い，SW$_2$によるキー割り込みを実験しました．

SW$_1$も割り込み入力にしてみます．SW$_1$がつながっている端子はP1_7/CNTR00/INT10です．この端子はINT1割り込みに使えます．

● プログラムの記述

キー割り込みのときと同様に以下の三つをプログラムに追加するだけです．

- 割り込みの初期化
- 割り込み処理ルーチンの記述
- 割り込みベクタの追加

この三つの部分の抜粋をリスト3に示します．使う割り込みが異なるので，設定に使うSFRも異なります．

● INT1割り込みの設定

INT10がINT1割り込みを表します．別の端子にINT11が割り当てられており，こちらもINT1割り込みを表します．ただし，INT1割り込みとして使えるのは，どちらか一方だけです．どちらを使うかはUCONレジスタのCNTRSELビットで指定します．このビットを'0'にすると，SW$_1$がつながった端子でINT1割り込みが使えます．

SW$_1$が押されたときにINT1割り込みを発生させたいので，端子に入力される信号の立ち下がりで割り込みが発生するよう，TXMRレジスタのR0EDGビットに'1'をセットします．

INT1の割り込み優先レベルはINT1ICレジスタで行います．このプログラムでは，SW$_2$で設定したキー入力割り込みと同じレベルである'1'を設定しています．

リスト3 リスト2にSW$_1$によるINT1の割り込みを追加する場合の記述

```
        前略
        JSR     InitINT1Intr        ; INT1割り込みを初期化

        MOV.B   Dummy, r0h          ; タイミング調整用
        FSET    i                   ; 割り込みを許可

        中略

; INT1割り込みの初期化を行うサブルーチン
InitINT1Intr:
        BCLR    cntrsel             ; INT10をINT1として使う  (UART送受信レジスタUCONレジスタにあるビット)
        BSET    r0edg               ; 立ち下がりエッジで割り込み (タイマXモード・レジスタTXMRレジスタにあるビット)
        MOV.B   #00000001b, int1ic  ; 割り込み優先レベル1を設定 (INT1割り込み制御レジスタ)
        RTS

        中略

; INT1割り込み処理ルーチン
INT1intr:                           (ベクタ・テーブルにこのラベルを記述)
        PUSHM   r0, r1, r2          ; レジスタを待避
        中略(ここに処理を記述)
        POPM    r0, r1, r2          ; レジスタを復旧
        REIT                        ; INT1割り込みから復帰する

        中略

; 可変ベクタ・テーブル
        .section VARIABLEVECTOR, ROMDATA
        .org    0F000h
VarVector:
        .lword  NOTUSE              ; vector 00 BRK instruction
        .lword  0
        中略
        .lword  INT1intr            ; vector 25 INT1割り込み   (25番目) (割り込み処理ルーチンのラベル)
        後略
```

● 割り込み処理が始まると自動で割り込み禁止になる

割り込み処理ルーチンの実行を開始すると，自動的に割り込み禁止状態になります．ただし，その間に発生した割り込みは，無視されるのではなく，受け付け可能になるまで待たされます．

● 割り込みが受け付けられる順番は優先レベルで決まる

受け付け可能になれば，その時点でもっとも高い優先レベルの割り込みが受け付けられ，そのほかの割り込みは再び待たされます．

割り込み処理が行われているなどで割り込み禁止の状態になったとします．この状態でSW$_1$とSW$_2$を押すと，INT1割り込みとキー入力割り込み，両方の要求が待たされます．

割り込み処理が完了して割り込み禁止が解除されると，その時点でもっとも高い優先レベルの割り込みが受け付けられ，その他は再び待たされます．優先レベルの設定は重要です．

● 優先レベルが同じだと割り込みの種類で順番が決まる

 リスト2 や リスト3 では，SW$_1$によるINT1割り込みと，SW$_2$によるキー入力割り込みの両方とも優先レベル1に設定しています．割り込み優先レベルでは差が付きません．その場合， 図10 に示す割り込み順位判定回路の順序で割り込みの優先順位が決まります．

INT1割り込みの優先順位は中間あたりで，キー入力割り込みよりも高い優先順位になっています．

割り込み禁止状態になってい

図10 優先順位判定回路

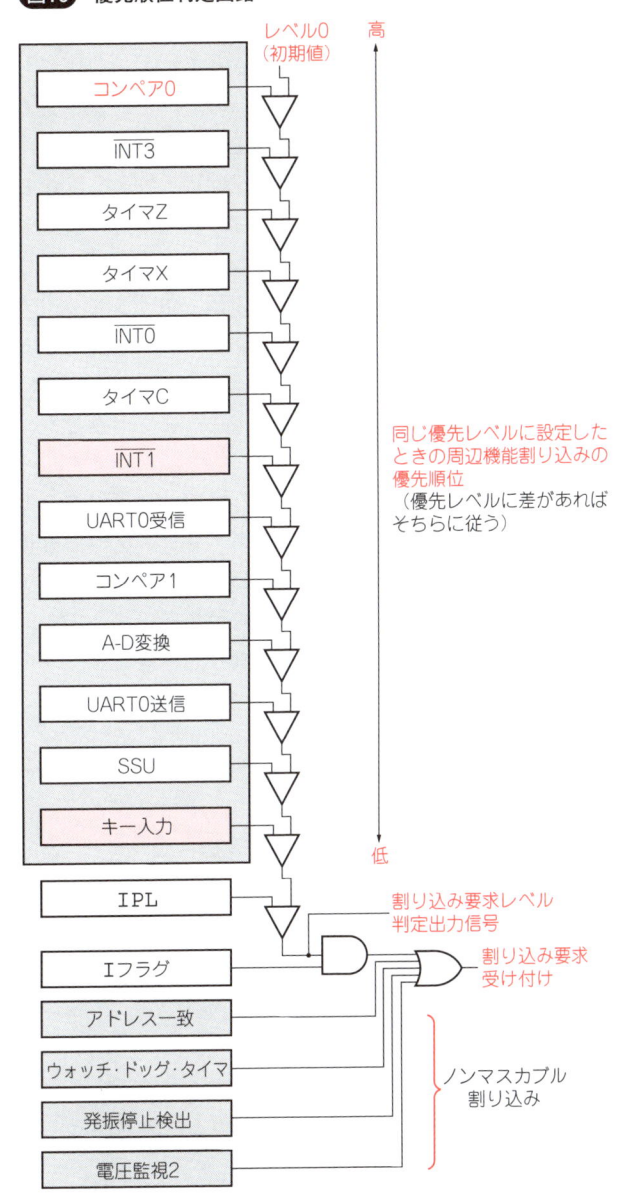

```
レベル0
(初期値)                    高
┌─────────┐
│ コンペア0 │─▷
├─────────┤
│  INT3   │─▷
├─────────┤
│ タイマZ  │─▷
├─────────┤
│ タイマX  │─▷
├─────────┤
│  INT0   │─▷
├─────────┤
│ タイマC  │─▷
├─────────┤
│  INT1   │─▷      同じ優先レベルに設定した
├─────────┤        ときの周辺機能割り込みの
│ UART0受信│─▷     優先順位
├─────────┤        (優先レベルに差があれば
│ コンペア1 │─▷     そちらに従う)
├─────────┤
│ A-D変換  │─▷
├─────────┤
│ UART0送信│─▷
├─────────┤
│  SSU    │─▷
├─────────┤
│ キー入力 │─▷
└─────────┘              低
┌─────────┐
│  IPL    │─▷
├─────────┤          割り込み要求レベル
│ Iフラグ  │─▷        判定出力信号
├─────────┤                     割り込み要求
│アドレス一致│─               受け付け
├─────────┤
│ウォッチ・ドッグ・タイマ│─      ノンマスカブル
├─────────┤                割り込み
│ 発振停止検出 │─
├─────────┤
│  電圧監視2   │─
└─────────┘
```

るうちにSW$_1$とSW$_2$を押すと，SW$_1$，SW$_2$を押した順番にかかわらず，優先順位の高いSW$_1$によるINT1割り込みの処理が先に行われます．優先順位の低いキー入力割り込みは待たされます．

● 優先レベルをつける癖をつけよう

優先順位判定回路の順位を覚えておくのは難しいですし，プログラムのとき毎回調べるのも大変です．

複数の割り込みがあり，優先度が問題になる場合は，なるべく優先レベルを設定して解決したほうがよいでしょう．

14-8 複数の割り込みが必要な場合

2 割り込みに割り込むと…

後から発生した重要な割り込みを優先して処理する場合もあります．これは，多重割り込みと呼ばれます．

R8C/15マイコンでは，割り込み優先レベルにより，多重割り込みが可能です．割り込みの優先レベルを0～7の範囲で設定できます．作りたいシステムに応じてレベルを自由に設定できるのは便利です．

割り込みが受け付けられるためには，優先レベルがフラグ・レジスタのIPLの値より大きい必要があります．IPLの値の範囲も0～7です．優先レベル0に設定するとIPLの値以下にしかならないので，その割り込みは決して受け付けられません．

割り込みが受け付けられると，受け付けた割り込みの優先レベルがIPLに自動で設定されます．例えば，最初IPLが0でレベル1の割り込みを受けるとIPLは1になります．すると，レベル2以上の割り込みしか受け付けない状態になります．

割り込み処理から復帰するとき，フラグ・レジスタの値も復旧するので，割り込み処理完了時にIPLの値が元に戻ります．

SW_1の割り込み優先レベルを1，SW_2のレベルを2にすると，SW_1を押して行われる割り込み処理中にSW_2を押したとき多重割り込みになって，SW_2の割り込み処理が優先して行われます．

逆に，SW_2を先に押すとIPLが2になり，後からSW_1を押しても優先レベル1なので，その割り込みは待たされます．

割り込みが受け付けられたときは，Iフラグが'0'になり，割り込み禁止になります．多重割り込みを行う場合，割り込み処理内でIフラグに'1'を設定し，割り込みを許可する必要があります．

多重割り込みを使うプログラムの例を **リスト4** に示します．SW_1に対応するINT1割り込みの優先レベルは1のままですが，SW_2に対応するキー入力割り込みの優先レベルを2にしています．このプログラムによる多重割り込みのイメージを **図11** に示します．

このプログラムでは，割り込み処理ルーチンの最後で自分自身の割り込み要求をクリアしています．スイッチのチャタリングにより，割り込みが余分に受け付けられるのを防ぐためです．

● 止めることができない割り込み「ノンマスカブル割り込み」

割り込み優先レベルを大きくすると優先して処理されますが，それでもIフラグを'0'にすると割り込みを禁止できます．

しかし割り込みのなかには，即座に処理しなければならない

リスト4 多重割り込みをする場合のプログラム例

```
        前略
; キー入力割り込みの初期化を行うサブルーチン
InitKeyInputIntr:
    BCLR    ki0pl               ; 立ち下がりエッジで割り込み
    BSET    ki0en               ; キー入力割り込みを許可
    MOV.B   #02h, kupic         ; 割り込み優先レベル2を設定
    RTS
                                    ↑ 優先レベルを変えた
        中略

; INT1割り込みの初期化を行うサブルーチン
InitINT1Intr:
    BCLR    cntrsel             ; INT10をINT1として使う
    BSET    r0edg               ; 立ち下がりエッジで割り込み
    MOV.B   #00000001b, int1ic  ; 割り込み優先レベル1を設定
    RTS
        中略

; キー入力割り込み処理ルーチン        多重割り込みをするにはそれぞれの割
KeyInput:                           り込みルーチンで割り込み許可をする
    FSET    i                   ; 割り込みを許可
    PUSHM   r0, r1, r2          ; レジスタを待避
        中略(キー入力割り込み処理)
    POPM    r0, r1, r2          ; レジスタを復旧
    MOV.B   #02h, kupic         ; チャタリングによる割り込み要求のクリア
    REIT                        ; キー入力割り込みから復帰する

; INT1割り込み処理ルーチン
INT1intr:
    FSET    i                   ; 割り込みを許可
    PUSHM   r0, r1, r2          ; レジスタを待避
        中略(INT1割り込み処理)
    POPM    r0, r1, r2          ; レジスタを復旧
    MOV.B   #00000001b, int1ic  ; チャタリングによる割り込み要求のクリア
    REIT                        ; INT1割り込みから復帰する
        後略
```

図11 多重割り込みのイメージ

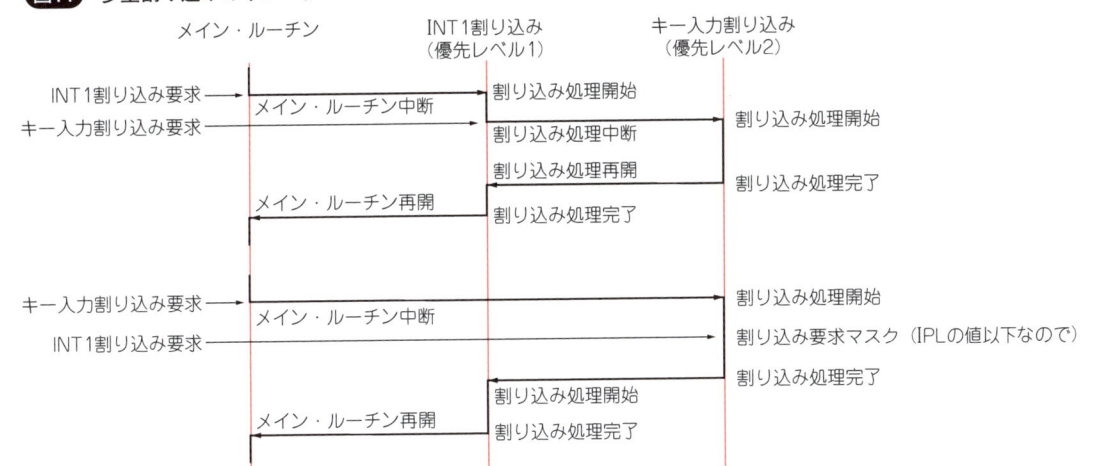

```
メイン・ルーチン          INT1割り込み          キー入力割り込み
                       （優先レベル1）         （優先レベル2）

INT1割り込み要求  ──→ メイン・ルーチン中断 ──→ 割り込み処理開始
キー入力割り込み要求 ──→                      割り込み処理中断 ──→ 割り込み処理開始
                                            割り込み処理再開 ←── 割り込み処理完了
                    メイン・ルーチン再開 ←── 割り込み処理完了

キー入力割り込み要求 ──→ メイン・ルーチン中断 ─────────────────→ 割り込み処理開始
INT1割り込み要求  ─────────────────────────────────→ 割り込み要求マスク（IPLの値以下なので）
                                                              割り込み処理完了
                                         割り込み処理開始
                    メイン・ルーチン再開 ←── 割り込み処理完了
```

ものがあります．

例えば，電源が切れるときに特別な処理を行う必要があるシステムにおいて，電源電圧監視回路が電圧低下を検出したので，割り込みで処理を行いたい場合などです．

このような場合のために，禁止できない（ノンマスカブル）割り込みがあります．R8C/15マイコンでは，**図10**に示すように電圧監視やクロックの発振停止などが禁止できない割り込みです．

● プログラムから呼び出す割り込み「ソフトウェア割り込み」

割り込みは基本的にハードウェアの事象から対応する割り込み処理ルーチンを実行するものです．それに対してハードウェアの事象とは無関係に割り込み処理ルーチンをプログラムから呼び出すのがソフトウェア割り込みです．

R8C/15マイコンではそのための命令として，割り込みベクタ番号を指定してソフトウェア割り込みを発生させるINT，未定義命令割り込みUND，BRK割り込み，オーバフロー割り込みINTOが用意されています．

ソフトウェア割り込み命令は特殊なサブルーチン呼び出し命令と考えることができます．R8C/15マイコンではソフトウェア割り込みはノンマスカブル割り込みになっており，命令を実行すると即座に割り込み処理ルーチンが呼び出されます．

◆参考・引用*文献◆

(1)* ルネサス テクノロジ社ウェブ・ページより SuperH RISC engine ファミリ 応用例 冷蔵庫 http://japan.renesas.com/
(2)* 服部博行，森川聡久；需要が拡大する自動車制御OSを知る，Design Wave Magazine，2004年12月号, pp.97-105, CQ出版社．
(3)* ルネサス マイクロコンピュータ総合プレゼンテーション，2007年，㈱ルネサス テクノロジ
(4)* ローム社ウェブ・ページより，SLC-360MT データシート http://www.rohm.co.jp/index.html
(5)* R8C/14, R8C/15グループ データシート，2006年，㈱ルネサス テクノロジ
(6)* 秋月電子通商㈱ウェブ・ページより 液晶表示器 http://www.akizukidenshi.com/
(7)* R8C/14, R8C/15グループ ハードウェアマニュアル，2006年，㈱ルネサス テクノロジ．
(8)* 猪飼國夫，本多中二；定本ディジタル・システムの設計，p.156, 1990年，CQ出版社．
(9)* 島田義人 編著；H8/Tinyマイコン完璧マニュアル, pp.140-144, 2005年，CQ出版社．
(10)* R8C/Tinyシリーズ ソフトウェアマニュアル，2003年，㈱ルネサス テクノロジ．
(11) 池田克夫 編；新コンピュータサイエンス講座 情報工学実験, 1993年，㈱オーム社．

索 引

【数字・アルファベットなど】

1チップ・マイコン ································11
2進数 ·····························96, 112
2の補数 ································112
3ステート・バッファ ··························47
7セグメントLED ····························32
A-D変換 ·························61, 82
BCLR命令 ·······························100
BM*Cnd*命令 ·····························110
BMC命令 ·······························110
BOR命令 ································111
BTST命令 ·······························109
CPU ······························23, 102
CT-208 ··································75
C言語 ··································96
D-A変換 ································67
DMA ···································23
END擬似命令 ····························101
HEW ···································87
INCLUDE擬似命令 ························101
I/O ····································23
IPL ·····························135, 140
J*Cnd*命令 ································109
JC命令 ································109
JMP命令 ································101
JSR命令 ································122
LDINTB命令 ····························131
LED ·····························27, 28
LWORD擬似命令 ·························101
MOV命令 ································99
ORG擬似命令 ····························101
PWM ····························14, 71, 82
R8C/15 ··························75, 85
RAM ······························23, 102
REIT命令 ································134
ROM ·····························23, 102
RTC ···································51
RTS命令 ································123
SECTION擬似命令 ························101
SFR ·····················25, 103, 107
SUB命令 ································109

【あ・ア行】

アイオー ································23
アクチュエータ ···························13
アセンブラ ······························96
アセンブリ言語 ····························96
アドレス ·························24, 103
アドレス空間 ······················24, 103
アドレス・バス ···························105
アナログ ·························61, 71
アノード ································26
アノード・コモン ··························32
インターフェース ··························14
液晶表示器 ······························44
エミュレータ ·······························9
エラッタ ································86
オーバーフロー・フラグ ··················112
オブジェクト・モジュール ·················96
オペランド ······························99

【か・カ行】

開発環境 ·························9, 87
外部クロック ····························117
カウント・ソース ·························55
書き込み器 ·······························9
カソード ································26
カソード・コモン ··························32
可変ベクタ・テーブル ····················131
キー入力割り込み ························132
機械語 ··································96
擬似命令 ·······················96, 101
クロック ·························19, 117
固定ベクタ・テーブル ····················131

【さ・サ行】

サブルーチン ····························119
しきい値 ································72
実行時間 ································116
周辺装置 ························23, 102
周辺モジュール ···························23
出力ポート ·······················27, 28
シュミット・トリガ ························64

条件分岐命令	109
衝突	45
スイッチ	37, 38, 40
スタック	119
スタック・ポインタ	121, 130
ステップ実行	94, 115
スリー・ステート	47
制御バス	105
セグメント	32
絶対最大定格	38
センサ	13
ソース・コード	96
ソフトウェア割り込み	141

【た・タ行】

退避	124, 136
ダイナミック点灯	34
タイマ	19, 51, 72, 83
タイマ割り込み	72
ダウンロード	93
多重割り込み	140
逐次比較	65
チャタリング	40, 42
データシート	86
デバッガ	9
電動給湯ポット	15
特殊機能レジスタ	25
時計	51
トライ・ステート	47
トランシーバ	48
トランジスタ	30

【な・ナ行】

入出力ポート	43
入出力装置	23
入出力ポート	26, 43
入力ポート	37
入力電流	39
ノード	47
ノンマスカブル割り込み	141

【は・ハ行】

ハードウェア	11
ハイ・インピーダンス	47
バイト	24
バス	47, 105
番地	24
ヒステリシス	21, 64

ビット	24
ビルド	92
復帰	119, 134
復旧	124, 136
負の数	112
フラグ	109
フラグ・レジスタ	109
フリップフロップ	29
フローチャート	17
プログラミング言語	22, 96
プログラム	9, 96
プログラム・カウンタ	118
ポート	27, 97
ポートの方向	48, 99
ポーリング	70

【ま・マ行】

マイクロ・コントローラ	11
マイクロコンピュータ	11
マイコン	8
マイコン・ボード	75, 85
マシン語	96
マニュアル	86
無限ループ	114
命令	22, 96, 110
メモリ	23, 102
メモリ・マップ	103

【や・ヤ行】

ユーザガイド	86
優先レベル	132, 135, 139, 140
呼び出し	119

【ら・ラ行】

リアルタイム・クロック	51
リセット・ベクタ	131
リレー	76
リンカ	96
レジスタ	25, 28, 29, 136
レジスタ・ウィンドウ	115
レジスタ・バンク	136
ロー・パス・フィルタ	63, 67

【わ・ワ行】

ワークスペース	89
割り込み	57, 70, 126
割り込み許可フラグ	132
割り込みベクタ	131
割り込みマスク	137

■著者紹介

山本 秀樹（やまもと ひでき）

マイコンや，その他のハードウェア/ソフトウェアと戯れています．

▶ 著者ホームページ

(無)やまもと製作所(http://www.yamamoto-works.jp/)

本書は「トランジスタ技術」誌に掲載された以下の記事を元に，加筆，再編集した章を含みます．
山本 秀樹
トランジスタ技術2005年4月号
・特集 これならわかる！マイコン入門

●本書記載の社名，製品名について ── 本書に記載されている社名および製品名は，一般に開発メーカーの登録商標です．なお，本文中では™，®，©の各表示を明記していません．

●本書掲載記事の利用についてのご注意 ── 本書掲載記事は著作権法により保護され，また産業財産権が確立されている場合があります．したがって，記事として掲載された技術情報をもとに製品化をするには，著作権者および産業財産権者の許可が必要です．また，掲載された技術情報を利用することにより発生した損害などに関して，CQ出版社および著作権者ならびに産業財産権者は責任を負いかねますのでご了承ください．

●本書に関するご質問について ── 直接の電話でのお問い合わせには応じかねます．文章，数式などの記述上の不明点についてのご質問は，必ず往復はがきか返信用封筒を同封した封書でお願いいたします．ご質問は著者に回送し直接回答していただきますので，多少時間がかかります．また，本書の記載範囲を越えるご質問には応じられませんので，ご了承ください．

●本書の複製等について ── 本書のコピー，スキャン，デジタル化等の無断複製は著作権法上での例外を除き禁じられています．本書を代行業者等の第三者に依頼してスキャンやデジタル化することは，たとえ個人や家庭内の利用でも認められておりません．

JCOPY〈出版者著作権管理機構委託出版物〉
本書の全部または一部を無断で複写複製(コピー)することは，著作権法上での例外を除き，禁じられています．本書からの複製を希望される場合は，出版者著作権管理機構(TEL：03-5244-5088)にご連絡ください．

マイコンのしくみと動かし方

編集	トランジスタ技術SPECIAL編集部	2008年1月1日　初版発行
発行人	小澤 拓治	2020年8月1日　第7版発行
		©CQ出版株式会社 2008
発行所	CQ出版株式会社	(無断転載を禁じます)
	⤷112-8619　東京都文京区千石4-29-14	ISBN978-4-7898-4901-2
		定価は裏表紙に表示してあります
電話	編集 03-5395-2148	乱丁，落丁はお取り替えします
	販売 03-5395-2141	
		編集担当者　内門 和良/寺前 裕司
		DTP・印刷・製本　三晃印刷株式会社
		Printed in Japan